U0936524

沙区土地利用变化与优化研究

Land Use Change and Optimization in Desertified Area

岳耀杰 王静爱 著

国家科技支撑项目(2006BAD26B03)资助

科学出版社

北 京

内 容 简 介

本书在大量野外调查、实地观测和室内分析基础上，耦合实地与遥感数据，运用多学科综合分析的方法对沙区土地利用变化与优化进行系统研究。书中探讨了实测与遥感数据耦合，沙区土地利用结构与格局优化的目标、原则、逻辑、对象、过程和方案等问题；然后以沙区土地利用现状检测、变化预测、生态安全评价、沙漠化与风沙灾害防治为线索，详细介绍了陕西省榆阳区所进行的减轻土壤风蚀、优化土地利用结构与格局的研究实践。

本书结构完整，数据翔实，附有大量研究实例，可供从事地理学，生态学，沙漠化防治，农、林、牧和环境保护科学研究者及高等院校地理、资源环境专业的师生参考。

图书在版编目(CIP)数据

沙区土地利用变化与优化研究/岳耀杰，王静爱著. —北京：科学出版社，2011

ISBN 978-7-03-029463-0

Ⅰ.①沙… Ⅱ.①岳…②王… Ⅲ.①沙漠治理-土地利用-研究-中国 Ⅳ.①P942.073②F321.1

中国版本图书馆 CIP 数据核字(2010)第 217908 号

责任编辑：彭胜潮 冯肖兵 / 责任校对：张凤琴
责任印制：钱玉芬 / 封面设计：王 浩

科学出版社出版
北京东黄城根北街 16 号
邮政编码：100717
http://www.sciencep.com

源海印刷有限责任公司印刷

科学出版社发行 各地新华书店经销

*

2011 年 1 月第 一 版 开本：787×1092 1/16
2011 年 1 月第一次印刷 印张：14 1/4 插页：8
印数：1—1 500 字数：311 000

定价：68.00 元

(如有印装质量问题，我社负责调换)

前　言

沙质荒漠化(简称“沙漠化”)是当今全球最严重的生态环境与社会经济问题之一。沙漠化是由于人类不合理的经济活动和脆弱的环境相互作用，造成干旱、半干旱及部分半湿润地区土地生产力下降、土地资源丧失，地表呈现类似沙质荒漠景观的土地退化现象。关于沙漠化的成因，除了气候变化因素外，普遍认为以滥垦、滥伐、过度放牧和不合理水资源利用的人为因素占主导地位。千年生态系统评估指出，贫困和不可持续的土地利用方式仍将是近期导致沙漠化的两种主要驱动力。从某种意义上看，沙漠化既是土地利用/覆盖变化(land use/cover change，LUCC)的过程，也是LUCC的结果。鉴于此，新的《联合国防治荒漠化公约》(United Nations Convention to Combat Desertification，UNCCD) 10年战略计划和执行框架(2008～2018年)，把有助于保护生物多样性和适应气候变化的可持续土地管理与沙漠化防治，作为改善退化生态系统的重要目标之一。因而，减轻土壤风蚀的土地利用结构与格局优化，就成为沙区可持续土地管理和防治沙漠化的核心研究内容之一。

中国作为世界上沙区面积广大、经济发展迅速、人口众多的发展中国家，在世界防治沙漠化、维护沙区土地可持续利用中起着重要作用。自2002年起，我们相继参加了“沙区人居环境安全保障与工程防沙技术研究”(2006BAD26B03)、“沙区农田、草地土壤风蚀防治技术研究”(2002BA517A10)和“面状与线状沙源的工程防沙技术研究”(2005BA517A06)共3项与防沙治沙相关的国家科技攻关项目和科技支撑项目，其中沙区土地利用变化及结构和格局优化始终是研究的主题。我们先后在科尔沁沙地、毛乌素沙地、浑善达克沙地和呼伦贝尔沙地开展了土地利用调查、植被调查、风蚀观测、风蚀量估算和生态安全评价等大量实地工作，形成不同土地利用类型土壤风蚀实测及多年平均输沙量计算技术、植被覆盖度数码观测与遥感定量反演技术、基于区域植被覆盖度与多年平均输沙量的土壤风蚀遥感定量反演技术、城镇周边减轻土壤风蚀的土地利用格局优化技术体系，探讨了沙区生态安全条件下土地利用格局优化的目标、原则、依据和方法，并以位于毛乌素沙地的陕西省榆阳区为典型区编制了土地利用优化方案。本书就是在上述研究基础上撰写而成。

在可持续发展理论和LUCC科学理论指导下，本书的基本观点是：调整和优化沙区土地利用结构、减轻土壤风蚀是防治土地沙漠化、控制风沙灾害的首要环节，是构建沙区生态安全可持续土地系统的基石。本书的基本目的是希望应用地理学、土地科学、生态学和地球信息科学的理论与方法，探讨以风沙灾害风险防范为前景的沙区土地利用结构与格局优化的综合问题，其内容包括沙区LUCC检测分析，土壤风蚀遥感反演，土地利用风蚀评价和减轻土壤风蚀的土地利用数量与空间格局优化的原理、方法和技术。全书共分5章。第1章阐述了研究背景、相关概念和研究基础，展示了本书的总体框架；第 2 章关于沙区土地利用变化检测与分析，阐述了遥感影像土地利用分区分类方法的原理、实施办法和技术流程，论证了 CA-Markov(Cellular Automata-Markov)模型在 LUCC 预测方面的可行性；第 3 章通过对沙区生态安全影响因子的实地观测和遥感分析，研究了实地测量数据与遥感信息的耦合方法、田块观测向区域评价的尺度转变方法，构建了沙区生态安全评价的方法体系；第 4 章基于对已有土地利用优化理论、方法的梳理，构建了“6W”理论体系，提出了沙区土地利用格局优化的“三圈”模式和满足生态安全(减轻土壤风蚀)、保障人民生活与区域发展需求的数量结构优化“多赢”模式；第 5 章是前述理论、方法和技术在榆阳典型区的应用实践及其结果分析，实现了从实地观测到区域评价直至优化方案制订与实施的完整过程。

本书中大部分成果还没有公开发表。这些研究成果主要是在科技支撑项目课题“沙区人居环境安全保障与工程防沙技术研究”(2006BAD26B03)的资助下，在北京师范大学区域地理研究实验室、北京师范大学环境演变与自然灾害教育部重点实验室、地表过程与资源生态国家重点实验室(北京师范大学)的支持下完成的。本书是师生合作研究的成果。王静爱教授主要负责本书研究思路、理论构建和研究方法等方面的设计，并组织撰写工作；岳耀杰博士执笔撰写全书；师生密切合作并频繁交流，共同完成了书稿审定工作。由于土地利用和土壤风蚀研究的复杂性，加之作者水平有限，书中可能会存在一些不足和错误之处，诚请各位同行和读者批评指正。

北京师范大学减灾与应急管理研究院的史培军教授、邹学勇教授先后作为前述 3 个项目的负责人，主持并指导了相关研究工作。北京师范大学减灾与应急管理研究院的高尚玉教授、刘连友教授、伍永秋教授、严平教授、张春来教授，北京师范大学资源学院哈斯教授、李小雁教授，北京师范大学地理学与遥感科学学院刘宝元教授、方修琦教授、阎广建教授，中国科学院地理科学与资源研究所刘彦随研究员或在研究过程中给予大量建议，或在本书写作过程中给予大力支持与帮助。陕西省榆林市开发区管委会史小东先生在项目野外考察时做了大量协调工作，陕西省治沙研究所麻保林副所长给予了野外工作方面的帮助。北京师范大学地理学与遥感科学学院的研究生易湘生、高路、张峰、李睿、陈思、万金红和尹圆圆在陕西榆林野外调研和书稿图文处理中付出了辛苦的劳动。在此，谨对他们表示衷心的感谢。

最后，我们谨以本书对已故的周廷儒学部委员(现为中国科学院院士)表示深深的怀念；并对国家自然科学基金委员会地球科学部、科学技术部农村科技司、教育部科学技术司、中国科学院地理科学与资源研究所等相关单位和各位专家对北京师范大学从事土地利用/覆盖变化、防灾减灾与沙漠科学研究群体的长期支持和关怀表示衷心的感谢。

王静爱　岳耀杰

2010 年 12 月于北京师范大学

Preface

Sandy desertification (referred to as desertification) is one of the world's most serious ecological environment and socio-economic problems today. It is a kind of land degradation which occurs in the arid, semi-arid and some semi-humid areas, is due to human irrational economic activities and the interactions of vulnerable environment, which leads to decline in land productivity, loss of land resources and the similar landscape of sandy desert. With regard to the causes of desertification, it is generally considered that in addition to climate change, human factors such as over farming, deforestation, overgrazing and irrational use of water resources, are dominant. The Millennium Ecosystem Assessment noted that poverty and unsustainable land use will continue to be the two main driving forces leading to desertification in the near future. In a sense, desertification is both the processes and result of land use/cover change (LUCC). In view of this, for the improvement of degraded ecosystems, the new UNCCD 10-year strategic plan and implementation (2008 - 2018) set one of the important objectives as sustainable land management and desertification control, which contribute to the conservation of biological diversity and adaptation to climate change. Thus, the optimization of land use structure and pattern reducing wind erosion has become one of the core research fields of sustainable land management and desertification control in sandy area.

As a populous developing country with vast sandy area and rapid economic development, China is playing an important role in the world's control of desertification and the maintenance of sustainable land use of sandy area. Since 2002, we have participated in a total of three anti-desertification-related national science and technology research projects and technological support projects—"Research on living environment security technology research and sandy land control engineering"(2006BAD26B03), "The control technique research of wind erosion on farmland and grassland in sandy area" (2002BA517A10) and "The prevention engineering research of face-shaped and linear sand sources"(2005BA517A06), in which sandy land use change and the optimization of its structure and pattern are always act as the subject. We worked in sandy areas of Horqin, Mu Us, Hunshandake and Hulunbeier, where a large number of field work such as land use surveys, vegetation surveys, wind observations, wind erosion estimates, ecological security evaluation were carried out, which lead to research results of different land use types soil erosion measurement and multi-year average amount of sediment computing technology, vegetation coverage digital observation and remote-sensing quantitative retrieval technology, the soil erosion remote-sensing quantitative retrieval technique based on regional vegetation coverage and the multi-year average sediment amount, land use pattern optimization technology system to alleviate soil erosion in urban peripheral. The objectives, principles, basis and method of land use pattern optimization in sandy area under the condition of ecological security were discussed and a typical land-use optimization solutions in Yuyang District, Shaanxi Province located in Mu Us sand land was prepared. This book is written on the basis of these studies.

Under the guidance of sustainable development theory and the LUCC scientific theory, the book's basic point is that to reduce the soil erosion, the adjustment and optimization of the land use structure of sandy area is the first part of the fight against desertification and the control of sandstorms, which is also the cornerstone to build ecologically safe sustainable system of sandy land. Basic aim of this book is to make the application of geography, land science, ecology, and earth information science to explore the integrated issues of sandy area land-use structure and pattern optimization for the future disaster risk prevention, including the sandy area LUCC detection analysis, soil wind erosion remote sensing inversion, land use risk assessment, the theory, methods and techniques to reduce the quantity of land affected by wind erosion and spatial pattern of land use optimization. The book has five chapters. The first chapter describes the research background, related concepts and research foundation, demonstrating the book's framework. The second chapter focuses on land-use change detection and analysis, shows the principles, implementation methods, technical processes of land-use partition classification based on remote sensing images and demonstrates the feasibility of CA-Markov model in the prediction of LUCC. Through field observations and remote sensing analysis of ecological safety impact factor, the field measurement data and remote sensing information on the coupling method, terraces observed changes in the regional evaluation of the scale method and sand ecological security evaluation methodology are discussed in Chapter 3. Based on the combing of existing land use optimization theory and methods, Chapter 4 builds a "6W" theoretical system, proposes the "three circles" model of land use pattern optimization in sandy area and the number of structural optimization "win-win" mode, which meets the ecological security (to reduce soil erosion) and guarantees the people life and the regional development needs. Chapter 5 is about the application practice and analysis of the result of the fore-mentioned theories, methods and technology in typical area of Yuyang, which achieved the complete process from the field observations to regional evaluation, up till the establishment and implementation of optimization program.

Most of the results in this book have not been published yet. These results are mainly funded by our scientific and technological support projects "Research on living environment security technology research and sandy land control engineering research" (2006BAD26B03). This research was supported by the Regional Geography Research Laboratory of Beijing Normal University, the Key Laboratory of Environmental Change and Natural Disasters of the Ministry of Education and Beijing Normal University, and the State Key Laboratory of Earth Surface Processes and Resource Ecology(Beijing Normal University). This book is the result of cooperation of teachers and students. Professor Wang Jing'ai is mainly responsible for research ideas, theories building and the design of research methods and organized the work of writing; Dr. Yue Yaojie authored the whole book; Students and teachers cooperated closely, made frequent idea exchange and worked together to accomplish the work of the manuscript approval. Due to the complexity of land use and soil erosion research, combined with the limitation of authors' ability, there may be some deficiencies and errors in the book. The earnest to peers and readers too criticizing the correction!

As the project leaders of three sandy area research projects, Professor Shi Peijun and Professor Zou Xueyong from Academy of Disaster Reduction and Emergency Management in Beijing Normal University have presided over and guided the relevant research. Professor Gao Shangyu, Professor Liu Lianyou, Professor Wu Yongqiu , Professor Yan Ping and Professor Zhang Chunlai from Academy of Disaster Reduction and Emergency Management in Beijing Normal University, Professor Haas and Professor Li Xiaoyan from College of Resources Science and Technology in Beijing Normal University, Professor Liu Baoyuan, Professor Fang Xiuqi and Professor Yan Guangjian from School of Geography in Beijing Normal University and Liu Yansui from Institute of Geographical Sciences and Natural Resources of Chinese Academy of Sciences, gave a large number of proposals in the course of the study, or gave strong support and help in the process of the writing of this book. Mr. Shi Xiaodong (Committee of Yulin Economic Development Area in Shaanxi Province) has done a lot of coordination in field survey and Ma Baolin (Vice President of Shaanxi Provincial Desertification Control Institute) has provided the help of work office. The graduate students of School of Geography of Beijing Normal University—Yi Xiangsheng, Gao Lu, Zhang Feng, Li Rui, Chen Si, Wan Jinhong and Yin Yuanyuan have paid hard labor in the field research and the manuscript processing. We would like to express our sincere thanks to them.

Finally, we would like to express deep memories to Professor Zhou Tingru, the academician of CAS. We sincerely appreciate the long-term support and care to research groups in land use/cover change, disaster mitigation and desert science of Beijing Normal University, which is from Department of Earth Sciences, the National Natural Science Foundation of China, Department of Rural Science and Technology of Ministry of Science and Technology, Ministry of Education, Institute of Geographical Sciences and Natural of Chinese Academy of Sciences and other relevant units and experts.

Wang Jing'ai Yue Yaojie

December 2010 at Beijing Normal University

目　录

Contents

Contents

第1章 绪　论

1.1 研究背景

1.1.1 全球背景

长期以来国际社会认识到，荒漠化是世界许多国家关注的一个重要的经济、社会和环境问题。20世纪60年代末至70年代初期(1966～1973年)的非洲特大干旱使土地荒漠化(desertification)成为引起全球性高度重视的环境问题。1975年，联合国大会3337号决议，通过了向荒漠化进行斗争的行动计划(Plan of Action to Combat Desertification，PACD)，并在1977年于肯尼亚首都内罗毕召开了首次世界荒漠化会议(the United Nations Conference on Desertification，UNCOD)。随后，各国相继开展了荒漠化的专门研究，但荒漠化仍在继续。1992年，在联合国环境和发展大会(the UN Conference on Environment and Development，UNCED)上，荒漠化成为重要议题，决定成立一个国家政府间委员会起草防治荒漠化公约(Intergovernmental Committee for a Convention to Combat Desertification，INCD)(UNCED，1992)。1994年6月17日①，INCD起草的《国际防治荒漠化公约》(United Nations Convention to Combat Desertification，UNCCD)在法国巴黎外交大会通过，并于1996年12月26日生效，成为《21世纪议程》(Agenda 21)框架下的三大重要国际环境公约之一。1999年，UNCCD常设秘书处在德国波恩成立，截至2008年3月，已有193个国家被批准或加入该公约。由此，荒漠化、全球气候变化和生物多样性一起构成当今世界三大科学前沿课题。

荒漠化是在干旱、半干旱和亚湿润干旱区，由于气候变异和人类活动等多种因素造成的土地退化(UNCED，1992)。荒漠化的后果包括粮食生产力降低导致饥荒、增加社会管理成本、淡水质量降低与供应量减少、贫困加剧和政治动荡、土壤生产力和土地对气候变化的恢复力降低(UNCCD，2004)。其中，沙质荒漠化(简称“沙漠化”)是干旱、半干旱及部分半湿润地区荒漠化的最重要类型，它是人类不合理的经济活动和脆弱环境相互作用而造成的土地生产力下降，土地资源丧失，地表呈现类似沙质荒漠景观的土地退化。据统计，全球沙漠面积占世界半荒漠和荒漠总面积的23.3%(Edwin，2004)，占全球面积的17.2%(表1-1)。据世界荒漠化图(Middleton and Thomas，1997)的干旱区定义[干旱指数≤0.65，这一标准也为UNCCD和千年生态系统评估(Millennium Ecosystem Assessment，MEA)所采用]，全球干旱区占地表面积的40%以上(Deichmann and Eklundh，1991；Kassas，1995；UNEP，1997；MEA，2005a)，这是公认的最易

---

① 每年的6月17日被定为“世界防治荒漠化日”。

发生沙漠化的地区(Reynolds and Stafford，2002)。这些地区还承载了20余亿人口，约占全球人口的35%(表1-1)(UNSO Office to Combat Desertification and Drought，1997；UNEP，1997；Reynolds and Stafford，2002；UNEP/GRID-Geneva，2003；MEA，2005a)。据MEA(2005b)，干旱区人口的人类福祉和发展指标远远落后于世界其他地区，以干旱区人口的社会经济状况来看，约90%属于发展中国家，远远落后于生活在其他地区的人们。可以确信的是，沙漠化对非干旱区同样造成很大的不利影响，有时受影响的地区可能与沙漠化地区相距数千公里。这些影响包括生物物理影响和社会影响，诸如沙尘暴、下游泛滥、全球碳吸收能力受损以及区域和全球气候变化、移民和经济难民等(MEA，2005b)。所以，沙漠化已经成为当今全球最严重的生态环境与社会经济问题之一(Mainguet，1994；Williams and Balling，1996；Reynolds and Stafford，2002)。

表1-1 干旱区统计资料

Tab. 1-1 Statistic data of globle arid zone

干旱类型	干燥指数	面积/10^7 km^2	面积		人口	
			占全球比例/%	景观	总人口/千	占全球比例/%
极干旱区	<0.05	9.8	6.6	沙漠	101 336	1.7
干旱区	0.05～0.20	15.7	10.6	沙漠	242 780	4.1
半干旱区	0.20～0.50	22.6	15.2	草地	855 333	14.4
亚湿润干旱区	0.50～0.65	12.8	8.7	森林草原	909 972	15.3
合计		60.9	41.1		2 109 421	35.5

资料来源：MEA，2005b；面积数据来自Deichmann和Eklundh，1991；全球面积数据基于Digital Chart of the World data(147 573 196.6 km^2)；2000年人口数据来自CIESIN，2004。

气候变化正在使沙漠化成为当代最大的挑战之一，而气候变化-干旱-土地退化-生物多样性丧失的相互作用成为国内外研究热点(UNCCD，2008)。据预计，干旱区缺水的现状随着人口增加、LUCC和全球气候变化将进一步恶化。在MEA的4种情景(采取被动应对生态系统管理途径的全球化世界、采取被动应对生态系统管理途径的区域化世界、采取主动应对生态系统管理途径的区域化世界和采取主动应对生态系统管理途径的全球化世界)中，沙漠化面积都可能出现增长，只不过增长的速度不同，贫困和不可持续的土地利用方式仍将是近期导致沙漠化的两种主要驱动力(MEA，2005b)。鉴于此，新的UNCCD10年战略计划和执行框架(2008～2018)，把有助于保护生物多样性和适应气候变化的可持续土地管理与沙漠化防治作为改善生态系统的重要目标之一(UNCCD，2007)。沙区土地利用优化成为可持续土地管理的核心内容之一。中国作为世界上经济快速发展、沙区面积广大、人口众多的发展中国家，在世界防治沙漠化，维护沙区土地可持续利用中起着重要作用。

1.1.2 项目背景

中国有面积广阔的沙漠、沙地和沙漠化土地，自20世纪50年代以来，因沙质荒漠化导致的土地退化面积逐步扩大，到20世纪90年代已达到3600km²/a，由此造成的直接经济损失约3000余亿元。中国北方沙漠与沙地面积占国土总面积的18.12%，沙区居民数量约1.3亿，直接和间接受风沙危害的人口数量约4亿。据不完全统计，全国有49个大中城市、176个县城、200余个镇、2.4万余个村庄遭受沙害威胁，受风沙侵袭的大中型水库已有数十座。而沙源很大部分来自于城镇、湖库、道路和村庄周边地区的面状与线状沙化土地。另据不完全统计，我国沙区铁路总长3254 km，占全国铁路总长度的4.2%；发生沙害的公路近3万km。铁路和公路受风沙侵袭，经常导致交通阻塞，甚至中断等，造成巨大经济损失。城镇是区域经济和文化的中心，道路是城镇之间最重要的联系纽带，湖(库)是维持区域水资源可持续供给和生态系统稳定的重要保障。因此，研究沙区土地利用与沙漠化防治，特别是城镇周边、湖(库)周边和道路沿线面状和线状沙地的土地利用结构优化，就成为有效治理面状和线状沙源，保障沙区城镇、湖(库)和道路安全，实现沙区社会经济可持续发展的重要任务。自2002年起，作者相继参与了3项与沙区有关的风沙防治技术的国家科技攻关和科技支撑项目。

2002～2004年，作者承担了“沙区农田、草地土壤风蚀防治技术研究”(2002BA517A10)子课题“沙区土地利用优化技术”。以土地的可持续发展和资源的高效利用为目标，对中国北方沙区(乌兰布和沙漠、浑善达克沙地、科尔沁沙地和呼伦贝尔沙地4个示范点)的土地利用结构进行优化技术开发与研究。主要研究内容包括：建立土地利用结构优化数据库系统，编制土地利用结构优化技术规程，实现基于专题绘图仪(thematic mapper，TM)数据生态安全水平下的土地利用结构优化。完成乌兰布和沙漠、浑善达克沙地、科尔沁沙地和呼伦贝尔沙地4个典型区域的土地利用结构优化方案。

2005～2007年，作者承担了“面状与线状沙源的工程防沙技术研究”(2005BA517A06)子课题“城镇、湖(库)周边沙化土地利用格局优化技术”，以城镇、湖(库)区周边面状沙源防治为目的，提出减少风沙危害的城镇、湖(库)区土地利用格局优化技术，为我国城镇、湖(库)区面状沙源的工程防沙集成技术提供支撑。主要研究内容包括：建立半干旱沙区城镇、道路、湖(库)等基本参数数据库与面状沙源相关分类系统，选择地处毛乌素沙地南缘、国家能源重化工基地的榆林市为城镇周边面状沙源典型区，以该市重要水源地红石峡水库为湖(库)周边面状沙源典型区开展3个方面的研究。第一，基于生态安全导向的土地利用规划和景观设计理论，利用土壤风蚀实地测量和遥感(remote sensing，RS)相结合的技术，研究典型区土壤风蚀测量与遥感定量反演；第二，基于地理信息系统(geographic information system，GIS)技术，研究人类活动重度干扰情况下典型区城镇、湖(库)区周边生态安全(防治风沙危害为主)的土地利用优化设计方案；第三，多目标土地利用情景模拟，从而建立城镇、湖(库)区周边沙源土地利用格局优化技术规程与体系。

2006～2010年，作者承担了“沙区人居环境安全保障与工程防沙技术研究”(2006BAD26B03)项目子课题，进一步深入探讨“城镇周边沙化土地利用格局优化技术”，重点研究：不同土地利用类型土壤风蚀实测及多年平均输沙量计算技术、植被覆盖度数码观测与遥感定量反演技术、基于区域植被覆盖度与多年平均输沙量的土壤风蚀遥感定量反演技术，基于生态安全导向的土地利用规划和景观设计理论，研究人类活动重度干扰情况下城镇周边减轻土壤风蚀的土地利用格局优化技术。

上述3个前后承接的课题，研究主题从农田、草地土壤风蚀防治到重要生命线工程、水源与城镇安全保障，再到沙区人居环境安全保障，体现了防沙治沙从以自然过程为主，到以经济命脉为主，再到以人为主、以综合减灾为主的观念转变，贯彻了科学发展观的指导思想。但无论研究主题如何变化，影响沙区生态安全和城镇、湖(库)及道路安全的面状和线状沙源的土地利用优化始终是重要的研究内容。作者应用灾害系统理论评价了中国北方沙区风沙灾害危险度；先后在科尔沁沙地、毛乌素沙地、浑善达克沙地、呼伦贝尔沙地开展了土地利用调查、风蚀观测、风蚀量估算、生态安全评价等大量实地工作；研究了沙区生态安全条件下土地利用优化的目标、原则、依据、方法和技术，设计了典型区土地利用优化方案，并进行情景模拟。本书就是在上述研究的基础上，构建了以减轻土壤风蚀为核心的、防治风沙灾害的、沙区生态安全条件下土地利用优化的理论、方法和技术体系。

1.1.3 研究意义

以重建沙区生态安全的可持续土地利用系统和沙区风沙灾害综合减灾为目标，研究生态安全条件下的土地利用结构与格局优化理论、方法和技术，具有十分重要的意义。

沙区的可持续发展，就是要统筹沙区人与自然和谐发展，处理好经济建设、人口增长与资源利用、生态环境保护的关系，推动整个社会走上生产发展、生活富裕、生态良好的文明发展道路。生态安全条件下沙区土地利用结构与格局优化研究，对贯彻落实科学发展观，牢固树立生态文明观念，维护沙区生态安全，促进人与自然和谐发展具有重要意义。这也是本书立题的基本依据。

进行生态安全条件下的土地利用结构与格局优化，聚焦沙区人-地-生态矛盾，找准影响沙区生态安全与可持续土地利用的关键因素。针对沙区土地利用现状，通过土壤风蚀评价，从理论上梳理出“为什么优化”、“优化什么”、“优化哪里”、“优化多少”、“怎样优化”和“优化成什么”的逻辑顺序，形成土地利用优化的目标、对象、空间、数量、手段和方向的六位一体的理论体系。这一理论将有助于指导沙区开展土地利用优化，以减轻土壤风蚀和风沙灾害，保障生态安全、人居环境安全和土地利用安全。

沙区土地利用遥感检测、区域生态安全评价、区域土壤风蚀定量估算、植被覆盖度实测、土地利用结构与格局优化等方法与技术体系可为同类研究提供技术支撑，一些成熟技术对同类地区的政府实施可持续土地利用管理具有应用价值。研究成果有望为保障沙区城镇人居环境安全和湖泊(水库)、道路等生命线工程的安全提供重要依据。

1.2 相关概念

1.2.1 土地系统

土地是位于地球表层陆地部分一定空间范围内的地质、地貌、土壤、水文、气候和植被等自然地理要素，以及这些要素与人类活动相互作用的结果组成并发展着的自然-

社会-经济-生态综合体。土地具有如下特点：①土地位于地球表层的陆地部分，其水平范围包括陆地、内陆水域和滩涂，垂直范围从土壤母质到植被冠层，土地具有区域性；②土地的组成要素包括地球表层一定地段上所有的自然地理要素(岩石、地貌、土壤、气候、水文、植被等)，以及这些要素和人类活动相互作用、相互影响而形成的结果；③土地是一个自然、经济和社会的综合体；④土地是一种对人类有用的资源；⑤土地自身构成一个生态系统；⑥土地是发展和变化的。

从系统论(Bertalanffy，1973)的角度来解析土地，土地是一个由自然地理要素和人文活动因子相互联系、相互作用具有生态、生产和生活功能的有机整体，称之为土地系统。土地系统各要素间的联系与作用构成了其形成的机制(图 1-1)。土地系统不是各个要素的简单相加，更不只是陆地固体部分，它是全部要素长期作用、相互制约所形成的，土地的性质取决于全部要素的综合特点。并且，这些综合特点是一定地域范围各要素长期相互作用形成的，各种物态的物质以及能量形式之间通过物理过程、化学过程、生物过程发生大气循环、地质循环、水分循环和生物循环，从而实现物质转化与能量循环。在人类利用土地以前，各要素之间以自然作用过程为主，土地系统呈现的是各类覆盖景观，土地覆盖呈自然驱动下的变化状态；在人类利用土地之后，土地覆盖逐步转变为不同功能的土地利用，土地变化成为自然和人文驱动下的利用变化。正是这种各要素之间以及各要素与人类之间的相互作用、相互联系构成了土地系统。这一系统是物质流与能量流相贯穿的动态开放系统。整体性、关联性、等级结构性、动态性和区域性等是土地系统的基本特征。

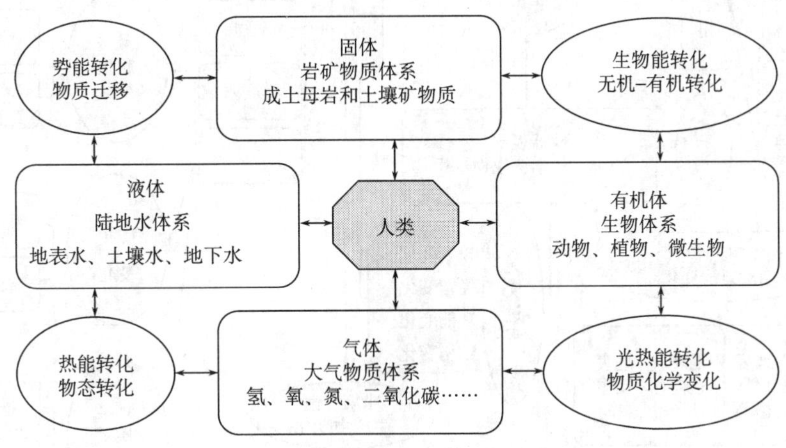

图 1-1　土地系统形成机制示意图

Fig. 1-1　Mechanism of land system formation

1.2.2　LUCC

土地覆盖(land cover)是自然营造物和人工建筑物所覆盖的地表诸要素的综合体，包括地表植被、土壤、湖泊、沼泽湿地和各种建筑物(如道路等)，具有特定的时间和空间属性，其形态和状态可在多种时空尺度上变化(CNC-IGBP，2009)。

土地利用(land use)首先是一种行为方式，是人类根据土地的自然特点，按一定的经济、社会目的，采取一系列生物技术手段，对土地进行的长期性或周期性的经营管理和治理改造活动。其次，这种行为的结果使土地呈现不同的利用类型，包含着人类利用土地的目的和意图，在一定尺度上，它是一种打上人类烙印的景观。

土地覆盖与土地利用含义相近，但研究的角度有所不同。土地覆盖侧重于土地的自然属性，土地利用侧重于土地的社会属性。如对林地的划分，前者根据林地生态环境的不同，将林地分为针叶林地、阔叶林地、针阔混交林地等，反映林地所处的生境、分布特征及其地带性分布规律和垂直差异；后者从林地的利用目的和利用方向出发，将林地分为用材林地、经济林地、薪炭林地、防护林地等。因此，农业、伐木、放牧和城市发展是土地利用，而森林、草原、道路和建筑物以及土壤、冰川、水面等属于不同的土地覆盖。土地利用因为人类利用目的的不同而发生改变，包括类型、数量和空间布局的变化，而这种变化通常会导致土地覆盖状况的变化，我们把土地利用/土地覆盖变化(land use/cover change)简称 LUCC。LUCC 蕴涵了土地利用变化对土地覆盖和土地生态系统的作用关系(图 1-2)。

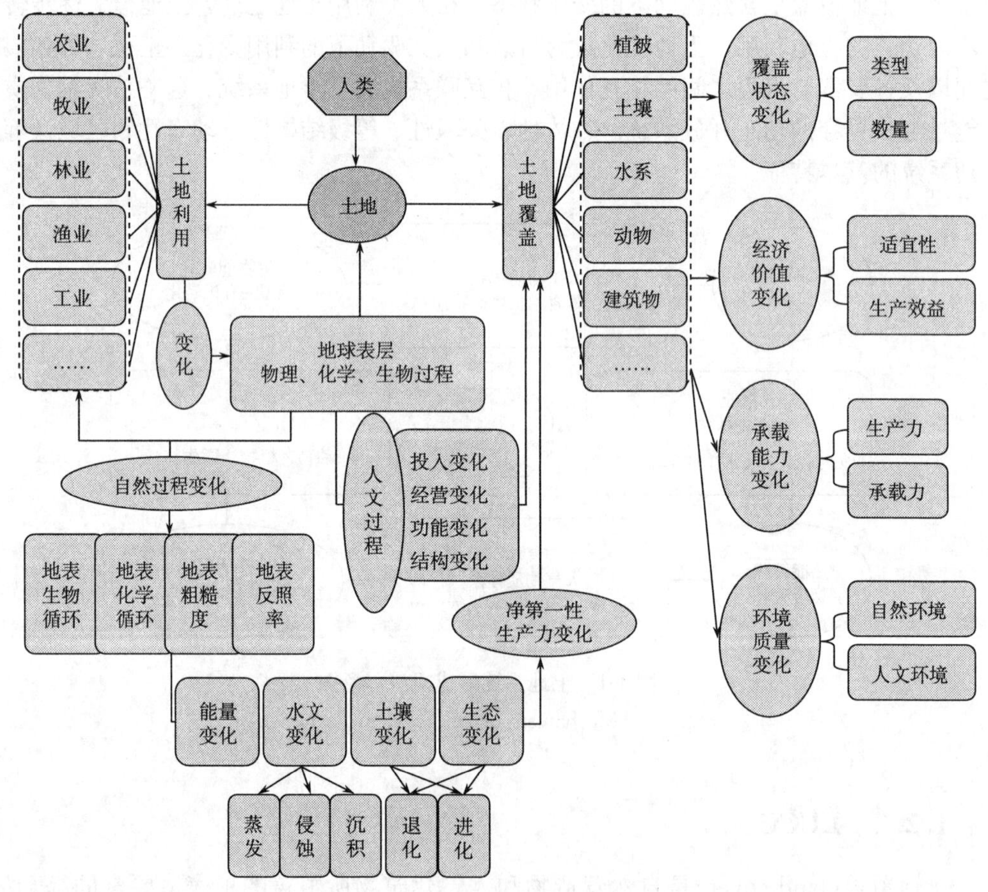

图 1-2　LUCC 关系图解

Fig. 1-2　Relationship scheme of LUCC

人类为了自身的生存和发展对土地的开发利用引起了土地覆盖的巨大变化，天然的土地覆盖格局已经改变为受人类支配的土地利用/覆盖格局，这种变化影响了陆地生态系统生物多样性、植物和动物的种群动态、初级生产力等，已经或正在导致全球生物物种数量和种类的显著损失、温室气体的显著增加等。所以，LUCC已成为全球变化的重要组成部分和气候变化的主要原因，并成全球变化研究的重要内容。自国际地圈生物圈计划(international geosphere-biosphere program，IGBP)和全球变化人文计划(international human dimensions program，IHDP)共同发起LUCC研究计划，并于1995和1999年发表两个纲领性文件以后，LUCC就成为全球环境变化研究的核心议题之一(Turner et al.，1995；李秀彬，1996；Lambin et al.，1999)。这一时期LUCC计划研究的重点在于区域LUCC的驱动机制、LUCC过去和现状的调查以及由此得到的LUCC格局和过程、LUCC的人类响应。

IGBP第二阶段(IGBP II)把研究对象扩展到陆地人类与环境系统(terrestrial human-environment systems，T-H-E)(Ojima et al.，2002)，LUCC的生态环境效应研究得到重视，产生了一系列重要成果(Trimble and Crosson，2000；Solomon et al.，2000；Sliver and Williams，2001；史培军等，2001；傅伯杰等，2002；杨景成等，2003)。尽管LUCC项目已经于2005年结束，但LUCC的生态环境效应仍然是研究热点。国外，LUCC对土壤有机碳、径流、气温以及土壤侵蚀的影响研究方兴未艾(Yadav and Malanson，2008；Kashaigili，2008；Kueppers et al.，2008；Cebecauer and Hofierka，2008)。国内，韦仕川等(2008)研究了黄河三角洲的土地利用变化和土地生态风险演变规律。于开芹等(2009)运用Costanza等提出的生态服务价值系数，分析了城乡交错带土地利用变化与生态服务价值的响应。王艳君等(2009)采用土壤与水分评价工具(soil and water assessment tool，SWAT)分布式水文模型对城市化流域的土地利用变化对水文过程的影响进行探讨和研究。赵媛媛等(2009)则分析了中国北方草地与农牧交错带土地利用变化对耕地自然生产潜力的影响。

通过LUCC的生态环境效应研究，人们逐步认识到LUCC与生态环境安全水平密切相关(史培军等，2002)，也是可持续发展领域的重要议题(刘彦随和陈百明，2002)。因此，史培军等(2002)提出在全球变化和可持续发展研究中，应加强LUCC对生态环境安全的影响研究，并给出了我国生态环境安全条件下土地利用/覆盖空间格局厘定的基本原则及宏观格局。刘彦随和陈百明(2002)也指出LUCC研究的一个重要目标，就是提出在食物、资源和生态安全及其经济持续增长等国家可持续发展目标约束下的土地利用科学决策与综合调控体系，特别是探索LUCC导致的退化土地的恢复和重建机理，对丰富LUCC研究内容具有重要的理论意义，对生态环境的保护与恢复具有现实的指导意义(陈百明等，2003)。

LUCC计划于2005年结束，在GCTE(global change and terrestrial ecosystems，GCTE)和LUCC两个科学计划基础上，IGBP和IHDP共同发起全球土地计划(global land project，GLP)，成为当前国际全球环境变化4个核心研究计划(水系统、碳、食物、土地)之一(GLP，2005)。GLP关注土地系统的动力学，耦合人与环境系统，揭示“社会-生态系统”(social-ecosystem)的相互作用机制，建立土地可持续性的综合分析方法与模拟体系。近期，我国学者指出当代人-地相互作用机制研究的重大科学问题，主要体现在人-地系统具有脆弱性、风险性、恢复性与适应性的特征，当代地理学应从地理要素与格局的综合研究转向现代地理过程的综合研究；从自然地理与人文地理的集成研究转向现代资源与环境的系统研究；由地理环境重建研究转向现代综合灾害风险管理研究；从地理格局与过程的动力学研究转向资源保障与区域生态安全系统仿真研究；从区域人地系统相互作用机制研究转向全球人地系统相互作用机制研究5个战略转型(史培军等，2006)。

区域生态安全条件下土地利用结构与格局优化研究不仅是LUCC项目的延伸，更是建设可持续土地系统与和谐人-地系统的要求。LUCC研究经历了3个阶段：①LUCC调查、格局、过程与驱动力分析研究；②LUCC的生态环境效应研究；③土地系统动力学和耦合人与环境系统的“社会-生态系统”相互作用机制研究。从这3个阶段来看，人们已经将土地系统的健康与优化作为减轻人-地系统脆弱性，降低风险性，增强恢复性和提高适应性的重要手段。对于沙区这样的生态脆弱区来说，人类不合理的土地利用对生态环境的破坏尤其严重，带来土壤风蚀和风沙灾害等生态风险。因此，通过生态安全条件下土地利用结构与格局的优化调控，消除不合理土地利用对生态环境的负影响，构建可持续与生态安全的土地系统，有利于实现区域可持续发展。

1.2.3 生态安全

生态安全(ecological security)，是一个区域内包括人类在内的完整生态系统的安全性，即自然环境、生物群落和人类社会的集体安全。一个区域的生态安全可由自然环境的稳定性、生态系统的健康性、生态功能的持续性和人类社会的安全性等构成。当我们评价一个区域生态安全与否时，应该从威胁区域生态安全的风险因子入手，找出不安全因素，并对其危险度进行评价，这样更有利于找到调控生态安全的措施。

关于生态安全的概念，可以从不同的角度去理解，目前应用比较广泛的有3个。其一，国际应用系统分析研究所(International Institute of Applied System Analysis，IIASA)1989年提出“生态安全指在人的生活、健康、安乐、基本权利、生活保障来源、必要资源、社会秩序和人类适应环境变化的能力等方面不受威胁的状态，包括自然生态安全、经济生态安全和社会生态安全，组成一个复合人工生态安全系统”的概念(肖笃宁等，2002)。其二，我国发布的《全国生态环境保护纲要》，指出生态安全是指一个国家生存和发展所需的生态环境处于不受或少受破坏与威胁的状态(国务院，2000)。其三，肖笃宁等(2002)把“生态安全”定义为人类在生产、生活与健康等方面不受生态破坏与环境污染等影响的保障程度，包括饮用水与食物安全、空气质量与绿色环境等基本要素。进一步地，曲格平(2002)提出“生态安全”还包括另一层含义，即防止由于环境破坏和自然资源短缺引发人民群众的不满，特别是环境难民的大量产生，从而导致国家的动荡。

区域生态安全状态与人类开发利用土地的状态密不可分，可以在区域生态安全评价基础上，通过土地利用结构与格局优化来维持生态安全(图1-3)。

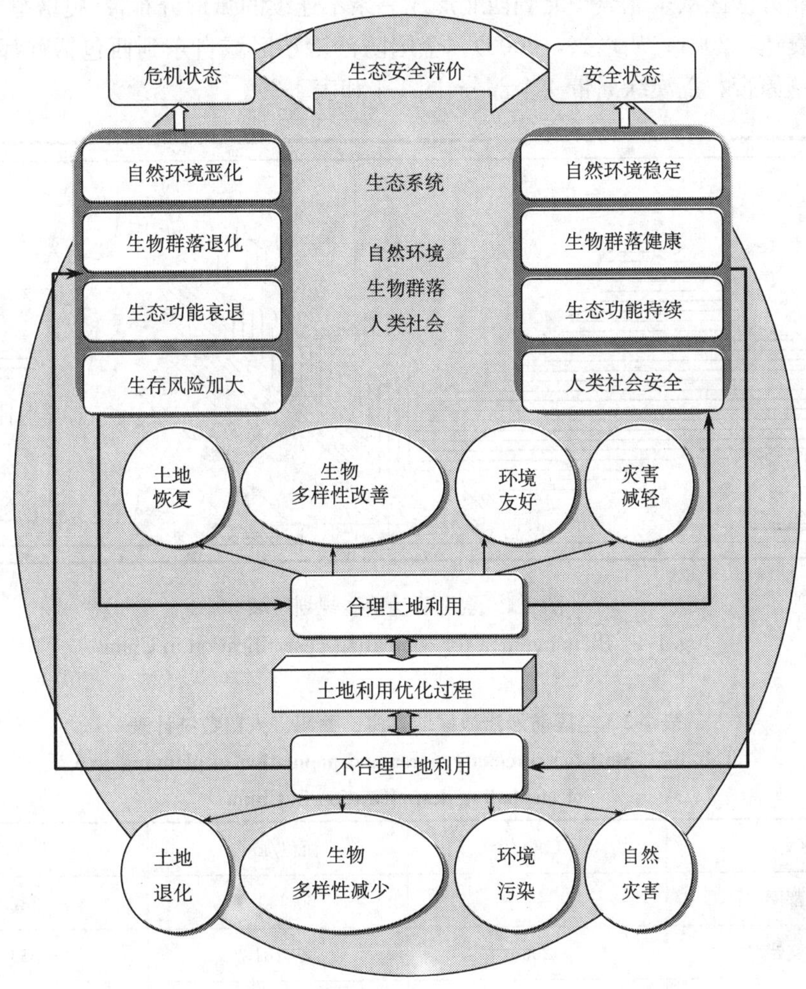

图 1-3 土地利用与生态安全的关系图示

Fig. 1-3 Relationship between land use and ecological security

1.2.4 沙区

沙区通常包括沙漠、沙地和沙漠化地区，是以风作为主导外营力的、以风沙活动为主要标志的区域。关于沙区的界定，有着不同的理解。王涛和朱震达(1998，2003)从人-地关系角度出发，认为沙漠化地区指沙漠化可能发生和发展的地区，强调只有人类活动对自然环境和资源的不利影响造成的土地退化才是沙漠化，不包括原本就是沙漠(或沙地)的地区，这是一个狭义的沙区。中国北方沙区指北方省(自治区)(新疆、内蒙古、青海、甘肃、河北、陕西、宁夏)范围内的塔克拉玛干沙漠、古尔班通古特沙漠、巴丹吉林沙漠、腾格里沙漠、乌兰布和沙漠、库布其沙漠等沙漠和毛乌素沙地、浑善达克沙地、科尔沁沙地、呼伦贝尔沙地等沙地以及农牧交错带等沙漠化地区。沙区占全国荒漠化土地总面积的83.82%，占国土总面积的18.12%(国家林业局，2005)。

我国北方沙区从东北经华北到西北形成一条不连续的弧形分布带(史培军等，2000；王涛和朱震达，2001；胡培兴，2003)。全国防沙治沙区域自东到西包括首都圈、农牧交错带、草原带、荒漠绿洲带4个部分(图1-4和表1-2)。

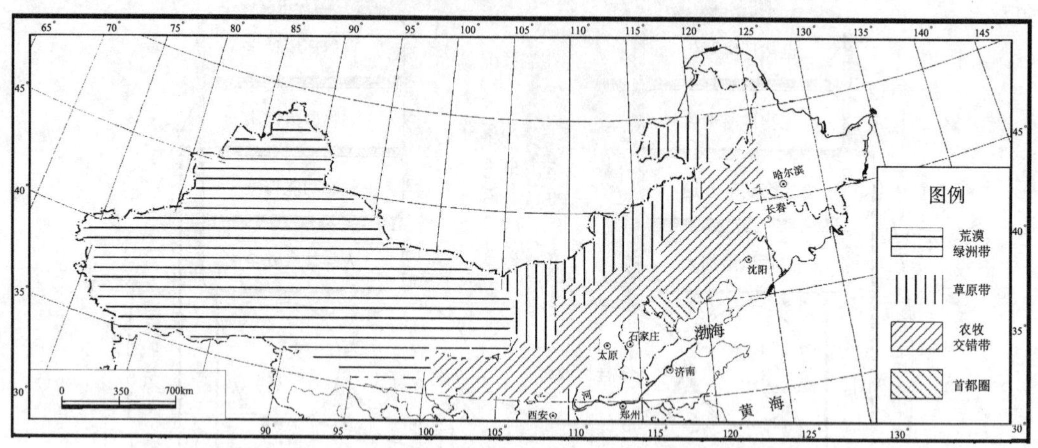

图1-4 全国防沙治沙规划区域

Fig. 1-4 Planning area for combating desertification in China

表1-2 全国防沙治沙区域县旗、面积、人口数统计表

Tab. 1-2 Statistics of county, area and population in planning area of combating desertification in China

名称	县(旗)/个	面积/km²	人口/万
首都圈	44	60 240.9	3 332.74
农牧交错带	206	725 781.7	6 053.61
草原带	33	456 157.9	633.96
荒漠绿洲带	136	2 467 040.5	2 128.77
全部	419	3 709 221	12 149.08

资料来源：史培军等，2000。

沙区土地利用存在的主要问题有：①沙区土地用地结构不合理，有些地方耕地多，而灌木和乔木林地较少；②牧草地利用不合理，超载过牧；③风蚀沙化严重，生产力下降。近30年来，沙区的沙质荒漠化呈明显发展趋势。关于沙化加剧的成因，普遍认为除了全球变暖和北方干旱化等自然因素外，以滥垦、滥伐、滥牧为主的人为因素占主导地位(王涛，2003；王涛和赵哈林，2005)。

北方农牧交错带经滥垦、樵采及过度放牧等剧烈的人类活动干扰后，地表植被稀疏，土壤质地疏松，在大风的吹蚀下极易起沙起尘，成为全国风蚀最为强烈、我国陆地生态环境最为脆弱、土地退化最为严重的区域之一(周廷儒等，1982；王静爱等，1999)。日趋严重的土壤风蚀不仅加剧当地的土地沙化，而且形成以地处北京、天津(简称京津)上风地带的毛乌素沙地和浑善达克沙地为中心的沙尘物源区，其周缘旱作农田和退化草地的土壤风蚀是京津地区沙尘暴灾害爆发的根源(张仁健等，2000；李令军和高庆生，2001；叶笃正等，2001；陈广庭，2002)。可见，控制该区退化地表的土壤风蚀是治理土地沙漠化、控制沙尘灾害的首要环节，调整和优化沙区土地利用结构与格局势在必行。北方农牧交错带位于经济发达的华北平原、东北平原的上风头，是距离京津最近的沙源区，是京津风沙源治理工程的重点区域。鉴于此，本书选择位于北方农牧交错带毛乌素沙地的榆阳区开展案例研究。

1.3 研究基础

近20年来，北京师范大学在沙区土地利用结构与格局优化领域做了大量的研究工作，特别是对不同尺度沙区土地利用格局和结构优化研究、沙区风沙灾害危险性评价及相应的土地利用优化措施研究等，为本书的理论与方法构建提供了工作基础。

1.3.1 亚洲“三圈”土地利用/覆盖格局

亚洲占全球干旱区的34.4%，是全球荒漠化最为严重的大洲之一(Sivakumar，2007)。其中，亚洲的荒漠化土地主要分布于沙特阿拉伯、印度、巴基斯坦、阿富汗和伊朗，中亚的哈萨克斯坦、土库曼斯坦和乌兹别克斯坦，蒙古国和中国北方。据研究，阿拉伯海周围的干旱和半干旱地区是全球沙尘的主要来源之一，印度、巴基斯坦、伊朗和沙特阿拉伯等地的沙漠与沙漠化土地均对之有所贡献(Pease et al.，1998)。而地处亚洲大陆中心的中国西北地区、蒙古国以及中亚地区的沙漠是全球最大的温带沙漠，被称为“地球之疮”，是全球四大沙尘暴源区之一——中亚源区的组成部分，来自这一区域的沙尘主要影响东亚地区，并沉降到太平洋海域(Yang et al.，2001)。

岳耀杰等(2006)提出，亚洲地形状况、人口与城市分布、土地利用/覆盖状况存在明显的圈层结构。基于这一事实，在GIS的支持下，把人口密度、土地覆盖与地形矢量化叠加在一起，通过定量分级与分区相结合，得到亚洲土地利用/覆盖的“三圈”格局(图1-5)。三个圈层各具鲜明特点：I圈由于深入亚洲大陆腹地，并受南部伊朗高原-青藏高原的阻隔，东亚季风和西南季风均无法到达，降水稀少，气候干旱。尤其是20世纪30年代以来不合理的土地利用、水资源利用，破坏了这一地区原有的水、土、植被格局，造成沙漠化蔓延加剧，沙尘暴灾害频发。II圈为半干旱气候，其北部为欧亚温带草原带，南部为伊朗高原北部和青藏高原等，形成高寒草原与寒漠，东南部为中国北方草原与农牧交错带。中国北方农牧交错带人口较多，人类活动对下垫面扰动剧烈，使之成为“三圈”中生态最脆弱、人地矛盾最突出、沙漠化问题最严重的地区，沙尘暴灾害频发区。III圈为水分条件好，人口多，农业生产发达的区域，其东南部是受沙尘暴严重影响的区域。

亚洲大陆冬季在蒙古高压的控制下，东亚和南亚盛行偏北气流，沙尘由“三圈”格局中的I圈，经II圈吹向III圈，直接影响亚洲大陆，甚至波及太平洋与其他大陆。因此，从全球减少沙尘暴危害与生态安全角度出发，构建亚洲生态安全条件下的土地利用/

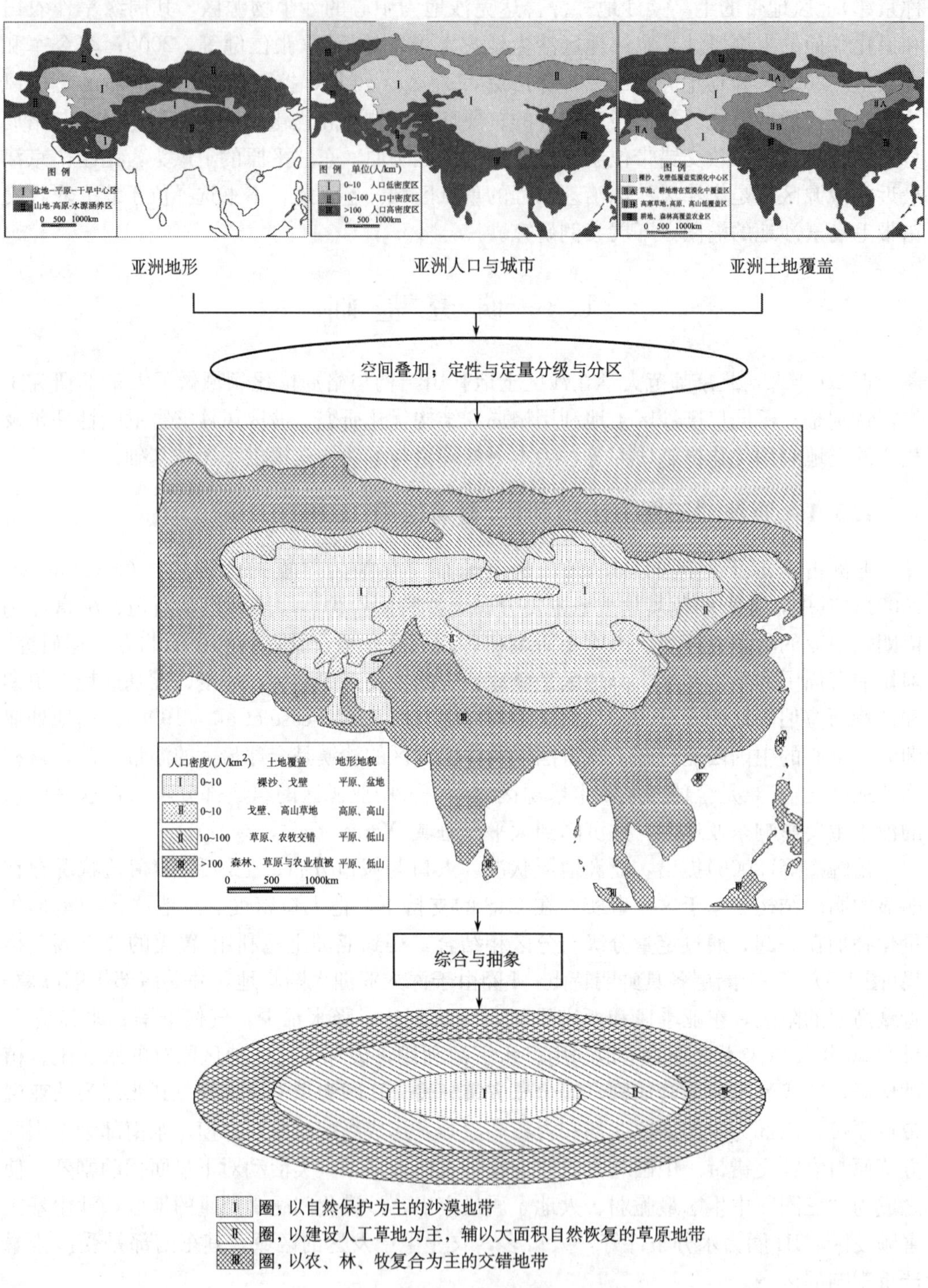

图 1-5 亚洲“三圈”土地利用/覆盖格局

Fig. 1-5 Tri-circle pattern of Asian land use/cover

覆盖宏观"三圈"格局为：内圈，以自然保护为主的沙漠地带；中圈，以建设人工草地为主，辅以大面积自然恢复的草原地带；外圈，以农、林、牧复合为主的交错地带。我国正处在宏观"三圈"的中东部，北方沙区是影响东亚沙尘暴的重要源区之一，沙尘天气直接对下风区的中国东部、韩国和日本等产生影响。

该模式立足于生态安全，着眼于沙尘暴灾害防治，需要一些国家与地区退还大量生产用地为生态用地以减轻沙尘暴的危害。因此，为保障生态安全条件下亚洲沙区土地利用结构的构建，应该根据"三圈"在构建生态安全土地利用格局中的角色来制定国与国之间的生态补偿政策。该政策的实施将有利于亚洲沙区及毗邻区的生态安全。该研究为中国北方沙区土地利用结构与格局优化提供了宏观格局的背景和框架。

1.3.2 鄂尔多斯高原沙区"三圈"模式

张新时(1994)对鄂尔多斯高原的气候、地貌及其物质组成、地下水和植被等自然因子与土地利用现状进行考察和分析，根据地貌的"软梁"和"硬梁"结构，提出自然景观结构与复合农、林、牧系统的综合格局呈圈层性。这是沙区最显著和本质性的特征，据此构建了鄂尔多斯高原沙区"三圈"模式(Tang and Zhang，2003；慈龙骏等，2007)(图 1-6)。

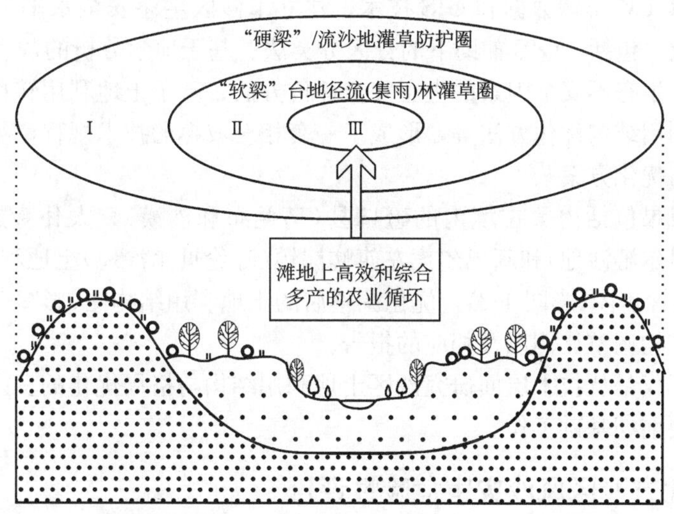

图 1-6 鄂尔多斯高原沙区"三圈"范式(改自 Tang and Zhang，2003)

Fig. 1-6 Tri-cirle pattern of the Ordos Plateau(modified from Tang and Zhang，2003)

I 圈是"硬梁"/流沙地灌草防护圈。它的土壤和水分状况比较贫瘠，主要用来防风固沙，保持水土以及涵养水资源。保护工作包括重建和恢复灌草防护圈，为稀有濒危植物提供安全保护地点，固沙和灌草种植，禁牧育林，有序放牧以及割掉充足的灌草。II 圈是"软梁"台地径流(集雨)林灌草圈。它将被用于放牧和人造林的种植，可以考虑发展人造饲料基地和林灌草圈等。Ⅲ圈是滩地上高效和综合多产的农业循环。作为农业绿洲和高投入的复合农场，包括谷物-工业-饲料作物三位结构，草本、果树以及牲畜饲养。“三圈”范式有利于推进“大面积搞生态，小面积搞生产”的土地利用结构优化(张新时和史培军，2003)。

与前述的亚洲三圈土地利用/覆盖格局相比，也可以理解为“三圈”范式在空间尺度上有大“三圈”和小“三圈”之分。大“三圈”控制洲际范围的荒漠化扩展及沙尘暴蔓延；小“三圈”则控制区域性风沙活动和就地起沙的危害。宏观的大“三圈”与多区域的小“三圈”有机结合，形成圈圈相护、层层设防、严密防护的生态-生产系统，有效地控制大范围风沙危害，改善地方气候与小气候，并对发展经济发挥重要作用。在小“三圈”范式的应用中，要坚持生态-生产基地建设战略：由“小面积搞生态，大面积搞生产”，调整为“大面积搞生态，小面积搞生产”的土地利用模式。这不是简单的退耕还林，而是生产方式的大转换，是土地利用方式的大调整(张新时和史培军，2003)。该研究成为沙区土地利用结构与格局优化过程中必须遵循的基本原则。

1.3.3 内蒙古沙区土地利用结构优化

建立生态环境安全条件下的土地利用格局是实现沙区可持续发展的关键。以王静爱为主的课题组在“沙区农田、草地土壤风蚀防治技术研究”(2002BA517A10)课题的资助下，基于遥感TM影像数据和GIS技术，建立了沙区生态安全水平下的土地利用结构优化技术系统，包括：GIS辅助下的分区分类法、基于地学分析的灰度分级提取不安全因素法、基于生态不安全因素的生态安全评价方法、基于土地利用转移矩阵和生态安全水平的土地利用结构优化方法等，形成了一套相对成熟的技术规程，编制了典型样区土地利用结构与优化方案①。

主要研究成果包括内蒙古境内的磴口县(乌兰布和沙漠)、太仆寺旗(浑善达克沙地)、奈曼旗(科尔沁沙地)和新巴尔虎左旗嵯岗镇(呼伦贝尔沙地)土地利用现状图(彩图1-1)，生态安全评价图(彩图1-2)，优化调整后的土地利用结构图(彩图1-3)和各旗(县)土地利用数量结构调整比例以及相应的报告。

这项研究不仅是从技术层面研究沙区土地利用结构与格局优化的良好开端，而且是本书研究的重要前期基础工作。

1.3.4 北方沙区风沙灾害危险性评价

风沙灾害是影响中国北方城镇、交通线和湖(库)安全的危险性因子，直接关系到区域的可持续发展。减轻风沙灾害的重要措施之一就是调整城镇、道路和湖(库)周边的土地利用结构。史培军等基于灾害系统理论，分别对中国北方沙区受风沙灾害影响较大的城镇、交通线、湖泊和水库进行风沙灾害危险性评价，提出土地利用优化方向或措施，为后续的土地利用结构与格局优化提供了思路和背景。

---

① 王静爱，岳耀杰，王志强，等. 中国北方沙区典型样区土地利用结构优化研究报告. 2005.

1. 城市风沙灾害危险性评价与土地利用优化

中国北方约有70个城市，172个县(旗)驻地和24 000个村庄常年遭受沙尘暴、扬沙和浮尘的侵害。受全球气候变暖和水土资源不合理利用的影响，风沙灾害趋势加剧。同时，城市土地扩展迅速，承载的人口与经济设施不断增多，在风沙灾害中暴露出更大的脆弱性与易损性。

基于灾害系统理论和遥感信息，构建综合评价指标体系，对中国北方沙区城市风沙灾害危险度进行了评价(岳耀杰等，2008a；史培军等，2009)。结果表明(图1-7)，中国北方沙区风沙灾害高危城市主要分布在新疆塔克拉玛干沙漠周边和古尔班通特沙漠南缘、甘肃省、宁夏-陕西-内蒙古3省(自治区)接壤区。重度危险以上的城市共计35个，占参评城市的51%，说明中国北方沙区城市普遍面临风沙灾害的侵害，半数以上的城市形势严峻。其中，极度危险的城市有12个，由西向东依次为乌鲁木齐、和田、中卫、乌海、包头、榆林、通辽等。低危城市主要分布在中国北方沙区东部，但不排除其中有个别高危城市(如通辽)。无论是从危险程度还是从城市数量来看，中国北方沙区中、西部地区是我国城市风沙灾害防治的重点区域。

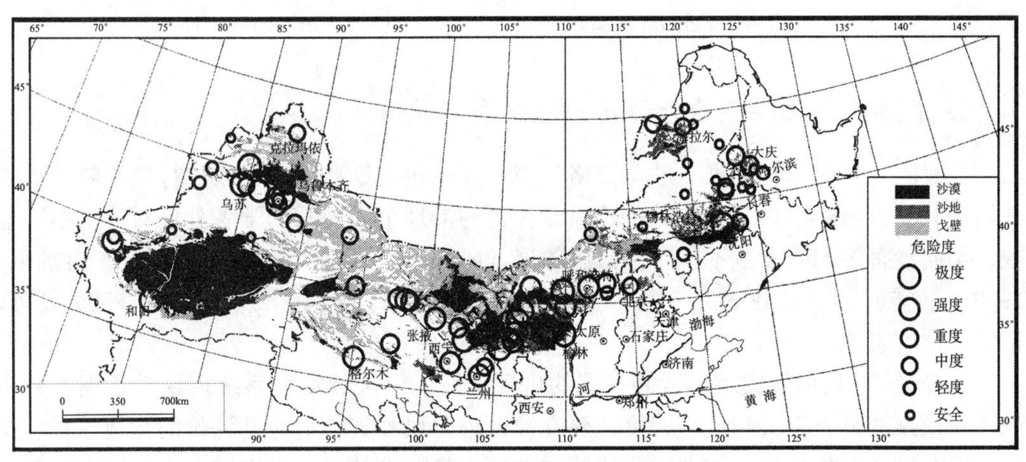

图1-7 中国北方沙区城市风沙灾害危险度

Fig. 1-7 Risk of aeolian sand disaster on cities in northern China

通过对城市风沙灾害形成机制和城市局地特征模式的分析(图1-8)，可知城市近邻沙源是风沙灾害的主要诱因，应该加以重点防护和治理；经济发达城市在风沙灾害中具有更高的易损性，应该重点保护。调整土地利用和植树种草，减少城市周边裸露沙化土地，减少可蚀性物质来源是减轻城市风沙灾害的关键措施(Erell and Tsoar，1997)。中国风沙灾害的发展主要取决于气候增温背景下降水的时空分布、沙区的风力变化与地表土地利用格局(高尚玉等，2000)。因此，调整和优化沙区城市周边土地利用格局是城市风沙灾害防治的重要途径。作者基于这一思想，在毛乌素沙地榆阳区开展了减轻榆林市风沙灾害的面状沙源土地利用优化研究。

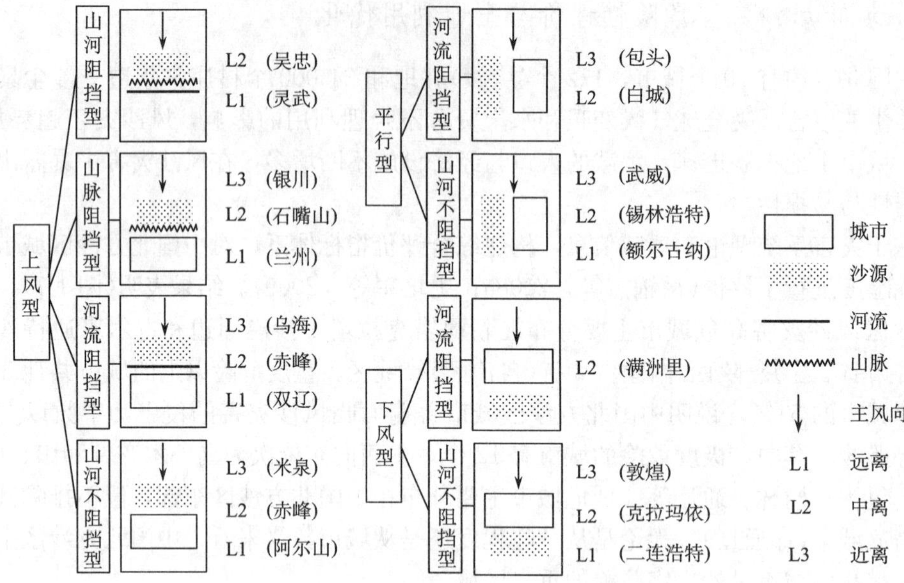

图 1-8　中国北方沙区城市局地特征模式

Fig. 1-8　Typical character models of city in sandy area in northern China

2. 道路风沙灾害危险性评价与土地利用优化

在我国，自前苏联专家引进草方格沙障，并在包兰铁路沙坡头段进行风沙防治试验开始(刘媖心，1987)，北方沙区道路风沙灾害的治理全面展开，学者分别对沙区不同地域、不同沙害影响因素或不同防治措施等展开研究(董治宝等，1997；王雪芹和雷加强，1999；王雪芹等，2000；韩致文等，2003、2005；Dong et al.，2004；韩致文等，2005；白虎志等，2005)。

王静爱等①从风沙灾害形成和发展的机理出发，以区域灾害系统理论为依据，分析风沙对道路的危害方式和危害程度，建立沙区道路风沙灾害危险性评价的指标体系、指标分级标准和评价模型；综合运用遥感与地理信息系统技术，对中国北方沙区内全部的不同类型道路的风沙灾害危险性进行了综合评价。评价结果(表 1-3 和彩图 1-4)表明，中国北方沙区有轻度危险道路 5367 km、中偏轻度危险道路 5442 km、中度危险道路 3792 km、中偏重度危险道路 1791 km、重度危险道路 537 km、极度危险道路 441 km。

从整个北方沙区来看，道路的风沙灾害危险性与气候、下垫面特性呈现明显相关性。从某个沙漠或沙地的范围来看，路段所穿过的沙丘或沙漠化土地类型对道路的风沙灾害危险性影响甚大。因此，道路风沙灾害的防治对策应该根据风沙灾害危险性的区域差异来制定。图 1-9 至图 1-12 是提出的不同区域和不同风沙灾害危险度的道路两侧线状沙源土地利用优化措施和方案。

① 王静爱，李远，岳耀杰，等. 中国北方沙区道路风沙灾害危险性评价研究报告. 2007.

表 1-3　北方沙区主要沙漠和沙地不同类型和危险性的道路长度

Tab. 1-3　Length of roads with different kinds and hazard degrees in sandy land of northern China

［单位(Unit)：km］

危险性等级 / 道路类型 / 沙区	轻度				中偏轻度				中度				中偏重度				重度				极度			
	GS	G	S	T	GS	G	S	T	GS	G	S	T	GS	G	S	T	GS	G	S	T	GS	G	S	T
呼伦贝尔沙地	0	21	30	21	0	60	147	84	0	9	30	30	0	3	6	18	0	0	3	12	0	0	0	6
科尔沁沙地	0	150	3	9	0	480	96	342	0	429	120	369	0	210	30	210	0	24	3	30	0	0	0	0
浑善达克沙地	15	39	66	0	21	225	204	51	0	201	216	108	0	117	45	99	0	39	3	36	0	0	0	6
毛乌素沙地	177	393	60	111	48	297	165	141	18	252	204	87	0	90	57	90	0	21	3	12	0	9	0	0
腾-巴-乌-库沙漠	48	705	459	432	0	501	549	573	0	123	279	201	0	15	84	120	0	12	54	51	0	0	18	36
柴达木盆地的沙漠	0	78	0	0	0	51	30	0	0	93	192	0	0	84	81	0	0	15	48	0	0	0	0	0
塔克拉玛干沙漠	0	699	462	93	0	420	213	129	0	411	126	78	0	231	84	9	0	27	114	3	0	0	321	0
古尔班通古特沙漠	267	585	291	153	12	180	234	189	0	84	78	54	0	51	33	24	0	0	27	0	0	36	9	0

注：表中GS为高速公路；G为国道；S为省道；T为铁路；腾-巴-乌-库沙漠是指腾格里沙漠、巴丹吉林沙漠、乌兰布和沙漠、库布齐沙漠。

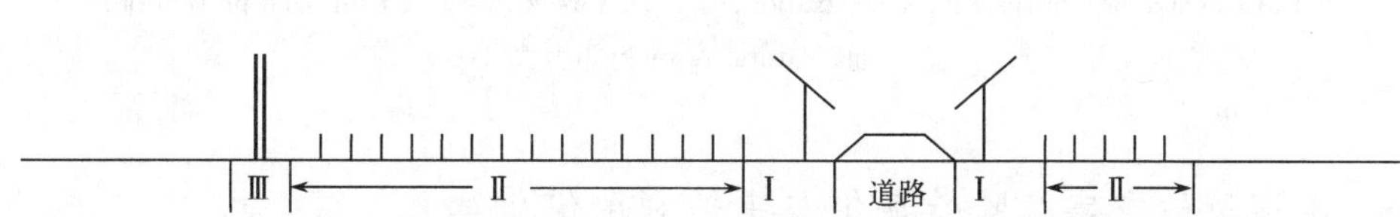

图 1-9　中、西部轻、轻偏中度危险路段风沙灾害防治措施

Ⅰ. 输沙带；Ⅱ. 固沙带；Ⅲ. 阻沙带

Fig. 1-9　Prevention of blown sand disasters of slight and medium dangerous roads in mid-west China

Ⅰ. Sand transportation belt; Ⅱ. Sand fixation belt; Ⅲ. Sand prevention belt

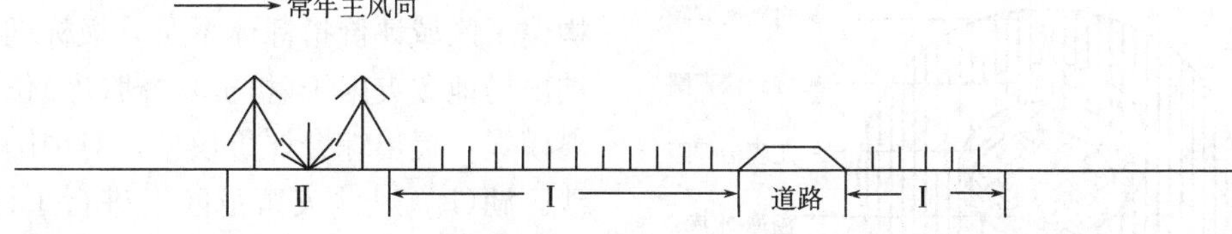

图 1-10　中、西部中偏轻、中度危险路段风沙灾害防治措施

Ⅰ. 输沙带；Ⅱ. 固沙带

Fig. 1-10　Prevention of blown sand disasters of medium dangerous roads in mid-west China

Ⅰ. Sand transportation belt; Ⅱ. Sand fixation belt

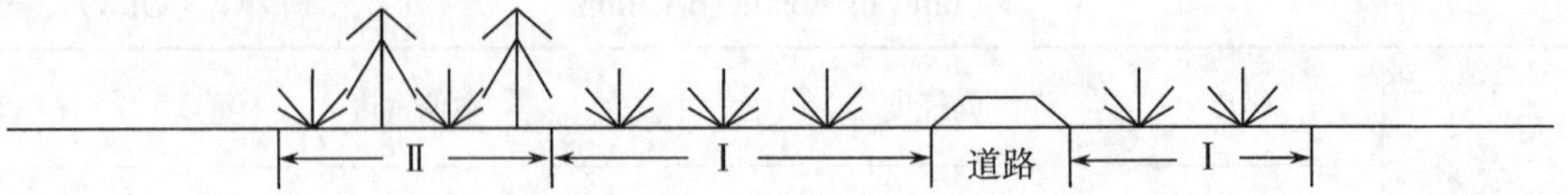

图 1-11　高原中偏轻、中度危险路段风沙灾害防治措施

Ⅰ. 灌木林带；Ⅱ. 乔、灌木混合林带

Fig. 1-11　Prevention of blown sand disasters of medium dangerous roads in plateau

Ⅰ. Bush forest belt；Ⅱ. Arbor and bush mixed forest belt

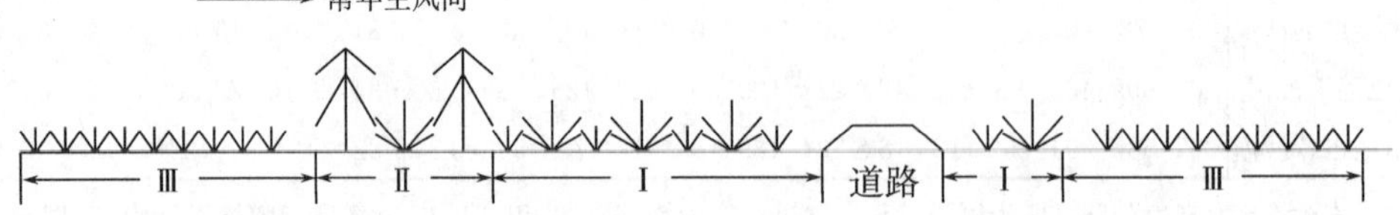

图 1-12　东部中偏轻、中度危险路段风沙灾害防治措施

Ⅰ. 固沙灌草丛带；Ⅱ. 防风阻沙林带；Ⅲ. 自然恢复带

Fig. 1-12　Prevention of blown sand disasters of medium dangerous roads in eastern China

Ⅰ. Bush and meadow belt for sand fixation；Ⅱ. Windbreak forest belt for sand prevention；

Ⅲ. Natural recovery belt

3. 湖库风沙灾害危险性评价与土地利用优化

沙区湖(库)作为水资源，对维护沙区人地关系稳定、生物多样性及生态安全极为重要。中国北方沙区的湖(库)面积近 2×10^4 km^2，占全国湖(库)面积的 25%、储水量的 30%左右(王苏民和窦鸿身，1998)。它们除具有供水、盐业、渔业、旅游功能外，对调节区域气候和保护生物多样性具有独特意义。

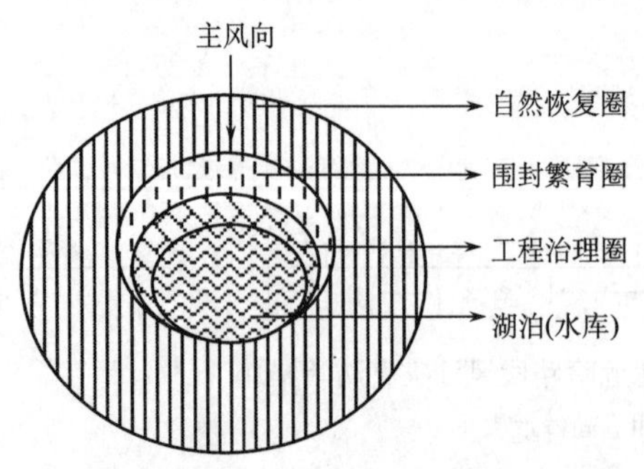

图 1-13　沙区湖(库)风沙灾害“三圈”防治模式

Fig. 1-13　Tri-circle mode for reducing aeolian sand disaster around a lake in sandy land

岳耀杰等(2008b)分析了中国北方沙区湖(库)风沙灾害系统结构与功能体系，构建了区域评价指标体系及分级标准，归纳出局地致灾因子(植被)—湖(库)位置距离模式，提出综合评价模型，对中国北方沙区湖(库)风沙灾害危险度进行了评价，提出了湖(库)风沙灾害防治的“三圈”模式(图 1-13)。评价结果表明，中国北方沙区湖(库)风沙灾害危险度高值区集中于 6 个核心区，即：东北松嫩沙地、呼伦贝尔沙地、科尔沁沙地、浑善达克沙地、毛

乌素沙地和新疆准噶尔盆地北部地区。内蒙古自治区是沙区湖(库)风沙灾害防治的重点地区。加强 6 个核心区湖(库)安全建设成为北方沙区湖(库)风沙灾害防治的关键。

沙区湖(库)风沙灾害防治的“三圈”模式，即以湖(库)为中心，逆常年主风向依次布置 3 个防护圈层：工程治理圈、围封繁育圈和自然恢复圈，根据生物气候条件综合采取工程、植被、土地利用规划和水资源利用措施。彩图 1-5 和彩图 1-6 分别是科尔沁沙地孟家段水库土地利用优化(Yue et al.，2005)和模拟湖库区风沙灾害防治的“三圈”模式(半干旱沙区，5km 半径)的土地利用情景。情景显示：毗邻湖(库)的流动沙地被草方格和机械沙障所固定，流沙入侵被有效阻拦；第一、第二圈层内流动、半流动沙地基本转变为灌木林地和高覆盖度草地，大大提高了林、草覆盖度，能够在草方格和机械沙障防沙效能丧失后继续保障湖(库)安全；水分条件较好，地形平坦的耕地退耕还林后，防护林体系逐渐形成，最终在第一、第二圈层形成乔、灌、草相结合的防治风沙入侵的综合防护体系。规划的生态预留地实施围封措施，除旱地退耕还林、还草外，其他利用类型维持现状，其中的退化土地(沙地)植被自然恢复，将有利于在较大范围内减少人类扰动，降低风沙灾害产生的可能性，同时为第一、第二圈层土地利用结构优化实施的可持续性提供保障。

1.4 研究框架

1.4.1 研究思路

沙区土地利用优化以减轻土壤风蚀为目的，重点研究生态安全条件下土地利用结构与格局优化的理论、方法和技术。通过 4 个方面的工作来实现研究目标。

(1) 研究新的遥感影像土地利用检测方法，以提高利用遥感资料检测土地利用变化的精度与效率。在此基础上查清典型区土地利用结构与格局，并分析其变化的规律。

(2) 通过土壤风蚀地表实测，查清典型区不同下垫面土壤风蚀输沙规律，结合土壤风蚀输沙量与植被覆盖度的关系构建模型估算区域土壤风蚀量。在此基础上，将典型区土地利用与土壤风蚀结合起来，运用土壤侵蚀分级标准对土地利用的风蚀危险性进行评价，作为减轻土壤风蚀的土地利用结构与格局优化的依据。在此过程中，尝试理清土壤风蚀地表实测与数据分析的方法，创新植被覆盖度地表实测及像片处理的方法，创新土壤风蚀从田块实测到区域估算的建模思路，创建模型估算典型区土壤风蚀量。在此基础上，对土地利用的风蚀危险性进行评价。

(3) 在前人的研究基础上，探讨沙区减轻土壤风蚀的土地利用结构与格局优化理论与方法。在此过程中，通过吸收前人研究成果，尝试进行理论、方法的集成与创新，提出适合典型区减轻土壤风蚀的土地利用优化理论、方法与模式。

(4) 运用减轻土壤风蚀的土地利用结构与格局优化理论、方法与模式对典型区土地利用结构进行优化，摸索实施优化的过程，并对优化结果进行分析，验证所提出的理论与方法的可行性。在此过程中，尝试理论与实地相结合，从典型区实际情况出发构建优化方案，为地方土地利用管理政策的制定服务。

1.4.2 研究内容与技术体系

图 1-14 是本书的研究框架，有 4 个特点：首先，从 3 个维度(研究逻辑、内容与方法、技术支撑)展示了研究目标；其次，通过箭头搭建起了各部分之间的联系，形成沙区土地利用结构优化的理论、技术体系；再次，土地利用优化技术集成于技术规程与操作规程平台中；最后，沙区土地利用优化在毛乌素沙地的榆阳区应用与实施。

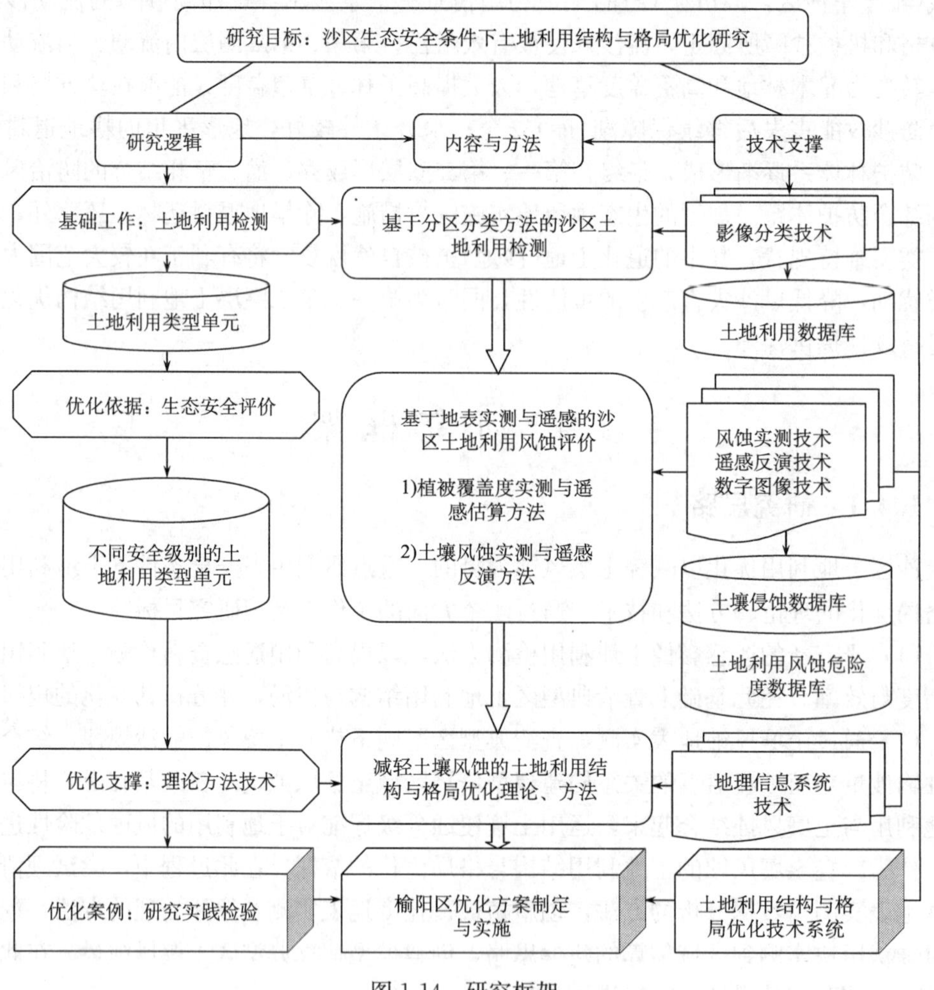

图 1-14　研究框架

Fig. 1-14　Research framework

参 考 文 献

白虎志，董安祥，李栋梁，等. 2005. 青藏高原及青藏铁路沿线大风沙尘日数时空特征. 高原气象，24(3)：311-315.

陈百明，刘新卫，杨红. 2003. LUCC研究的最新进展评述. 地理科学进展，22(1)：22-29.

陈广庭. 2002. 土地荒漠化. 北京：化学工业出版社.

慈龙骏，杨晓晖，张新时. 2007. 防治荒漠化的“三圈”生态-生产范式机理及其功能. 生态学报，27(4)：1450-1460.
董治宝，陈广庭，韩致文，等. 1997. 塔里木沙漠石油公路风沙危害. 环境科学，18(1)：4-10.
傅伯杰，陈利顶，邱扬，等. 2002. 黄土丘陵沟壑区土地利用结构与生态过程. 北京：商务印书馆.
高尚玉，史培军，哈斯，等. 2000. 我国北方风沙灾害加剧的成因及其发展趋势. 自然灾害学报，9(3)：31-37.
国家林业局. 2005. 中国荒漠化和沙化状况公报. 北京：国家林业局.
国务院. 2000. 全国生态环境保护纲要. 国务院国发[2000]38号.
韩致文，王涛，董治宝，等. 2005. 塔克拉玛干沙漠公路沿线风沙活动的时空分布. 地理科学，25(4)：455-460.
韩致文，王涛，孙庆伟，等. 2003. 塔克拉玛干沙漠公路风沙危害与防治. 地理学报，58(2)：201-208.
胡培兴. 2003. 中国沙化土地现状及防治对策浅谈. 林业科学，39(5)：140-146.
李令军，高庆生. 2001. 2000年北京沙尘暴源地解析. 环境科学研究，14(2)：1-3.
李秀彬. 1996. 全球环境变化研究的核心领域——土地利用/土地覆被变化的国际研究动向. 地理学报，51(6)：553-558.
刘彦随，陈百明. 2002. 中国可持续发展问题与土地利用/覆被变化研究. 地理研究，21(3)：324-330.
刘媖心. 1987. 包兰铁路沙坡头地段铁路防沙体系的建立及其效益. 中国沙漠，7(4)：1-11.
曲格平. 2002. 关注生态安全之一：生态环境问题已经成为国家安全的热门话题. 环境保护，5：3-5.
史培军，李晓兵，杨劼，等. 2009. 中国北方农牧交错带土地利用时空格局与优化模拟. 北京：科学出版社.
史培军，宋长青，景贵飞. 2002. 加强我国土地利用/覆盖变化及其对生态环境安全影响的研究——从荷兰“全球变化开放科学会议”看人地系统动力学研究的发展趋势. 地球科学进展，17(2)：161-168.
史培军，王静爱，陈婧，等. 2006. 当代地理学之人地相互作用研究的趋向——全球变化人类行为计划(IHDP)第六届开放会议透视. 地理学报，61(2)：115-126.
史培军，严平，高尚玉，等. 2000. 我国沙尘暴灾害及其研究进展与展望. 自然灾害学报，9(3)：71-77.
史培军，袁艺，陈晋. 2001. 深圳市土地利用变化对流域径流的影响，生态学报，21(7)：1041-1050.
王静爱，徐霞，刘培芳. 1999. 中国北方农牧交错带土地利用与人口负荷研究. 资源科学，21(5)：19-24.
王苏民，窦鸿身. 1998. 中国湖泊志. 北京：科学出版社.
王涛，赵哈林. 2005. 中国沙漠科学的五十年. 中国沙漠，25(2)：145-165.
王涛，朱震达. 1998. 中国土地荒漠化的概念、成因与防治. 第四纪地质，2：145-154.
王涛，朱震达. 2001. 中国北方沙漠化的若干问题. 第四纪研究，21(1)：56-65.
王涛，朱震达. 2003. 我国沙漠化研究的若干问题——1. 沙漠化的概念及其内涵. 中国沙漠，23(3)：209-214.
王涛. 2003. 我国沙漠化研究的若干问题——2. 沙漠化的研究内容. 中国沙漠，23(5)：477-482.
王雪芹，雷加强. 1999. 塔里木沙漠公路风沙危害评估指标体系. 干旱区地理，22(1)：81-87.
王雪芹，雷加强，黄强. 2000. 塔里木沙漠公路风沙危害分异规律的研究. 中国沙漠，20(4)：438-442.
王艳君，吕宏军，施雅风，等. 2009. 城市化流域的土地利用变化对水文过程的影响——以秦淮河流域为例. 自然资源学报，24(1)：30-36.
韦仕川，吴次芳，杨杨，等. 2008. 基于RS和GIS的黄河三角洲土地利用变化及生态安全研究——以东营市为例. 水土保持学报，22(1)：185-189.
肖笃宁，陈文波，郭福良. 2002. 论生态安全的基本概念和研究内容. 应用生态学报，13(3)：354-358.
杨景成，韩兴国，黄建辉，等. 2003. 土地利用变化对陆地生态系统碳贮量的影响. 应用生态学报，14(8)：1385-1390.
叶笃正，符淙斌，季劲钧，等. 2001. 有序人类活动与生存环境. 地球科学进展，16(4)：453-460.
于开芹，冯永军，郑九华，等. 2009. 城乡交错带土地利用变化及其生态效应. 农业工程学报，25(3)：213-218.
岳耀杰，王静爱，易湘生，等. 2008a. 中国北方沙区城市风沙灾害危险度评价——基于遥感、地理信息系统和模型的研究. 自然灾害学报，17(1)：15-20.
岳耀杰，王静爱，邹学勇，等. 2008b. 中国北方沙区湖泊(水库)风沙灾害危险度评价与安全对策——以内蒙古沙区为例. 干旱区研究，25(4)：574-582.

岳耀杰，周洪建，王静爱，等．2006．生态安全条件下亚洲沙区土地利用结构研究．地球科学进展，21(2)：131-137.

张仁健，王明星，浦一芬．2000．2000年春季北京特大沙尘暴物理化学特性的分析．气候与环境研究，5(3)：259-266.

张新时，史培军．2003．边际生态系统管理的理论与实践——我国北方草原与农牧交错带“优化生态-生产范式”构建．植物学报，45(10)：1137-1138.

张新时．1994．毛乌素沙地的生态背景及其草地建设的原则与优化模式．植物生态学报，18(1)：1-16.

赵媛媛，何春阳，李晓兵，等．2009．干旱化与土地利用变化对中国北方草地与农牧交错带耕地自然生产潜力的综合影响评价．自然资源学报，24(1)：123-135.

周廷儒，张兰生，李华章．1982．华北更新世最后冰期以来的气候变迁．北京师范大学学报，1：77-88.

Bertalanffy L V. 1973. General System Theory: Foundation, Development, Applications. New York: Gorge Publishing Company.

Cebecauer T, Hofierka J. 2008. The consequences of land-cover changes on soil erosion distribution in Slovakia. Geomorphology, 98: 187-198.

CIESIN. 2004-8-12. Alpha version 3 of gridded population of the world. http://beat. sedac. ciesin. Columbia. edu/gpw

CNC-IGBP. 2009-8-6. 相关概念. http://gcte. ibcas. ac. cn/GCTE/xggn. HTM.

Deichmann U, Eklundh L. 1991. Global digital datasets for land degradation studies: a GIS approach. GRID Case Study Series, 4.

Dong Zhibao, Chen Guangting, He Xingdong, et al. 2004. Controlling blown sand along the highway crossing the Taklimakan Desert. Journal of Arid Environments, 57(3): 329-344.

Edwin D M. 2004. A Study Of Global Sand Seas. Honolulu, Hawaii : University Press of the Pacific.

Erell E, Tsoar H. 1997. An experimental evaluation of strategies for reducing airborne dust in desert cities, Building and Environment, 32(3): 225-236.

GLP. 2005. Science plan and implementation strategy. IGBP Report No. 53/IHDP Report No. 19. IGBP Secretariat, Stockholm. 64pp.

Kashaigili J J. 2008. Impacts of land-use and land-cover changes on flow regimes of the Usangu wetland and the Great Ruaha River, Tanzania. Physics and Chemistry of the Earth, 33: 640-647.

Kassas M. 1995. Desertification: a general review. Journal of Arid Environments, 30: 115-128.

Kueppers. L M, Snyder M A, Sloan L C, et al. 2008. Seasonal temperature responses to land-use change in the western United States. Global and Planetary Change, 60: 250-264.

Lambin E F, Baulies X, Bockstael N, et al. 1999. Land-use and land-cover change (LUCC): implementation strategy. IGBP Report No. 48 and IHDP Report No. 10. Stockholm: IGBP.

Mainguet M. 1994. What is desertification? Definitions and Evolution of the Concept, Desertification Natural Background and Human Mismanagement. Berlin: Springer.

MEA. 2005a. Ecosystems and Human Well-being: Current State and Trends. Washington, DC: World Resources Institute.

MEA. 2005b. Ecosystems and Human Well-being: Desertification Synthesis. Washington, DC: World Resources Institute.

Middleton N, Thomas D. 1997. World Atlas of Desertification. London: Arnold.

Ojima D, Lavorel S, Graumich L, et al. 2002. Terrestrial human-environment systems: the future of land research in IGBPII. Global Change Newsletter Issue, 50: 31-34.

Pease P P, Tchakerian V P, Tindale N W. 1998. Aerosols over the Arabian Sea: geochemistry and source areas for aeolian desert dust. Journal of Arid Environments, 39: 477-496.

Reynolds J F, Smith, D M S. 2002. Global Desertification: Do Humans Cause Deserts. Berlin: Dahlem University

Press.

Sivakumar M V K. 2007. Interactions between climate and desertification. Agricultural and Forest Meteorology 142: 143-155.

Sliver L, Williams D D. 2001. Buffer zone versus whole catchment approaches to studying land use impact on river water quality. Water Research, 35(4): 3462-3472.

Solomon D, Lehmann J, Zech W. 2000. Land use effects on soil organic matter properties of chromic luvisols in semi-arid northern Tanzania: carbon, nitrogen, ligning and carbohydrates. Agriculture, Ecosystems and Environment, 78: 203-213.

Tang H P, Zhang X S. 2003. Establishment of optimized Eco-productive paradigm in the farming-pastoral zone of northern China. Acta Botanica Sinica, 45 (10): 1166-1173

Trimble S W, Crosson P L S. 2000. Soil erosion rate-myth and reality. Science, 289: 248-250.

Turner II B L, Skole D L, Sanderson S, et al. 1995. Land-use and land-cover change science/research plan. IGBP Report No. 35 and HDP report No. 7, Stockholm and Geneva.

UNCCD. 2004. Preserving our common ground: UNCCD 10 years on. United Nations Convention to Combat Desertification, Bonn, Germany.

UNCCD. 2007. The 10-year strategic plan and framework to enhance the implementation of the Convention (2008～2018). Report of the Conference of the Parties on Its Eighth Session, Madrid.

UNCCD. 2008. Desertification-coping with today's global challenges: in the context of the strategy of the United Nations convention to combat desertification. High-Level Policy Dialogue, Bonn.

UNCED. 1992. Agenda 21. Rio de Janerio, Brazil.

UNCOD. 1977. Desertification, Its Cause and Consequences. Oxford: Pergamon Press.

UNDP/UNSO. 1997. Aridity Zones and Dryland Population: an Assessment of Population Levels in the World's Drylands with Particular Reference to Africa. New York: UNDP Office to Combat Desertification and Drought (UNSO).

UNEP/GRID. 2008-3-17. Geo data portal. http://geodata. grid. unep. ch/page. php.

UNEP. 1997. world atlas of desertification. In: GLASOD (Global Assessment of Soil Degradation) by ISRIC, UNEP, FAO (1990).

Williams M A J, Balling R C. 1996. Interactions of Desertification and Climate. London: Arnold.

Yadav V, Malanson G. 2008. Spatially explicit historical land use land cover and soil organic carbon transformations in Southern Illinois. Agriculture, Ecosystems and Environment, 123: 280-292.

Yang Youlin, Victor S, Lu Qi. 2001. Global alarm: Dust and sandstorms from the world's drylands. Asia RCU of the UNCCD, Bangkok, Thailand.

Yue Yaojie, Wang Jing'ai, Lü Hongfeng, et al. 2005. Land use optimization at ecological security level in desert regions——a case study of Horqin sandy land. In: Li Shengcai, Wang Yajun, Huang Ping. Progress in Safety Science and Technology Vol. V(Part B). Beijing: Science Press: 2111-2116.

第2章　沙区土地利用变化遥感检测

2.1　土地利用变化遥感检测方法综述

传统的计算机遥感影像分类方法通常分为非监督分类和监督分类，目前最常用的参数型监督分类方法为最大似然法(maximum likelihood classifier，MLC)。传统的计算机分类方法是基于像元光谱统计特性的硬分类，不善于提取空间信息，不容易解决同物异谱、异物同谱、混合像元等问题，常常出现错分、漏分，分类精度不高，且分出的图斑比较零乱。传统遥感影像分类方法之所以得不到满意的结果：一方面是因为地物光谱存在“同质异谱”和“异质同谱”的原因；另一方面是因为算法内在的某种缺陷。MLC法是最为常用的、基于像元的统计分类模型，下面是MLC法的算法公式(ERDAS Inc，1997)：

$$D = \ln(a_c) - [0.5\ln(|\boldsymbol{Cov_c}|)] - [0.5(\boldsymbol{X}-\boldsymbol{M_c})^{\mathrm{T}}(\boldsymbol{Cov_c^{-1}})(\boldsymbol{X}-\boldsymbol{M_c})] \quad (2\text{-}1)$$

式中，D为加权距离(可能性)；c为某一特征类型；$\boldsymbol{X}$为像素的测量矢量；$\boldsymbol{M_c}$为类型c的样本平均矢量；a_c为任一像素属于类型c的先验性概率(信号标记)；$|\boldsymbol{Cov_c}|$为类型c的样本中的像素的协方差矩阵；$\boldsymbol{Cov_c}$为$\boldsymbol{Cov}$的行列式；$\boldsymbol{Cov_c}^{-1}$为$\boldsymbol{Cov}$的逆矩阵；ln为自然对数函数；T为转置函数。

根据式(2-1)，MLC法要得到良好的分类结果需服从多维正态假设，即：①所有像元属于任何一个特征类型的机会均等；②所输入的样本数据必须服从正态分布。这就导致了MLC法缺乏灵活性，在复杂或非均质的情况下，这一假设往往难以满足而不能得到正确的面积估计。进一步细分特征类型获得单维正态分布样本数据有利于提高MLC方法的分类精度(Zheng，2002)。针对MLC的缺陷，新的分类方法层出不穷。

1. 多时相、多源、多角度遥感数据复合分类方法

充分利用遥感数据多平台、多传感器、多波段、多分辨率、多时相、多角度等众多优势，可使各种遥感数据相互补充，提高地物识别率。如Fuller等(1994)制作英国土地利用图时，使用了冬、夏两个时相的数据和MLC法分类，提高了分类精度。Curtis等(1993)提出在多光谱数据与高空间分辨率数据融合时，若保证光谱辐射的整体性，可提高分类精度。孙丹峰和李红(2002)将前期TM和后期Spot影像通过彩色空间(Intensity，Hue，Saturation，IHS)变换融合，成功用于城市边缘带土地利用分类与变化的研究。贾永红和李德仁(2001)比较了TM和合成孔径雷达(Synthetic Aperture Radar，SAR)影像的数据层融合分类与决策层融合分类，结果显示这两个层次的融合均可以获得很高的精度。但是该方法也有不利之处，多时相、多源、多角度

数据融合势必要求增加数据储备与购置，分类精度与数据花费之间的费效比较限制了该法的推广。

2. 人工神经网络分类方法

人工神经网络(artificial neural network，ANN)是以模拟人体神经系统的结构和功能为基础而建立的一种信息处理系统，是一种人工智能。神经网络与其他处理技术相结合可以更好地提高分类精度，如章杨清和刘政凯(1994)在使用神经网络方法的同时，引入分维向量强化输入模式在纹理特征上的信息表达，使总体识别精度更高。熊桢等(2000)将神经网络技术与分层处理技术相结合提出并设计了分层神经网络分类方法。许多研究表明，神经网络在数据处理速度和地物分类精度上均优于 MLC 法。但 ANN 分类器拓扑结构的选择常缺乏充分的理论依据，网络连接权值的物理意义不明确，人们无法理解其推理过程，对 ANN 行为的理解远远落后于算法的改进。

3. 专家系统分类方法

专家系统也是人工智能的一个分支，它是采用人工智能语言将某一领域的专家分析方法或经验，对地物的多种属性进行分析、判断，从而确定各地物的归属。匡霞等(1989)综合光谱、地理、土壤类型、早期判别结果、目视判读经验等各种知识和信息，充分发挥专家系统的推理判断能力，对“不确定”像元的类别作进一步判别，使得整幅图像的分类精度得到改善。舒宁(1996)设计了通用型遥感图像理解专家系统，在吉林试验区和武昌试验区 TM 影像分析中，各主要地物信息比较准确地被划分出来，且图斑整体性强。Lasse(1997)研究了通用空间模型自动从城市土地覆盖类型之间的空间关系获取知识用以影像分类的方法，获得较好的效果。Abkar 等(2000)将专家知识应用于影像分割和分类，表明基于图斑的分类结果远比基于像元的精度要高，因为它利用了土地利用图斑的几何与拓扑信息。但该方法既需要操作者具备较高人工智能语言编程水平，又要兼有各方面专家的知识或经验储备，再加上需要多种分类辅助数据，所以其对“人”、“才”、“物”的高要求限制了应用的领域。

4. 模糊数学分类方法

模糊数学分类方法是一种以模糊集合论作为基础针对不确定性事物的分析方法。Wang(1990)在研究遥感图像分类方法时，给出了模糊分类方法的详细步骤，主要包括地理信息的模糊集表达、模糊参数的估计和光谱空间的模糊划分等。骆建承等(1999)取相同的样本数据用部分监督的模糊聚类方法和无监督的模糊聚类方法同时做了影像分类和水体的专题信息提取的实验，结果表明，部分监督的模糊聚类方法比完全监督分类可以发现更多的信息，比非监督分类精度更高。Duda 和 Canty(2002)比较了各种非监督聚类算法，结果表明模糊聚类法的分类精度最高。使用模糊分类方法，必须首先确定训练样本中像元各类别的隶属度，过程比较麻烦，研究不多，至今没有一般性的法则可以遵循，这一不足影响了该方法的推广应用。

5. 基于图斑的分类

基于像元的逐点分类法常存在噪声影响大、边界像元或混合像元分类不准确、目视效果差等问题，因此出现了基于图斑的分类方法。王杰生(1992)基于人眼分辨图像上图斑的机理，模拟目视分辨法提高了分类精度。Paul 等(1999)首先将基于像元的分类图与栅格化的地界图叠加获得图斑，再进行基于图斑的分类，使得由于类内光谱变化(如农田、城市)引起的一些误分现象得到修正。Winne(2000)在分析了基于像元的分类方法的弊端以后，着重阐述了影像分割中几何图形模式的确定方法，并以缅因州和北达科他州为例进行了影像多尺度分区分类的实践。专家系统和图斑分类方法结合效果更好(Abkar et al.，2000)。

6. GIS 支持下的遥感分类方法

遥感和 GIS 的研究对象都是自然界中的空间实体，GIS 作为空间数据处理和分析的有效工具，可为遥感应用提供良好环境，使得遥感图像在 GIS 支持下得到较高的分类精度。如 Bolstad 和 Lillesand(1992)利用土壤质地、地形等空间专题信息，提高了 TM 数据的土地利用分类精度。近年来，从 GIS 空间数据库中挖掘知识，并以专家系统为纽带，将知识有效应用于遥感图像分类成为一个研究热点(李天宏，2000)。如邸凯昌等(2000)选用高程和早期土地利用数据库，分别在空间对象粒度和像元粒度上进行归纳、学习和发现知识，根据规则对用 MLC 法得到的土地利用预分类结果进行推理修改，解决了水域细分和旱地、果园、林地之间的误分问题。该方法的实质是从地理空间数据中应用 GIS 挖掘地学知识应用于影像分类，和专家系统、图斑分类方法有相通之处。

综上所述，目前使用较为广泛的分类方法的优缺点可见表 2-1。分析可知，遥感影像土地利用分类在经历了遥感数据的光谱和空间等多种分析和改进方法的尝试后，在本质上仍有一定的局限性，即在遥感影像分类或专题信息提取中，基于单个像元的处理不能加入“目标”的概念，不能利用目标的不同空间特性获取知识，如大小、形状、位置和其他目标的关系。基于以上分析，本书综合专家系统分类、图斑分类和基于 GIS 的分类方法的优点，提出遥感影像土地利用分区分类方法，用于土地利用及其变化检测。

表 2-1　主要遥感影像土地利用分类方法优缺点评述

Tab. 2-1　Advantage and disadvantage of main remote sensing image land use classification methods

方法	参考文献	优点	缺点
MLC	ERDAS Inc，1997	商用遥感图像处理软件提供的最为常用的监督分类方法	不善于提取空间信息，不容易解决同物异谱、异物同谱、混合像元等问题，常常出现错分、漏分，分类精度不高，且分出的图斑比较零乱

续表

方法	参考文献	优　点	缺　点
多时相、多源、多角度遥感数据复合分类法	Curtis et al.,1993；Fuller，1994；贾永红和李德仁，2001；孙丹峰和李红，2002	多源数据复合分类已被证明是提高遥感分类精度的有效途径，并且它是充分利用已有遥感信息资源的有效手段	多时相、多源、多角度数据融合势必要求增加数据储备与购置，数据花费与分类精度之间的费效比限制了该法的推广
人工神经网络分类法	章杨清和刘政凯，1994；熊桢等，2000；Haejin，2002	神经网络在数据处理速度和地物分类精度上均优于最大似然分类法，容错能力强，对不规则分布的复杂数据具有很强的处理能力，并且它能够促进目视解译与计算机自动分类相结合	ANN 分类器拓扑结构的选择常缺乏充分的理论依据，网络连接权值的物理意义不明确，人们无法理解其进行推理的过程，对 ANN 行为的理解远远落后于算法的改进
专家系统分类法	匡霞等，1989	专家系统分类方法由于总结了某一领域内专家分析方法，可容纳更多信息按某种可信度进行不确定性推理，因而具有较强大的功能	该方法既需要操作者具备较高人工智能语言编程水平，又要兼有各方面专家的知识或经验储备，再加上需要多种分类辅助数据，所以其对“人”、“才”、“物”的高要求限制了应用的领域
模糊数学分类法	Wang，1990；骆建承等，1999；Duda and Canty，2002	模糊数学分类方法是一种针对不确定性事物的分析方法，它是以模糊集合论为基础。比传统的最大似然分类法有较高的识别精度	使用模糊分类方法，必须首先确定训练样本中像元各类别的隶属度，过程比较麻烦，研究不多，至今没有一般性的法则可以遵循，这一不足影响了该方法的推广应用
GIS 支持下基于图斑的分类法	Winne，2000；王杰生，1992；Paul et al.，1999；李天宏，2000；邸凯昌等，2000	符合人眼分辨影像机理，精度高。在 GIS 支持下，把专家系统和知识分类结合起来了，使由于类内光谱变化引起的一些误分现象得到修正	

2.2　遥感影像土地利用分区分类方法

2.2.1　指导思想

遥感影像土地利用分区分类方法，即在 GIS 的支持下，运用遥感地学分析原理，借助辅助地理信息，把具有多种特征的全景影像细分为具有较少特征，甚至单一特征的影像子单元，从而把基于像元(pixel)的分类转变到基于特征区域(region)的分类上来；在不同区域里使用不同的分类特征与标准，避免不同区域内同物异谱或异物同谱的干扰，改善分类效果(图 2-1)。

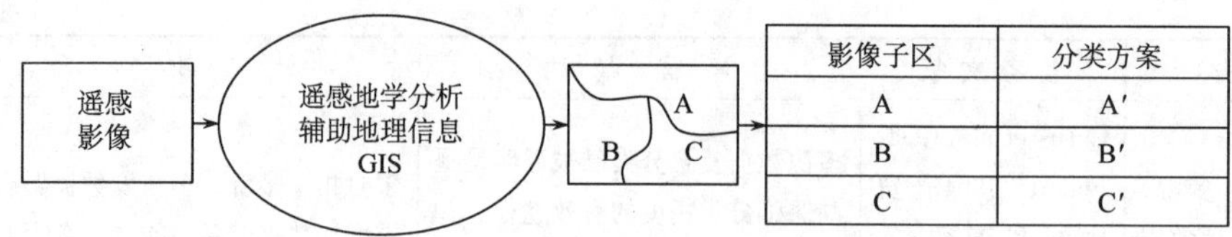

图 2-1 遥感影像土地利用分区分类法思想框架

Fig. 2-1 Ideal framework of remote sensing image sub-regional classification

如上所述，实现分区分类的关键是影像分割中特征类型及其界线的确定，即遥感影像区划，其实质是遥感地学分析原理应用于影像分区的过程。

2.2.2 基本原理

遥感信息的传输基本上经过 3 个阶段，即地面特征的探测、数据传输到成像(T1)；遥感影像的分析、解译、制图(T2)；结果检验、地面反演和模型改进(T3)。在这一过程中，地理空间和影像空间通过遥感探测(模型 1)和遥感解译(模型 2)相互连接和实现，分类结果(模型 E)是经过模型 1 和模型 2 对现实世界中地面特征(原型 D)不断抽象而形成的，模型 E 尽可能地接近原型 D 是衡量整个遥感信息传输过程好坏的标准。然而，由于遥感技术系统本身的局限性，在 T1 阶段将地面原型转变为遥感影像模拟数据时必然要损失一部分信息，也就是形成了信息的灰色空间。因此，在 T2 阶段仅用遥感信息进行解译是不够的，需要辅以其他信息和知识，这使得地学分析的加入成为必要。同时，模型 E 和原型 D 的接近程度，同样取决于对分类结果和地面特征之间的比较(验证)、对 T1 和 T2 及模型 1 和模型 2 缺陷的归纳，并产生新的知识反馈于 T1、T2 和模型 1、模型 2 的改进。同时，这些知识充实了地学分析的知识量。如此循环往复，促使模型 E 不断接近原型 D(图 2-2)。

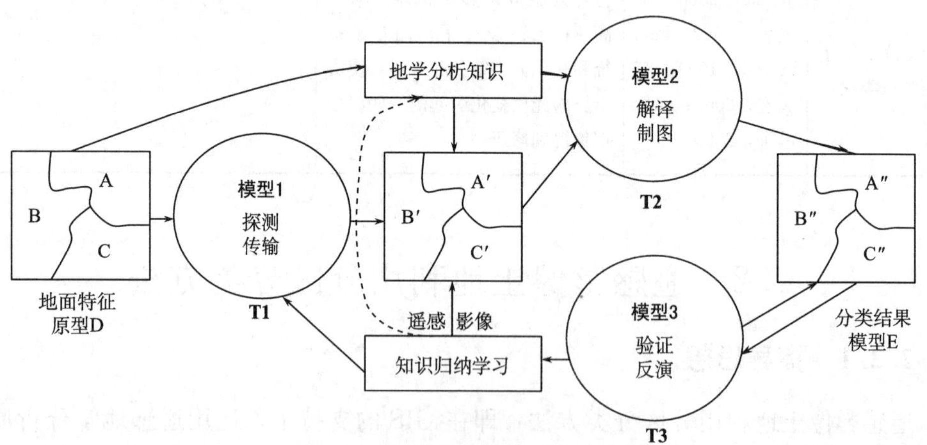

图 2-2 遥感信息传递与认知过程

Fig. 2-2 Process of remote sensing information transformation and comprehension

这一循环往复过程，尤其体现了知识在遥感影像分类中的重要性，这要求我们不仅要自觉地应用各种知识，而且要努力获取知识。特别是从分类的角度看，为提高解译结果的正确性，地学知识的介入是必不可少的。实际上，这就是建立一个遥感分析的专家系统知识基础(陈述彭和赵英时，1990)。遥感地学分析是建立在地学规律基础上的遥感信息的处理和分析模型，其结合物理手段、数学方法和地学分析等综合性应用技术和理论，通过对遥感信息的处理和分析，获得能反映地球区域分异规律和地学发展过程有效信息的理论方法(陈述彭和赵英时，1990)。传统遥感地学分析包括地理相关分析法(主导因素法分析法、非主导因素相关分析法)、环境本底法、分层分类法、信息复合法、GIS和区划法等。在传统地学分析手段基础上，随着GIS、人工智能、模糊集理论以及生理与心理认识理论等相关理论和技术的发展，遥感地学分析向着定量化、智能化、自动化的方向发展。其中GIS支持下的以地学辅助信息和遥感信息相结合的遥感地学分析是一个方向(周成虎等，2001)。它要么把这些地学分析知识转变为分类规则用于改进分类器，要么应用于分类时的影像分割和方案选择，如本书提出的基于GIS的遥感影像分区。

2.2.3　影像分区的树状分层模型

基于GIS的遥感影像分区，即按照人工目视判断的思维习惯和工作流程，加入遥感地学分析的知识背景，在GIS的支持下，把区域遥感影像按照地貌、植被和土地利用的地域分异规律划分为若干个小的图斑单元(子区)。这种分区有利于在分类中应用地表目标的空间特征，解决同物异谱、异物同谱、混合像元等问题，提高分类精度。而影像分区的关键是依据什么分割影像？如何分割影像？

遥感影像分区方法有多种。一种是图像分割技术，它是将图像空间分割成一些特征相近的区域，或按属性一致的原则，决定每个像元的归属，形成区域图，这种方法常称为区域分割(Landgrebe，1980)；另一种是从像元出发，将属性接近的连通像元聚集为区域，常称之为区域生长(Narendra and Goldberg，1980)。区域分割法与遥感区划法具有相通之处，而后者已成功应用于腾冲景观分析研究中(陈述彭和赵英时，1990；陈述彭，2001)。本书采用基于遥感区划的影像分割方法构建影像分区的模型与技术流程。

在进行影像分割时，最理想的情况是按地表特征的区域分异规律来划分影像特征单元，而不是按像元来划分。这种划分过程，体现了地理空间和影像空间的对应与转换关系。在土地利用研究中，地表特征就是各种土地利用类型区，或景观单元(Forman and Godron，1986；Forman，1995)。从地学角度分析，影响景观或土地利用的主导自然因素不外乎地质地貌、水热和土壤。地貌反映在遥感影像上表现为起伏，它决定了土地利用的方式与分布，如坡度因子在很大程度上决定了农业植被、草原植被和森林植被的分布；水热和土壤分布受地貌影响，而水热与土壤的组合则决定了植被生物量的多少。地理环境中各种因素综合发生作用，但彼此在影响强度和时空关系上又有不同。因此，在GIS支持下，按照上述因素的影响与控制分级，可以将研究区遥感影像人工或自动分割成几个区域。

应用GIS进行遥感影像分区，文献(方红亮和黄绚，1997)中曾有介绍。师庆东等

(2003)利用 1997 年夏季的归一化植被指数(normal differential vegetation index, NDVI)图，对新疆北部地区的植被进行了区域划分，再结合数字高程模型(Digital Elevation Model，DEM)和坡度等对新疆北部的植被类型进行分类，使精度得以提高。莫源富和周立新(2005)在对贵州山区的土地利用进行遥感调查时借助 GIS，利用 DEM 把图像分为阴影区与非阴影区，并辅以目视判读和专题图件的判别方法，取得了较理想的分类结果。上述研究对影像的分区，无一例外地用到了地貌地形的数字化表达形式——DEM，然后是土地利用/覆盖的植被生物量遥感指标——NDVI。前者是土地利用类型分布的决定因素；后者是土地利用/覆盖的直观表现，均是进行遥感影像分割的重要依据。

综合以上分析，本书选择行政区划、地貌地形作为主要依据，NDVI 作为次要依据，构建了影像分区“自上而下”的树状分层模型。在 GIS 支持下应用这一模型逐级分割影像，就能最终获得土地利用相对一致的影像子区(图 2-3)。

2.2.4 分区分类的技术流程

在对影像分区以后，就可以根据每个影像子区的地表特征类型，分别建立解译标志和选择波段组合，应用监督分类的 MLC 方法来进行分类。分区分类的技术流程如图2-4所示。

(1) 行政区划。以研究区行政区划图为准，辅以 1∶10 万地形图，参照最新出版的中国行政界线图修正得到。将纸质行政区划图描为图像格式(如 tif 格式)，导入遥感影像处理软件可以识别的格式以备后续处理之用。为了让行政区划图和遥感影像建立地理空间联系，需要对两者进行空间配准(geometric correction)，一般利用遥感影像处理软件即可实现。政区边界提取是以配准好的行政区划图为底图，利用 GIS 数字化功能提取。

(2) 地形地貌图宜采用研究区 1∶10 万地形地貌图，或由 1∶5 万地形图拼接得到。地貌单元边界的提取过程和行政区划图处理过程类似。

(3) NDVI 采用下式计算(Rouse et al.，1973)

$$\mathrm{NDVI} = \frac{\mathrm{IR} - R}{\mathrm{IR} + R} \tag{2-2}$$

式中，IR 为红外波段；R 为红光波段。在 TM 影像中，IR 波段为 TM4 波段，R 波段为 TM3 波段。因此，TM 影像 NDVI 计算公式如下：

$$\mathrm{NDVI} = \frac{\mathrm{TM4} - \mathrm{TM3}}{\mathrm{TM4} + \mathrm{TM3}} \tag{2-3}$$

NDVI 影像记录了区域土地利用/覆盖控制下的植被覆盖度信息，在不考虑地貌影响的情况下，同一土地利用/覆盖类型下的 NDVI 阈值变化幅度应该不大。这是利用 NDVI 进行影像分割的基本依据。通过 NDVI 和遥感影像特征的关联分析，应用密度分割方法或目视判读采集土地利用/覆盖类型区边界像元的 NDVI 值作为影像区划的阈值，就可以把影像分割开来。

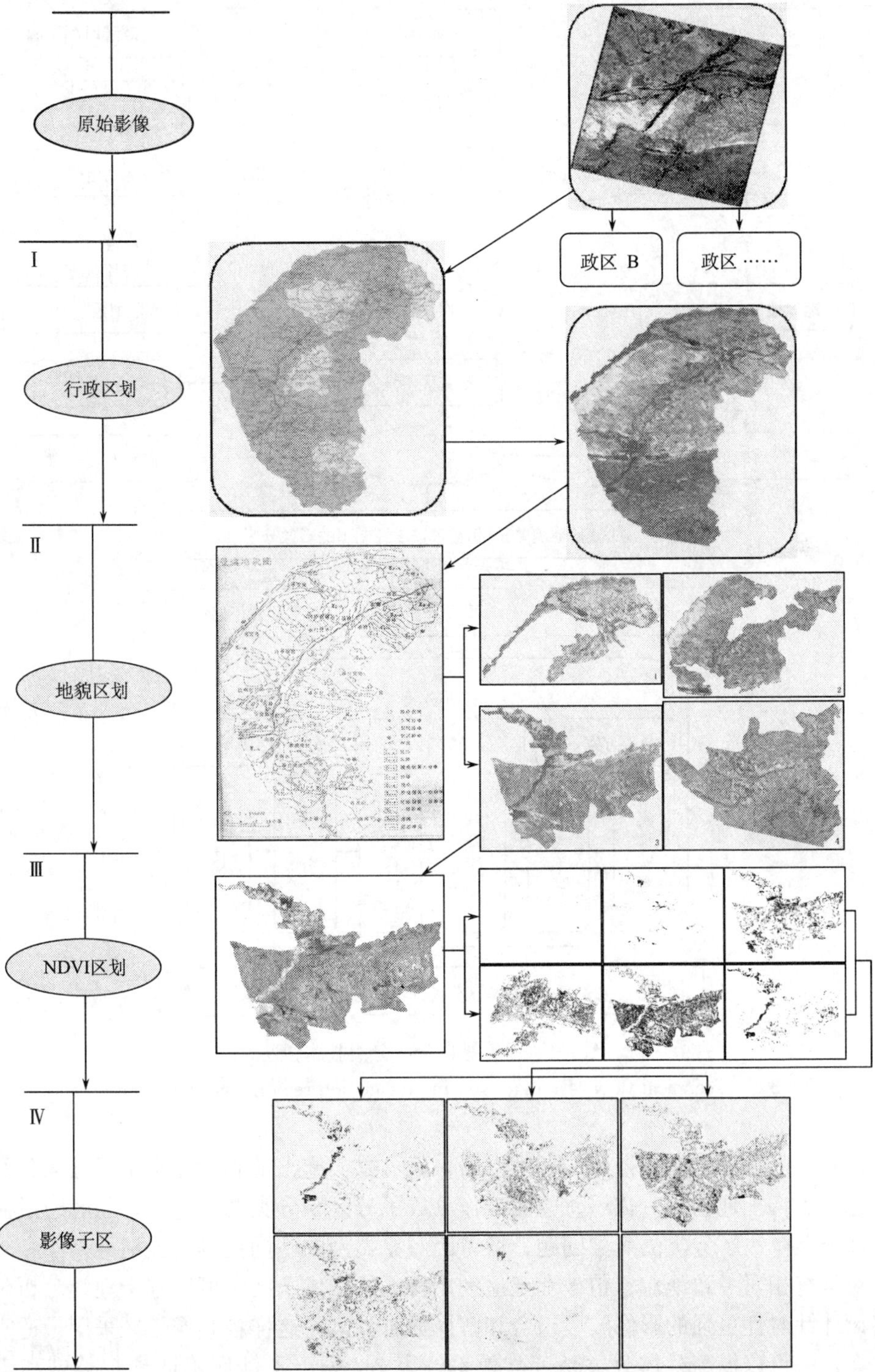

图 2-3　遥感影像分区的树状分层模型

Fig. 2-3　Tree delamination model for remote sensing image division

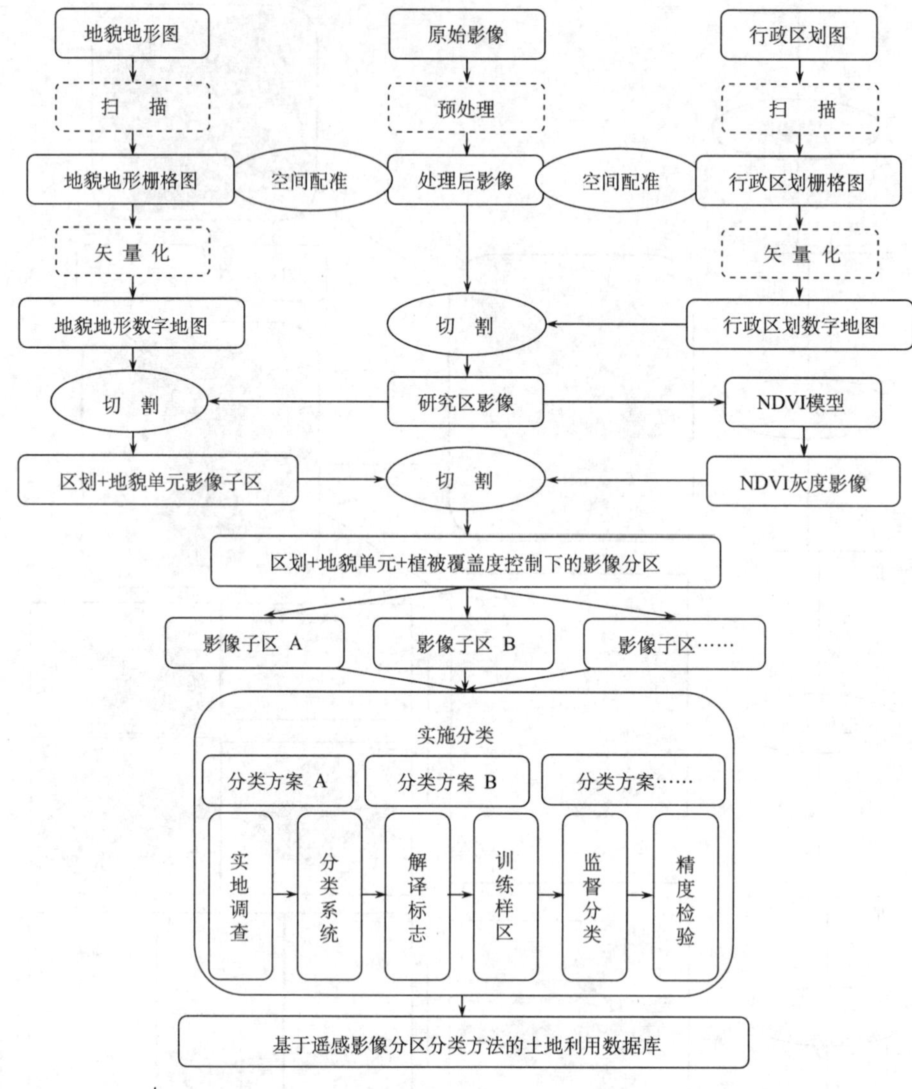

图 2-4　遥感影像分区分类技术流程

Fig. 2-4　Technical flow of remote sensing image sub-regional classification method

（4）分区分类。在获得影像子区以后，就可以实施土地利用分类了。分区分类的最大特色在于将土地利用变化遥感检测工作分成了分区和分类两个过程。前者通过简化影像特征类型解决了分类的对象问题；后者因对象类型的不同更具有灵活性。

对具有相对一致地貌、植被和土地利用特征的影像子区，可以基于地学分析和影像光谱设计针对性更强的影像波段组合和解译标志方案，这样各影像子区采用最适宜的分类方案，就可以提高整体分类精度与效率。表 2-2 列出了沙区不同地貌类型和土地利用/覆盖下的波段组合方案。

表 2-2　沙区不同地貌和土地利用/覆盖下波段组合方案

Tab. 2-2　Bands combination under physiognomy and land use/cover

地貌类型	土地利用/覆盖	波段组合及原因
沙漠	流动沙丘	TM4、3、2，对裸沙反映明显
沙地	地形由沙丘和丘间地，或坨甸相间组合。以天然草地、灌木林地、裸沙地为主，少量水浇地主要分布在丘间或甸子里，林地沿农田和村落周边零星分布	TM4、3、2，对裸沙、天然草地和灌木林地反映明显
低山丘陵	地势起伏较大。土地利用呈垂直梯度变化，从沟底到山顶依次为水域、水浇地、旱地、天然草地、林地、裸石	TM4、3、2，对水域、旱地及天然草地反映明显
黄土台地	地势平坦，以旱地居多，居民地稠密，防护林成行成排	TM7、4、3，对林地及旱地反映明显
沟道河川	地势低平，带状分布。土地利用多为水浇地、水田，与周围界线明显	TM4、3、2，对水浇地、水田反映明显
平原	以水浇地为主，居民地稠密，林地较多	TM5、4、3，对水浇地、林地反映明显

在分类方案制订后，就可以按照遥感影像土地利用分类的一般流程，从实地调查到监督分类，最后进行精度检验，获得研究区土地利用数据。

2.2.5　分类精度检验

遥感影像土地利用分类的精度检验主要包括位置精度检验、属性(类型)精度检验和数量精度检验，即要求位置准、类型对、数量精。本节主要从分类角度探讨精度问题，暂不讨论位置精度。

类型精度评价，主要通过两种方法进行：第一种是基于像素级的评价，即在分类结果图上，以一定的间隔选取样本数据，通过对实地情况的了解与比较，获得精度评价结果；第二种是基于特征级的精度评价，分别对各类别或者类别内部结构组成的影像特征与真实特征进行比较，通过特征的各属性域的差异，获得精度评价的结果。

大多数遥感影像分类方法是基于光谱信息的像素级运算过程，因此大多数精度分析是通过第一种方法进行的(Janssen et al.，1994；术洪磊，1995)。像素级分类精度的计算以误差矩阵(error matrix)(表 2-3)为基础。假设其中有 x 类别，则综合分对率(A)为

$$A = \sum_{i=1}^{r} x_{ii} / N \tag{2-4}$$

式中，r 为分类类别数；x_{ii} 为 i 行 i 列(对角线)上的观测值；N 为所有观测值的总和。

表 2-3　误差矩阵(A=83.60%，$\bar{k}$=83.57)

Tab. 2-3　Error matrix(A=83.60%，$\bar{k}$=83.57)

实际	分类										总计
	x_1	x_2	x_3	x_4	x_5	x_6	x_7	x_8	x_9	x_{10}	
x_1	93	8	0	0	1	0	0	1	0	0	103
x_2	4	41	1	0	1	0	0	0	0	0	47
x_3	0	1	77	4	1	4	0	0	0	0	87
x_4	0	0	0	91	0	0	0	0	0	4	95
x_5	3	45	18	0	90	14	0	0	0	0	170
x_6	0	0	4	0	4	77	2	6	0	0	93
x_7	0	0	0	0	3	3	98	1	0	0	105
x_8	0	0	0	3	0	0	0	80	7	0	90
x_9	0	0	0	2	0	0	0	12	93	0	107
x_{10}	0	5	0	0	0	2	0	0	0	96	103
总计	100	100	100	100	100	100	100	100	100	100	1000

以上所提及的精度分析方法反映了各类别精度及总的分类效果，另外一种精度分析方法是建立在误差矩阵基础之上，对分类器的总体有效性能进行定量化的评价，其中最常用的是 Kappa 系数，可解释为：设某分类结果的 Kappa 值为 0.7，则表示该分类方法要优于随机赋予各点一类别的方法 70%。Kappa 系数是 Cohen(1960)首先提出的，计算公式为

$$\bar{k}=\frac{N\sum_{i=1}^{r}x_{ii}-\sum_{i=1}^{r}x_{i+}x_{+i}}{N^2-\sum_{i=1}^{r}x_{i+}x_{+i}} \tag{2-5}$$

式中，r 为误差矩阵的行列数；x_{ii} 为 i 行 i 列(对角线)上的观测值；x_{i+} 和 x_{+i} 分别为 i 行和 i 列上观测值的总和；N 为所有观测值的总和。因此，Kappa 的计算使用了误差矩阵中每一个元素。

实地调查在精度检验中具有重要作用。因为上述基于分类结果影像的精度评价取决于分类操作者的知识背景，不免有主观色彩。虽然实地调查受调查时间和区域的限制，不能全面反映分类结果图上所有像元的精度，但仍不失为一种比较客观的精度检验方法。野外调查可以采用路线调查法，结合全球定位系统(global positioning system，GPS)进行。调查路线在道路通达允许情况下尽量照顾到所有土地利用类型，可以按行进方向等间距采点，也可以按类型分布布点。野外调查手簿和 GPS 数据经整理后与分类结果图相叠加，逐点检验精度，最后统计出分类总精度和各类型精度。

需要指出的是，遥感影像分类的精度除了和分类方法密切相关外，其最终制约因素却是遥感影像本身，即受制于影像类型和空间分辨率。所以，在沙区土地利用检测中，遥感数据源的选择是很关键的。

2.2.6　沙区土地利用遥感检测数据源

在我国北方沙质荒漠化的形成机制、发展过程、分布规律和演变趋势等研究中，遥感技术被广泛利用(朱震达和刘恕，1981)。遥感已经被证明是开展荒漠化研究的有效途径(王涛等，1998)。

不同卫星数据源(不同空间分辨率的影像)，其可识别的有意义单元的大小不同。研究证明空间统计学方法能够揭示 LUCC 的空间变异特征，有助于选择有效的遥感影像数据进行不同地区的 LUCC 分析(李月臣等，2006；明冬萍等，2008)。据研究，2～5m 是研究城镇建筑区景观和农田景观比较合适的分辨率；对于林区景观，1～5m 是比较合适的分辨率，这样的结果与 Hyppanen(1996)的研究和认识基本一致。根据经验，从空间尺度上来看，一般一个中等县域尺度的土地利用检测选择空间分辨率 25m 左右的遥感数据源即可；就需提取的信息类型来说，获取植被、土地利用/覆盖等信息应以 TM、MSS、SPOT 等影像为主；大区域生态状况监测(如 NDVI)，应以高时间分辨率、中等空间分辨率的 IKONOS 信息为主。根据文献调查，在沙漠化地区开展中等尺度土地利用/覆盖变化研究，以应用 TM 影像居多(王涛等，1998；李霞等，2002；张莉等，2004；余艳玲等，2005；李述和刘勇，2006；贾科利和常庆瑞，2007)。综上所述，本研究根据典型区的空间尺度，选择 TM 影像作为基础数据源。

从遥感影像的时相来看，开展沙区土地利用检测一般选择夏末秋初的影像比较理想(王周龙，1993；颜长珍等，1999)。影像波段组合以 TM2、TM3、TM4 标准假彩色合成或 TM3、TM4、TM5 非标准假彩色合成居多。吴波(2000)使用成像时间是 1993 年 9 月下旬的 3(蓝)、4(红)、5(绿)假彩色合成 1∶20 万的 TM 影像，发现由于早霜已经开始，天然植被已开始枯萎凋落，在影像上呈绿色调；农田呈红(林网)、绿(田地)相间的带状结构；流动沙丘呈浅黄色调，各类型之间反差明显，很容易区分。彩图 2-1 至彩图 2-3 是不同波段组合方案下的影像示例。

从影像处理的步骤来看，开展沙区土地利用检测一般要先进行影像预处理，包括大气辐射校正、几何纠正和研究区提取。对照遥感影像，可采用差分 GPS 实地采集控制点进行几何精校正，允许误差在 0.5 个像元以内。校正后的影像一般采用通用横轴墨卡托投影(universal transverse mercator，UTM)，1984 年世界大地坐标系(world geodetic system 1984，WGS-84)椭球体。

在获取土地利用遥感检测数据源并对其进行分区以后，并不能立即对其分类，还必须制定一个符合实地情况的土地利用分类系统，并根据该系统制定不同土地利用类型的解译标志体系。

2.2.7　沙区土地利用分类系统

1. 沙区土地利用分类的原则

土地利用分类是区分土地利用空间地域组成单元的过程，它体现了人类对土地利用改造的方式和成果。沙区作为生态脆弱区域，土地利用分类系统除明确区分各类土地用途外，更要为实施生态安全条件下的土地利用结构与格局优化服务。

吴波(2000)以毛乌素沙地为例研究了沙质荒漠化土地景观分类与制图的问题，在综合考虑沙区状况的基础上，从以下4个分类原则入手，制定土地利用分类系统：①功能性原则。沙区为生态脆弱区，从分类目的出发，在最高一级分类中，着重从土地的生态功能考虑，强调从土地利用的功能上进行分类。②衔接性原则。在次一级分类系统中考虑与国家分类系统和地方分类系统相衔接，并作适当调整，以保证分类的连续性与可继承性。③特色性原则。沙区与其他地区有所不同，故在分类系统中最低一级分类上应体现沙区这一区域特有的土地利用类型。④科学性、可操作性和遥感图像的可解译性原则。分类必须充分反映沙区土地的基本特征，根据TM遥感图像所能反映的土地覆被信息，参考相关辅助图件，能通过遥感方法准确地确定沙区的土地信息来构建分类系统。

我们认为，除上述原则外，沙区土地利用分类系统的确定还应考虑以下两方面：一是反映沙区土地利用状况以及人类活动对沙区生态环境的影响，体现沙区人地关系的脆弱性；二是从沙区土地利用分类着手，强调生产用地、生活用地、生态用地三大用地系统并重，突出体现沙区生态用地的合法性和重要地位，为进行土地利用结构与格局优化，构建沙区生态安全格局服务。

2. 沙区土地利用分类系统

基于上述原则和生态安全条件下土地利用结构与格局优化的研究目标，应用土地利用功能分类系统思想，将土地利用类型划分为生态用地、生产用地和生活用地三类(陈婧和史培军，2005)。为清晰地反映上述三类土地的内部结构，便于生态安全条件下的土地利用结构与格局优化配置，依据我国现行《土地利用现状分类标准》(GB/T 2001—2007)，结合研究区地表覆盖特征实地调查结果，对三类土地进行了细分。具体是：生产用地主要指耕地；生态用地包括林地、草地、水体、裸沙地和其他未利用地；生活用地主要指建设用地。以上用地共7个1级类、21个二级类(表2-4)。

表2-4 土地利用现状分类系统

Tab. 2-4 Land use classification system

生态功能	一级分类	二级分类	代码	含义
生产用地	耕地(A)	指种植农作物用地		
		水浇地	A1	指有灌溉水源及设施，在一般年景下能正常灌溉的旱作物耕地
		旱地	A2	指无灌溉水源及设施，靠天然降水生长作物的耕地
		水田	A3	指用于种植水稻、莲藕等水生农作物的耕地，包括实行水生、旱生农作物轮种的耕地

续表

生态功能	一级分类	二级分类	代码	含　义
生态用地	林地（F）	指生长乔木和/或灌木的林业用地		
		乔木林地	F1	指郁闭度＞30%的天然和人工片状林，包括用材林、经济林、生态林等成片林地
		灌木林地	F2	指覆盖度≥40%、高度在 2m 以下的矮林地和灌丛片状林地
		农田防护林地	F3	指用于农田防护的带状林地
	草地（G）	指以生长草本植物为主，覆盖度在 5%以上的各类草地，包括以牧为主的灌丛草地和郁闭度在 10%以下的疏林草地		
		高覆盖度草地	G1	指覆盖度＞50%的天然草地、改良草地和割草地。一般水分条件较好，土壤发育完整
		中覆盖度草地	G2	指覆盖度在 20%～50%的天然草地和改良草地。一般水分不足，土壤发育较完整
		低覆盖度草地	G3	指覆盖度在 5%～20%的天然草地。水分缺乏，土壤发育不完整
	水体（W）	指天然陆地水域和水利设施用地		
		河流	W1	指天然形成或人工开挖河流常水位岸线之间的水面，不包括被堤坝拦截后形成的水库水面
		湖泊、水库、坑塘	W2	指天然形成或人工开挖的积水区常水位岸线所围成的水面
		滩地	W3	指河、湖水域平水期水位与洪水期水位之间的土地
生活用地	建设用地（C）	指城乡居民点及其以外的工矿、交通等用地		
		城镇用地	C1	指大城市、中等城市、小城市及县镇以上的建成区用地
		农村居民点	C2	指县镇以下的农村居民点
		铁路用地	C3	指用于铁道线路、轻轨、场站的用地，包括设计内的路堤、路堑、道沟、桥梁、林木等用地
		公路用地	C4	指用于国道、省道、县道和乡道的用地，包括设计内的路堤、路堑、道沟、桥梁、汽车停靠站、林木及直接为其服务的附属用地
生态用地	裸沙地(S)	裸沙地	S1	指覆盖度＜5%，土壤为风沙土，不包括水系中的沙滩
	其他未利用地（R）	目前还未利用的土地，包括难利用和禁止利用的土地		
		盐碱地	R1	地表盐碱聚集，植被稀少，只能生长强耐盐碱植物的土地
		裸土地	R2	指表层为土质，基本无植被覆盖的土地；或表层为岩石、石砾，其覆盖面积≥70%的土地

2.2.8 沙区土地利用解译标志

遥感影像解译的准确性与解译标志建立的准确性密切相关。建立一套准确的解译标志的关键是要抓住影像的特征。遥感影像的特征主要由“色”，即目标地物的色调、亮度、饱和度以及阴影；“形”，即目标地物在遥感影像上的形状、纹理、大小和图形；“位”，即目标地物在影像上分布的空间位置和相关布局。根据影像特征识别物体的性质是遥感应用的基础，完整的解译标志对于判读精度至关重要。由于植被覆盖在土地最表层，是遥感图像反映的最直接信息，所以土地利用光学特性综合反映了植被和土壤的特征(褚广荣和王乃斌，1992)。

遥感影像解译标志与波段的选择关系很大。对 TM 影像来说，通过分析对比，TM5 亮度值的覆盖等级最宽，所包含的信息量最丰富，其次是 TM4、TM3 波段；同时这 3 个波段的相关性较低，相对独立，所以选择 TM5、TM4、TM3 波段组合进行土地利用检测比较合适(王周龙，1993)。采用 TM5、TM4、TM3 波段组合，视觉效果与地物自然表现接近，在植被覆盖度大的地区影像的绿色调鲜明，居民地、水域、道路等影像清晰(颜长珍等，1999)。另外，根据 TM5 波段沙漠化灾害信息亮度值高，而 TM3、TM4 亮度值相对较低的特点，用 TM5/TM3 或 TM5/TM4 进行比值图像处理，对提取沙漠化灾害特征信息效果较好。尽管 TM5、TM4、TM3 波段组合有很多优点，但目前土地利用分类大多仍是使用 TM4、TM3、TM2 波段合成的标准假彩色影像。基于以上内容，总结前人研究成果(池宏康，1988；孙力安和刘国彬，1991；颜长珍等，1999；余艳玲等，2005)，结合实地调查，编制了沙区主要土地利用类型的解译标志(表2-5)。

表 2-5 沙区主要土地利用类型的解译标志(TM 4、3、2 波段合成)

Tab. 2-5 Interpretation signatures of land use in sandy area

二级分类	解译标志
水浇地	为沙区主要耕地类型之一。呈片状或条带状分布，有明显的较规则的几何形状、纹理均一，分布于河流阶地或块状分布于滩地，有道路与居民点相连。庄稼未长起之前为灰黑色、灰色、灰白色、青色、黄色，有庄稼时为暗红、红色到亮红色，颜色均一，长势越好颜色越红，水分越高红色越暗
旱地	为沙区主要耕地类型。呈片状或条带状分布，有明显的边界，纹理均一，分布于沙丘丘间地和黄土高原梁峁边坡上。庄稼未长起之前为灰色、青色、黄色，有庄稼时为粉红色到红色，颜色不均匀，长势越好颜色越红
水田	占沙区极少部分，主要分布在热量及水分条件较好的沟道河川区和滩地区。一般呈片状或条带状分布。插秧不久为灰青色或粉红色。生长旺季为亮红色、红色或暗红色，长势越好颜色越红，收割后灰色、灰黑色或黑色。长势最盛时与周围草地和林地的区别是水田影像平滑均一，色泽一致
乔木林地	呈片状或带状，阔叶林鲜红色，针叶林暗红色，色调均一，色泽鲜艳。与草地、耕地等地物类型界线清晰，与灌木林界线不清，林地纹理比较均一，而灌木林有粗糙感

续表

二级分类	解译标志
灌木林地	呈上紫红色、淡红色、红青色、青色，具白色斑点(沙斑)状影纹，纹理比较粗糙
农田防护林地	呈暗红色网格状分布于耕地中
高覆盖度草地	呈灰色、灰青色、青色、灰棕色或棕红色，影像结构均一，纹理光滑细腻，形状不规则
中覆盖度草地	呈淡红色或灰褐色，影像结构均一，纹理较细
低覆盖度草地	呈黄色、淡灰褐色、淡青色，影像结构均一，纹理较细，具白色斑点(沙斑)状影纹
河流	弯曲线状或带状，呈黑蓝色、蓝色、淡蓝色或深灰色，与其他地物界线清晰，是容易识别的地物标志之一
湖泊、水库、坑塘	片状或带状(水库呈蝌蚪形片状或带状，界线中有一段笔直的坝体与湖泊可区别)，呈黑蓝色、蓝色或淡蓝色，是容易识别的地物标志之一
滩地	连续或间断带状分布于河流两岸，灰色、灰白色、灰青色或淡红色，以微地貌形态陡坎与一级阶地或山体为界，界线清晰
城镇用地	分布在平地或川谷，由若干小的矩形紧密相连在一起的规则团状或片状，呈灰黑、灰青或灰白色。一般有大的交通线路穿过
农村居民点	分布比较分散，一般在平地或谷底，较大的集中居民点呈青灰色或黑灰色。比较分散的居民点与四旁树及果园等交混，使得农村居民地呈现暗红或棕红色
铁路用地	呈固定宽度的线状，灰色或青灰色，大部分地段比较笔直，弯曲部分曲率半径大，弯度小
公路用地	呈线状，灰色或青灰色，其宽度时有变化，弯曲部分曲率半径小，弯度大。公路两旁往往有行道树或绿化带
裸沙地	呈白色、灰白色或淡黄白色，具有格状、波状纹理，沙丘形态清晰可辨
盐碱地	主要分布在地势低洼处，灰白或青灰，色泽发亮，当生长耐盐植物时色调泛黄，周围有湖或湖的遗迹
沼泽地	主要分布在地势低洼的平地或河滩地，不规则片状或条带状，青灰色基色中泛淡红色或红色，夹有黑色、蓝色或淡蓝色，界线弯曲清晰
裸土地	片状或带状，淡灰色或亮灰色，周围界线比较圆顺清晰
裸岩、石砾地	海拔较低的山体，灰色、铁青色，片状或团状，纹理杂乱清晰，一般是以中尺度山体出现，界线清晰

需注意的是，这里提出的解译标志是相对于准假彩色合成 TM 影像而建立的，具有相对性。在应用中不能一概而论，应根据影像的类型、时相、波段组合等实际情况灵活运用。

2.3　土地利用变化分析与预测方法

在获得区域多期土地利用数据后，土地利用变化规律分析及未来情景预测是一项非常重要的工作，研究结果对于土地利用结构与格局优化具有重要的参考意义。在此类研究中，基于 GIS 的土地利用变化分析方法、基于随机过程的马尔可夫链(Markov Chain)和基于动力系统的元胞自动机(cellular automata，CA)模型得到了广泛应用。

2.3.1 基于 GIS 的土地利用变化分析方法

1. 土地利用变化数量分析

GIS 强大的空间分析和数据统计功能非常适合于土地利用变化数量分析，有关方法论可参见史培军等(2000)和朱会义等(2001)研究成果。利用 GIS 的空间叠加分析功能进行土地利用变化分析的一般原则请参见附录(1.2 土地利用变化分析技术)，在此不再赘述。

2. 土地利用变化格局分析

土地利用变化的空间差异可以用综合土地利用动态度和土地利用相对变化率来表述。动态度指数意义在于反映区域土地利用变化的剧烈程度，便于在不同空间尺度上找出土地利用变化的热点区域(王秀兰和包玉海，1999；朱会义等，2001)。土地利用类型的相对变化率将局部地区的类型变化率与全区的类型变化率相比较，可用以分析研究区范围内特定土地利用类型变化的区域差异与特定类型变化的热点区域(朱会义等，2001)。

土地利用动态度指数包括单一土地利用类型动态度和综合土地利用动态度。单一土地利用类型动态度用来描述研究区一定时间范围内某种土地利用类型的数量结构变化情况，其表达式为(王秀兰和包玉海，1999；朱会义等，2001)

$$K=\frac{U_b-U_a}{U_a}\times\frac{1}{T}\times 100\% \tag{2-6}$$

式中，K 为研究时段内某一土地利用类型动态度；U_a 和 U_b 分别为研究期初及研究期末某一种土地利用类型的数量；T 为研究时段长，当 T 的时段设定为年时；K 的值就是研究区某种土地利用类型年变化率。

某一研究区的综合土地利用动态度可表示为(陈述彭等，1998)

$$\mathrm{LC}=\left(\frac{\sum_{i=1}^{n}\Delta\mathrm{LU}_{i-j}}{2\sum_{i=1}^{n}\mathrm{LU}_i}\right)\times\frac{1}{T}\times 100\% \tag{2-7}$$

式中，LU_i 为监测起始时间第 i 类土地利用类型面积；LU_{i-j} 为监测时段内第 i 类土地利用类型转为非 i 类土地利用类型面积的绝对值；T 为监测时段长度。当 T 的时段设定为年时，LC 的值就是该研究区土地利用年变化率。

朱会义和李秀彬(2003)指出式(2-7)中的不足，首先是对时间变量的处理偏于简单，隐含了时间变化的线性假设；其次是根据转移矩阵，动态度模型中分子项应为所有发生类型变化的土地面积，分母项应为区域土地总面积，但现有的模型分母为区域土地面积的两倍，试图将转入转出变化进行平均处理。这样的处理以及单算转入或转出面积的做法，虽然也有其意义，但就热点地区而言，效果反而不好。他们建议将综合土地利用动态度指数按式(2-8)进行计算，这样更能反映研究时段内区域土地利用变化的总体态势。

$$\mathrm{LC}_T=\left(\frac{\sum_{i=1}^{n}\Delta\mathrm{LU}_{ij}}{\sum_{i=1}^{n}\mathrm{LU}_i}\right)\times 100\% \tag{2-8}$$

王思远等(2001)人在对中国土地利用时空特征的分析中，采用了和式(2-8)类似，但又略有不同的模型

$$S=\left\{\sum_{ij}^{n}\frac{\mathrm{d}S_{i-j}}{S_i}\right\}\times 100\times\frac{1}{T}\times 100\% \tag{2-9}$$

式中，$\mathrm{d}S_{i-j}$为由监测开始到监测结束时段内第 i 类土地利用类型转化为其他类土地利用类型面积总和，相当于 $\sum_{i=1}^{n}\Delta\mathrm{LU}_{ij}$；$S_i$ 为监测开始时间第 i 类土地利用类型总面积，等同于 $\sum_{i=1}^{n}\mathrm{LU}_i$；$T$ 为时间段；S 为与 T 时段对应的研究区土地利用变化速率，和 LC_T 一致，只是为方便，将其扩大 100 倍。因此，式(2-9)和式(2-8)并无本质上的区别，但 S 扩大 100 倍后，易于突显土地利用变化的热点区域。

土地利用变化的区域差异可以通过计算土地利用相对变化率来表征。王秀兰和包玉海(1999)提出的土地利用相对变化率模型如下

$$R=\frac{\dfrac{K_b}{K_a}}{\dfrac{C_b}{C_a}} \tag{2-10}$$

式中，K_a 和 K_b 分别为某区域某一特定土地利用类型研究期初及研究期末的面积；C_a 和 C_b 分别为全研究区某一特定土地利用类型研究期初及研究期末的面积。

但式(2-10)的模型存在不足，朱会义和李秀彬(2003)指出，相对变化率的意义在于揭示土地利用变化的区域差异，但具体应用中应注意该指数的计算方法。他们提出的模型如下

$$R=\frac{|K_b-K_a|\times C_a}{K_a\times|C_b-C_a|} \tag{2-11}$$

式中，K_a 和 K_b 分别为单元区域内某一特定土地利用类型研究期初及研究期末的面积；C_a 和 C_b 分别为整个研究区某一特定土地利用类型研究期初及研究期末的面积，这里使用分子分母中绝对值内容而不用 K_b、C_b 替换，消除了式(2-10)没有考虑用地类型变化方向性的缺点；R 为土地利用类型相对变化率，R 大于 1 的区域类型，其土地利用变化幅度大于全区该类土地的变化，小于 1 则表示该区此类土地利用小于全区此类土地的变化。绝对值的意义在于摒除变化方向带来的混乱，便于局部区域间的比较。该模型隐含的假设是 C_b 不等于 C_a，即研究期内区域用地类型面积发生变化，这一假设客观上是成立的(朱会义和李秀彬，2003)。

2.3.2 基于CA-Markov模型的土地利用变化预测方法

1. 马尔可夫链原理

在LUCC研究中，马尔可夫链得到广泛应用。自1907年俄罗斯数学家马尔可夫(Markov)引出马尔可夫链概念，并开始进行研究以来，经过世界各国几代数学家的努力，已使得马尔可夫链成为内容十分丰富、理论相当完整的数学分支(施仁杰，1992)。马尔可夫链是一种随机时间序列，是利用某一变量的现在状态和动向预测该变量未来状态及其动向的一种分析手段，它在将来取什么值只与它现在的取值有关，而与过去取什么值无关，即状态转移过程是无后效性的。它通过对不同状态的初始概率以及状态之间的转变概率的研究，确定状态的变化趋势，从而达到预测未来的目的。其基本原理如下(徐建华，2002)。

若随机过程$\{X(t),\ t\in T\}$满足条件：

(1) 时间集合取非负整数$T=\{0,\ 1,\ 2,\ \cdots\}$，对应于每个时刻，状态空间是离散集，记作$I=\{0,\ 1,\ 2,\ \cdots\}$。也就是说，时间$X(t)$是离散状态的。

(2) 在任一时刻n，以及任意状态i_0，i_1，…，i_{n-1}，i_n，j下面的条件概率等式成立$P\{X(n+1)\}=j\mid X(n)=i,\ X(n-1)=i_{n-1},\ \cdots,\ X(1)=i_1,\ X(0)=i_0=P\{Z(t+1)=j\mid Z(n)=i\}$，即$X(t)$在时刻$n+1$的状态$X(n+1)=j$的概率分布只与时刻$n$的状态$X(n)=i$有关，而与以前的状态$X(n-1)=i_{n-1}$，…，$X(0)=i_0$无关。则称$X(t)$，$t\in T$为一个马尔可夫链。记条件概率$P\{X(n+1)=j\mid X(n)=i\}=P_{ij}(n)$为在时刻$n$的一步转移概率。由状态$i$出发，经过一步转移后，必然到达状态空间$I$中的一个状态且只能到达一个状态，因此一步转移概率$P_{ij}$应满足下列条件：$P_{ij}(n)\geqslant 0$，$i$，$j\in I$；$\sum_{j\in I}P_{ij}(n)=1, i\in I$。

如果固定时刻$t\in T$，则由一步转移概率$P_{ij}(n)$为元素构成的矩阵(状态空间$I=\{0,\ 1,2,\ \cdots\}$)

$$\boldsymbol{P}=\begin{bmatrix} P_{00}(n) & P_{01}(n) & \cdots \\ P_{10}(n) & P_{11}(n) & \cdots \\ \vdots & \vdots & \vdots \\ P_{m0}(n) & P_{m1}(n) & \cdots \\ \vdots & \vdots & \cdots \end{bmatrix} \tag{2-12}$$

称为在时刻n的一步转移矩阵。

如果状态空间的有限集$I=\{0,\ 1,\ 2,\ \cdots,\ k\}$，则称$\{X(n),\ n=0,\ 1,\ 2,\ \cdots\}$为有限马尔可夫链，对应时刻$n$的一步转移矩阵为

$$\boldsymbol{P}=\begin{bmatrix} P_{00}(n) & P_{01}(n) & \dots & P_{0k}(n) \\ P_{10}(n) & P_{11}(n) & \dots & P_{1k}(n) \\ \vdots & \vdots & \vdots & \vdots \\ P_{k0}(n) & P_{k1}(n) & \dots & P_{kk}(n) \end{bmatrix} \tag{2-13}$$

如果马尔可夫链的一步转移概率 $P_{ij}(n)$ 与 n 无关，即无论在任何时刻 n 从状态 i 经一步转移到状态 j 的概率都相等，即 $P\{X(n+1)=j \mid X(n)=i\}=P_{ij}$，则称此链为齐次马尔可夫链。我们通常研究的马尔可夫链具有无后效性和时齐性两个特性。

2. 马尔可夫链预测土地利用变化的原理

1）状态的划分及初始状态矩阵

一系列随机试验，其中每次试验的结果，如果出现可列为两两互斥事件 I_1，I_2，…，I_n 中的一个，且仅出现一个，则称这些事件为 $I_i(i=1, 2, \cdots, n)$。根据我国现行的《土地利用现状分类标准》（GB/T 2001—2007）及研究区土地的实际情况，土地利用类型分为 3 个一级地类，即农用地、建设用地和未利用土地，7 个二级地类。如预测到二级地类，则将土地利用类型划分为 7 种状态：I_1 耕地（A）；I_2 林地（F）；I_3 草地（G）；I_4 水域（W）；I_5 建设用地（C）；I_6 裸沙地（S）；I_7 其他未利用地（N）。一个地区近期的土地利用结构，可以通过土地利用现状图或遥感资料获取。在预测中，马尔可夫链的应用以近期预测为基础，以近期各土地分类面积预测远期各土地分类面积，以近期年末的各土地分类面积作为初始概率矩阵（$\mathbf{A}_0$），即

$$\mathbf{A}_0 = \begin{bmatrix} I_1 \\ I_2 \\ I_3 \\ I_4 \\ I_5 \\ I_6 \\ I_7 \end{bmatrix}^{\mathrm{T}} \tag{2-14}$$

2）转移概率及转移概率矩阵

如用 P_{ij} 表示已知在时刻 t_n 系统所处的状态 I_i 的条件下，在时刻 t_{n+1} 系统所处的状态 I_j 的条件概率，称 P_{ij} 为转移概率。

现有土地类型 $I_i(i=1, 2, \cdots, n)$ 的面积为 $S_{(1)}$，$S_{(2)}$，…，$S_{(n-1)}$，$S_{(n)}$，其中在 $S_{(n)}=a_i$ 的条件下，转变到土地类型 $I_j(j=1, 2, \cdots, n)$ 的面积 $S_{(n+1)}=a_j$ 的条件概率为

$$P_{ij}=P[S_{(n+1)}=a_j PS_{(1)}, S_{(2)}, \cdots, S_{(n-1)}, S_{(n)}=a_i]=P[S_{(n+1)}=a_j PS_{(n)}=a_i]$$

式中，P_{ij} 为各地类的转变概率。

假定预测的各土地类型可能处于 $I_i(i=1, 2, \cdots, n)$ 的取值 $S_i(i=1, 2, \cdots, n)$，而且每次只能处于一种状态，那么每一种状态都具有 n 个转向（包括转向自身）即 $I_1\rightarrow I_1$，$I_1\rightarrow I_2$，…，$I_1\rightarrow I_n$，其转变概率 $P(I_1\rightarrow I_1)=P(S_1/S_1)$，$P(I_1\rightarrow I_2)=P(S_2/S_1)$，…，$P(I_1\rightarrow I_j)=P(S_{j/}S_1)$，…，$P(I_1\rightarrow I_n)=P(S_n/S_1)$。令 $P(I_i\rightarrow I_j)=P_{ij}$，则可得到以下转变概率矩阵

$$\boldsymbol{P}=\begin{bmatrix} & I_1 & I_2 & \cdots & I_n \\ I_1 & P_{11} & P_{12} & \cdots & P_{1n} \\ I_2 & I_{21} & I_{22} & \cdots & I_{2n} \\ \vdots & \vdots & \vdots & \vdots & \vdots \\ I_m & I_{m1} & I_{m2} & \cdots & I_{mn} \end{bmatrix} \tag{2-15}$$

即

$$\boldsymbol{P}=\begin{bmatrix} P_{A-A} & P_{A-F} & \cdots & P_{A-N} \\ P_{F-A} & P_{F-F} & \cdots & P_{F-N} \\ \vdots & \vdots & \vdots & \vdots \\ P_{N-A} & P_{N-F} & \cdots & P_{N-N} \end{bmatrix} \tag{2-16}$$

式中，$0\leqslant P_{ij}\leqslant 1$，且有 $\sum_{j=1}^{n} P_{ij}=1$，即式中每个元素非负且各行元素之和等于1。

用 P_{ij} 表示由土地类型 I_i 经过 m 阶转变后到达地类 I_j 的转变概率，可知马尔可夫链的高阶土地类型面积转变概率矩阵：$\boldsymbol{P}^{(m)}=[P_{ij}^{(m)}]$。

由无后效性得：$P_{ij}^{(m)}=\sum_{k=1}^{n} P_{ik}^{(m-1)} P_{ij}=\sum_{k=1}^{n} P_{ik} P_{kj}^{(m-1)}$。由此可推出 $P_{ij}^{(m)}=P^m$，展开得

$$\boldsymbol{P}^m=\begin{bmatrix} P_{11} & P_{12} & \cdots & P_{1n} \\ P_{21} & P_{22} & \cdots & P_{2n} \\ \vdots & \vdots & \vdots & \vdots \\ P_{n1} & P_{n1} & \cdots & P_{nn} \end{bmatrix}^m \tag{2-17}$$

可求出未来时期各年土地利用类型转移的概率矩阵以及各种土地利用类型所占的比例，从而预测出土地利用结构的动态演化情况。

马尔可夫链已在描述和预测土地利用变化方面得到了广泛应用，涌现出不少成功案例。Lo′pez 等(2001)基于 Morelia 城郊 1960 年、1975 年和 1990 年的土地利用数据，应用马尔可夫链预测了未来 30 年土地利用变化，结果证明马尔可夫链是非常有效的预测工具。Weng(2002)的研究表明，RS、GIS 与马尔可夫模型的整合是非常有益描述和分析土地利用变化过程的。刘耀林等(2004)针对灰色系统与马尔可夫链的不足，提出灰色-马尔可夫链预测方法来预测耕地总量，比直接应用灰色系统预测更能反映耕地总量变化所处的状态，能较精确地预测未来几年的耕地总量。塔西甫拉提·特依拜等(2006)以新疆于田绿洲为例对 LUCC 马尔可夫过程进行了研究，认为马尔可夫过程的无后效性特征使客观地模拟预测绿洲 LUCC 的中长期变化成为可能。Flamenco-Sandoval 等(2007)基于研究区 1986 年、1995 年和 2000 年土地利用/覆盖数据，应用马尔可夫模型模拟了未来土地利用/覆盖的情景，指出马尔可夫模型对构建情景分析是有益的，但马尔可夫链不能进行空间模拟。

以上研究表明，马尔可夫链非常适用于土地利用变化数量的预测，但它不具备空间模拟的能力。在区域土地利用变化预测的空间模拟模型中，CA 模型是比较优秀的一个。而集成 CA 与马尔可夫链用于土地利用变化预测就成为热点。

3. CA 模型基本原理

20 世纪 40 年代，冯·诺伊曼(Von Neumann)最早提出 CA(cellula automata)理论，用于模拟生命系统所具有的自复制功能(Neumann，1951)。20 世纪 80 年代，HPP-FHP 格子气模型对 Navier-Stocks 方程的数值解开创了 CA 理论在科学研究领域的实际应用，并由此引发了在更多领域的广泛研究(Frisch et al.，1986)。Wolfram(1986，2002)在此期间及以后提出了关于初等 CA 的分类，从而揭开了 CA 理论的应用研究。

CA 是定义在一个由有限状态的元胞(cells)组成的离散元胞空间上，按照一定的局部规则，在离散时间上演化的动力系统。标准的 CA 系统是一个由元胞、元胞状态(cellular states)、领域(neighbors)和规则(transition rules/functions)构成的四元组。CA 模型可用下式表示

$$S(t+1) = f[S(t), N] \tag{2-18}$$

式中，S 为元胞有限、离散的状态集合；t 和 $t+1$ 为不同时刻；N 为元胞的邻域；f 为局部空间的元胞转化规则。

CA 模型的特点是时间、空间、状态都离散，每个变量都只有有限个状态，并且状态改变的规则在时间和空间上均表现为局部特征。因此，CA 模型具有鲜明的时空耦合特征。它在模拟空间现象时具有时间和空间动态变化上的直观、生动、简洁、高效、实时性等其他模型所不具备的优越性(周成虎等，1999)。

CA 模型还具有一个很大的优势，即它是基于元胞的动态模拟系统，能够与基于栅格的 GIS 系统很好地集成。这样，一方面增强了当前 GIS 软件所缺乏的动态建模能力，提高了 GIS 的操作性能，并为处理时态维提供了一个很好的方法；另一方面，GIS 强大的空间数据处理能力既可为 CA 模型准备数据和定义有效的转换规则，又可以对结果进行直观地显示。因此，CA 与 GIS 的集成，可以克服各自的缺点，形成一个全新的优势互补的动态系统，用来对复杂时空现象、行为和过程进行动态建模分析(周成虎等，1999)。

从实际应用的效果来看，CA 模型具有时空变化模拟精度高的特点。胡茂桂等(2007)运用 CA 结合 ANN 方法对莫莫格国家级湿地自然保护区的土地覆被变化进行了动态模拟和预测，预测的结果与实际土地覆被类型比较得出预测精度达到约 80%。曹银贵等(2007)运用 CA 与 ArcObject 相结合进行三峡库区地类变化模拟研究，结果表明该方法便于理解与操作，同时模拟精度高，预测结果说理性强。综上所述，CA 模型特别适于复杂地理空间系统的动态模拟研究，应用它对土地利用变化进行模拟研究具有其内在的实用性、合理性。在此基础上，集成 CA 与马尔可夫链的 CA-Markov 模型也得到了发展，使得土地利用变化预测进入数量与空间并重的时期。

4. IDRISI CA-Markov 模型简介

IDRISI 是美国克拉克大学实验室于 1987 年推出的，它是一个将地理信息系统和图像处理功能完美结合的软件，集成了 250 余个功能模块(Eastman，2006)。其最具特色的一个功能模块是土地覆盖变化模拟(land cover change simulation，LCCS)，它提供了集成马尔可夫链和 CA 功能于一体的 CA-Markov 模型①。更有特色的是，CA-Markov 模型可运用多标准评价(multi-criteria evaluation，MCE)和多目标决策(multi-objective decision，MOD)支持系统定义土地利用类型间转移的规则。IDRISI CA-Markov 模型在应用马尔可夫链对未来土地利用数量结构准确预测的基础上，通过领域关系分析加强了空间格局的模拟能力。因此能够有效地对土地利用结构数量及空间分布进行预测。

IDRISI CA-Markov 模型的工作原理是以预测基期的土地利用为初始状态，以基期和之前土地利用转移面积及适宜性图集表述的像元适宜的土地利用类型为依据，对土地类型进行重新分配，直至达到马尔可夫链预测的土地利用面积。

(1) 迭代次数取决于用户设定的预测时间间隔。如预测间隔为 10 年，则迭代次数亦为 10。

(2) 每次迭代，每种土地利用都将或多或少转移一些面积为其他类型(相应的，也转入一些)。转移面积大小取决于适宜性图集，由于每个像元都有多适宜性的竞争，因此这一问题通过多目标土地选址模型(multi-objective land allocation，MOLA)来解决。

(3) CA 通过使用一个自动细胞机创建一组空间意义明显的权重因子，使用该权重因子并根据相邻的栅格单元的状态改变本栅格单元的状态。一般采用 5×5 的滤波器。

实践证明，CA-Markov 模型在土地利用变化模拟方面具有比基于 GIS 和统计分析的方法更大的精度优势，已经进行了很多成功应用。在国外，Syphard 等(2005)研究表明，较之于 GIS 空间叠置预测，CA 模型能够捕捉非线性，突变土地利用变化信息。Peterson 等(2009)应用 IDRISI CA-Markov 模型基于西伯利亚的贝加尔湖地区 1975～1989 年和 1990～2001 年森林覆盖的变化特征，预测了 2013 年土地覆盖的情景，获得了很好效果。Courage 等(2009)在津巴布韦使用 Bindura 地区 1973 年、1989 年和 2000 年土地利用数据，应用 IDRISI CA-Markov 模型模拟了 2010 年、2020 年和 2030 年的土地利用/覆盖变化，不仅模拟结果可信，而且应用 MCE 和 MOLA 集成社会、经济和生态方面的信息提供土地利用转移的规则，显示出 CA-Markov 模型强大的扩充能力。

在国内，侯西勇等(2004)基于河西走廊 1990 年、2000 年的土地利用矢量数据，运用 CA-Markov 模型对 2010 年土地利用分布情景进行预测，结果比较可信。熊利亚等(2005)介绍了采用 CA 进行土地利用变化研究的优点、原理及方法，并以河西走廊地区为实例，采用 IDRISI 的 CA-Markov 模块进行了土地利用变化的分析和预测。研究表

① J Ronald Eastman. Exercise 3～6：using Markov cellular automata for landuse change modeling. *In*：IDRISI Andes Tutorial. Worcester，M A：Clark Labs，Clark University. 2006.

明，与一般的研究土地利用变化的 GIS 方法和统计方法相比，CA 具有快速、准确、实时性强的特点。杨国清等(2007)利用马尔可夫和 CA 模型，对广州市 2010 年土地利用空间格局进行了预测，认为使用更高空间分辨率的土地利用数据，元胞尺度越小，预测结果在数量和空间上的精度越高。陈建平等(2004)还将 CA 模型应用到对北京及邻区荒漠化的发展趋势预测上，证明是对荒漠化演化机制进行模拟的有效方法。以上研究均表明，CA-Markov 模型非常适合用于土地利用变化分析与预测方面。

集成以上基于 TM 影像和分区分类的沙区土地利用检测方法、基于 GIS 的沙区土地利用变化分析方法和基于 CA-Markov 模型的沙区土地利用变化预测方法，构建了研究沙区土地利用分类、变化与预测的方法体系(图 2-5)。

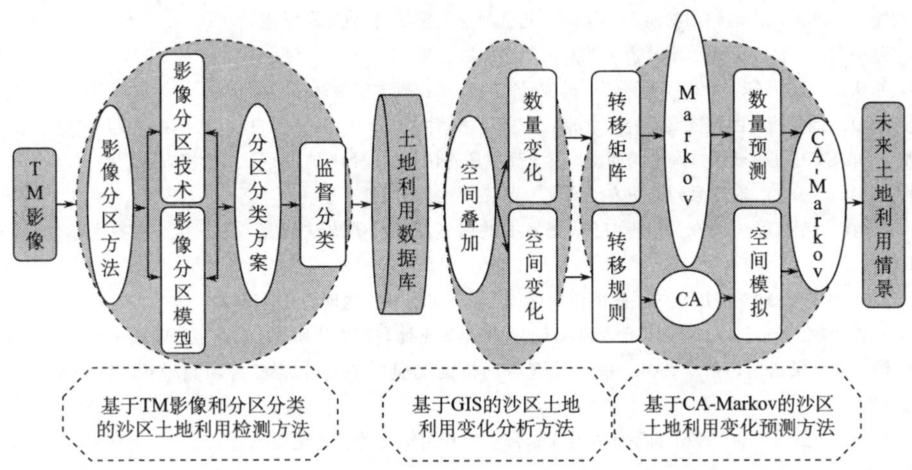

图 2-5　沙区土地利用遥感变化检测与预测分析方法体系

Fig. 2-5　Methods of land use remote sensing detection，change and prediction analysis

本 章 小 结

本章重点研究了遥感影像土地利用分区分类方法，取得如下进展：①通过对已有分类方法的综述和对遥感信息传递机制的分析，提出把具有多种特征的影像划分为具有较少特征甚至单一特征影像子单元，进行土地利用分区解译，从而提高总体精度的分区分类思想。②在遥感区划原理的支持下，构建了基于政区、地貌和 NDVI 的影像分区树状分层模型；建立了基于 GIS 的分类技术流程。③制定了沙区基于生态-生产-生活功能的土地利用分类系统和解译标志，给出了主要沙区地貌单元影像波段组合。通过研究，形成了影像分区分类的方法体系。该方法把基于像元的分类转变到依据特征的分类上来，利用了土地利用空间分异的规律，有助于提高分类精度。

本章还阐述了马尔可夫链和 CA-Markov 模型的原理，并对其应用案例进行了综述。认为 CA-Markov 模型较之于传统 GIS 空间叠加和统计的土地利用变化分析方法具有很好的数量与空间分布预测能力。最后，构建了沙区土地利用遥感检测与变化预测分析方法体系。

以上方法将可为沙区摸清土地资源的家底，为预测土地利用变化的规律提供方法论的支持，从而解决生态安全条件下的土地利用结构与格局优化的基础数据问题。上述方法也可应用于其他类似区域的土地利用变化检测与预测。

参考文献

曹银贵，王静，陶嘉，等. 2007. 基于CA与AO的区域土地利用变化模拟研究——以三峡库区为例. 地理科学进展，26(3)：88-96.

陈建平，丁火平，王功文，等. 2004. 基于GIS和元胞自动机的荒漠化演化预测模型. 遥感学报，8(3)：254-260.

陈婧，史培军. 2005. 土地利用功能分类探讨. 北京师范大学学报(自然科学版)，41(5)：536-540.

陈述彭，赵英时. 1990. 遥感地学分析. 北京：测绘出版社.

陈述彭，童庆禧，郭华东. 1998. 遥感信息机理研究. 北京：科学出版社.

陈述彭. 2001. 地学信息图谱探索研究. 北京：商务印书馆.

池宏康. 1988. 安塞县植被遥感调查与制图. 黄土高原遥感调查实验研究. 北京：科学出版社：90 99.

褚广荣，王乃斌. 1992. 遥感系列成图方法研究. 北京：测绘出版社.

邸凯昌，李德仁，李德毅. 2000. 基于空间数据发掘的遥感图像分类方法研究. 武汉测绘科技大学学报，25(1)：42-48.

方红亮，黄绚. 1997. 地学应用中的遥感图像处理若干问题的分析. 地理研究，16(2)：96-104.

侯西勇，常斌，于信芳. 2004. 基于CA-Markov的河西走廊土地利用变化研究. 农业工程学报，20 (5)：286-291.

胡茂桂，傅晓阳，张树清，等. 2007. 基于元胞自动机的莫莫格湿地土地覆被预测模拟. 资源科学，29(2)：142-148.

贾科利，常庆瑞. 2007. 基于TM的陕北农牧交错带土地利用覆盖动态变化遥感监测. 干旱地区农业研究，25(3)：175-179.

贾永红，李德仁. 2001. 多源遥感影像像素级融合分类与决策级分类融合法的研究. 武汉大学学报(信息科学版)，(5)：430-434.

匡霞，陈贻运，戴昌达. 1989. 专家系统在TM图像分类中的应用. 环境遥感，4(4)：257-265.

李述，刘勇. 2006. 基于多特征的遥感影像土地利用/覆盖分类——以腾格里沙漠东南边缘地区为例. 遥感技术与应用，21(2)：154-158.

李天宏. 2000. 基于KDD和GIS的遥感图像专题分类方法探讨. 应用基础与工程科学学报，8(3)：252-261.

李霞，盛钰，王建新. 2002. 新疆荒漠化土地TM影像解译标志的建立. 新疆农业大学学报，25(2)：18-21.

李月臣，杨华，张锦水，等. 2006. 土地利用/覆盖变化空间变异特征与遥感影像空间分辨率的选取——以北京地区为例. 干旱区地理，29(4)：570-575.

刘耀林，刘艳芳，张玉梅. 2004. 基于灰色-马尔柯夫链预测模型的耕地需求量预测研究. 武汉大学学报(信息科学版). 29(7)：575-579.

骆建承，周成虎，杨艳. 1999. 具有部分监督的遥感影像模糊聚类方法研究及应用. 遥感技术与应用，14(4)：37-43.

明冬萍，王群，杨建宇. 2008. 遥感影像空间尺度特性与最佳空间分辨率选择. 遥感学报，12(4)：529-537.

莫源富，周立新. 2005. 分区分类法——针对山区遥感图像的一种全新的分类方法. http://www.digitalgx.com/Information/article/RS/art_rs7. htm.

师庆东，吕光辉，潘晓玲，等. 2003. 遥感影像中分区分类法及在新疆北部植被分类中的应用. 干旱区地理，26(3)：264-268.

施仁杰. 1992. 马尔科夫链基础及其应用. 西安：西安电子科技大学出版社.

史培军，宫鹏，李晓兵，等. 2000. 土地利用/覆盖变化研究的方法与实践. 北京：科学出版社.

舒宁. 1996. 通用型遥感图像理解专家系统的研究. 武汉测绘科技大学学报，21(2)：145-149.

术洪磊. 1995. 基于知识的遥感影像分类与制图综合方法研究. 北京大学博士学位论文.
孙丹峰，李红. 2002. 遥感影像融合与分类在城市边缘带扩展研究中应用监测. 中国农业大学学报，7(1)：65-70.
孙力安，刘国彬. 1991. 陕北东南部四县(市)草场资源遥感调查. 陕北黄土高原地区遥感应用研究. 北京：科学出版社：237-243.
塔西甫拉提·特依拜，赵睿，丁建丽，等. 2006. 干旱区绿洲 LUCC 马尔柯夫过程分析——以新疆于田绿洲为例. 干旱区地理，29(4)：548-556.
王杰生. 1992. 遥感图像应用处理中的一个分类新算法——模拟目视分辨法. 环境遥感，7(2)：126-137.
王思远，刘纪远，张增祥，等. 2001. 中国土地利用时空特征分析. 地理学报，56(6)：631-639.
王涛，吴薇，王熙章. 1998. 沙质荒漠化的遥感监测与评估——以中国北方沙质荒漠化区内的实践为例. 第四纪研究，2：108-118.
王秀兰，包玉海. 1999. 土地利用动态变化研究方法探讨. 地理科学进展，18(1)：81-87
王周龙. 1993. 沙漠化灾害遥感信息提取技术系统. 中国沙漠，13(4)：14-19.
吴波. 2000. 沙质荒漠化土地景观分类与制图——以毛乌素沙地为例. 植物生态学报，24(1)：52-57.
熊利亚，常斌，周相广. 2005. 基于地理元胞自动机的土地利用变化研究. 资源科学，27(4)：38-43.
熊桢，郑兰芬，童庆禧. 2000. 分层神经网络分类算法. 测绘学报，29(3)：229-234.
徐建华. 2002. 现代地理学中的数学方法. 北京：高等教育出版社.
颜长珍，冯毓荪，王建华. 1999. 西北地区土地资源类型 TM 影像解译标志的建立. 中国沙漠，19(3)：206-209.
杨国清，刘耀林，吴志峰. 2007. 基于 CA-Markov 模型的土地利用格局变化研究. 武汉大学学报(信息科学版)，32(5)：414-418.
余艳玲，李卫忠，姜英. 2005. 毛乌素沙漠土地利用类型解译标志的建立——以榆阳区为例. 西北林学院学报，20(3)：10-13.
《榆林市志》编纂委员会. 1996. 榆林市志. 西安：三秦出版社.
榆阳区统计局. 2002. 榆阳区统计年鉴(2001). 榆林：榆阳区统计局.
张莉，王飞跃，岳乐平，等. 2004. 基于 RS 和 GIS 的沙漠-黄土过渡带土地沙漠化分布与变化研究——以陕北榆林地区为例. 地球学报，25(1)：63-66.
章杨清，刘政凯. 1994. 利用分维向量改进神经网络在遥感模式识别中的分类精度. 环境遥感，9(1)：68-72.
中华人民共和国国土资源部. 2001. 全国土地分类(试行). 2001 年 8 月 21 日国土资发[2001]255 号印发，2002 年 1 月 1 日起试行.
周成虎，骆剑承，杨晓梅，等. 2001. 遥感影像地学理解与分析. 北京：科学出版社.
周成虎，孙战利，谢一春. 1999. 元胞自动机研究. 北京：科学出版社.
朱会义，李秀彬，何书金，等. 2001. 环渤海地区土地利用的时空变化分析. 地理学报，56(3)：253-260.
朱会义，李秀彬. 2003. 关于区域土地利用变化指数模型方法的讨论. 地理学报，58(9)：643-650.
朱震达，刘恕. 1981. 中国北方地区的沙漠化过程及其治理区划. 北京：中国林业出版社.
Abkar A A，Sharifi M A，Mulder N J. 2000. Likelihood-based image segmentation and classification：a framework for the integration of expert knowledge in image classification procedures. International Journal of Applied Earth Observation and Geoinformation，2：104-119.
Bolstad P V，Lillesand T M. 1992. Rule-based classification models：flexible integration of satellite imagery and thematic spatial data. Photogrammetric Engineering and Remote Sensing，57(2)：965-971.
Cohen J A. 1960. Coefficient of agreement for nominal scales. Education Psychology Measurement，20：37-46.
Courage K，Masamu A，Bongo A，et al. 2009. Rural sustainability under threat in Zimbabwe-Simulation of future land use/cover changes in the Bindura district based on the Markov-cellular automata model. Applied Geography，29：435-447.
Curtis K M，James S W，Carl S，et al. 1993. Resolution enhancement of multispectral image data to improve classification accuracy. Photgrammetric Engineering and Remote Sensing，59(1)：67-72.
Duda T，Canty M. 2002. Unsupervised classification of satellite imagery：choosing a good algorithm. International

Journal of Remote Sensing, 23(11): 2193-2212.

Eastman J R. 2006. IDRISI Andes: Guide to GIS and Image Processing. Worcester: Clark Labs, Clark University.

ERDAS Inc. 1997. ERDAS Field Guide. 4th ed. Atlanta, Ga: ERDAS Inc.

Flamenco-Sandoval A, Ramos M M, Masera O R. 2007. Assessing implications of land-use/land-cover change dynamics for conservation of a highly diverse tropical rain forest. Biological Conservation, 138(1-2): 131-145.

Forman R T T, Godron M. 1986. Landscape Ecology. New York: John Wiley & Sons.

Forman R T T. 1995. Land Mosaics: the Ecology of Landscape and Region. Cambridge: Cambridge University Press.

Frisch U, Hasslacher B, Pomeau Y. 1986. Lattice-gas automata for the nervier-stocks equation. Phys Rev Lett, 56: 1505-1508.

Fuller R M. 1994. The land cover map of Great Britain: an automated classification of land sat thematic mapper data. Photogrammetric Engineering and Remote Sensing, 60(5): 553-562.

Haejin H. 2002. Classification of stormwater and landuse using neural networks. A Dissertation Submitted in Partial Satisfaction of the Requirements for the Degree Doctor of Philosophy in Civil Engineering, University of California, Los Angeles.

Hyppanen H. 1996. Spatial autocorrelation and optimal spatial resolution of optical remote sensing data in boreal forest environment. International Journal of Remote Sensing, 17(17): 3441-3452.

Janssen L F J, van der Wel F J M. 1994. Accuracy assessment of satellite derived land-cover data: a review. Photogrammetric Engineering and Remote Sensing, 60: 419-426.

Landgrebe D A. 1980. The development of a spectral-spatial classifier for earth observational data. Pattern Recognition, 12: 165-175.

Lasse M J. 1997. Classification of urban land cover based on expert systems, object models and texture. Computers, Environment and Urban Systems, 21: 291-302.

Lo'pez E, Boccoa G, Mendoza M, et al. 2001. Predicting land-cover and land-use change in the urban fringe: a case in Morelia city, Mexico. Landscape and Urban Planning, 55: 271-285.

Narendra P M, Goldberg M. 1980. Image segmentation with directed trees. IEEE Transactions on Pattern Analysis and Machine Intelligence Pami-2: 185-191.

Neumann J V. 1951. The general and logical theory of automata. *In*: Jeffress L A. Cerebral Mechanisms in Behavior—The Hixon Symposium. New York: John Wiley.

Paul A, Atkinson P M, Curran P J. 1999. Fine spatial resolution simulated satellite sensor imagery for landcover mapping in the United Kingdom. Remote Sensing of Environment, 68: 206-216.

Peterson L K, Bergen K M, Brown D G. 2009. Forested land-cover patterns and trends over changing forest management eras in the Siberian Baikal region. Forest Ecology and Management, 257: 911-922.

Rouse J W, Haas R H, Shell J A, et al. 1973. Monitoring vegetation systems in the Great Plains with ERTS-1. *In*: Proceedings of Third Earth Resources Technology Satellite-1 Symposium, Vol. 1. Washington, D C: Academic Press: 309-317.

Skidmore E L. 1986. Soil erosion by wind. *In*: EL-Baz F, Hassan M H A. Physics of Desertification. Dordrecho: Martinus Nijhoff Publishers.

Syphard A D, Clarke K C, Franklin J. 2005. Using a cellular automaton model to forecast the effects of urban growth on habitat pattern in southern California. Ecological Complexity, 2: 185-203.

Wang F. 1990. Fuzzy supervised classification of remote sensing images. IEEE Transaction Geoscience and Remote Sensing, 28(2): 194-201.

Weng Q. 2002. Land use change analysis in the Zhujiang Delta of China using satellite remote sensing, GIS and stochastic modeling. Journal of Environmental Management, 2002, 64: 273-284.

Winne J C. 2000. Fractal pattern analysis derived from image segmentation of classified thematic mapper imagery: a multi-scale regionalization in Maine and North Dakota，USA. A Thesis Presented in Partial Fulfillment of the Requirements for the Degree of Doctor of Philosophy (In Forest Resources)，The Graduate School，University of Maine.

Wolfram S. 1986. Theory and Application of Cellular Automata. Singapore：World Scientific.

Wolfram S. 2002. A New Kind of Science. Champaign：Wolfram Media，Inc.

Zheng Jian. 2002. Landsat image classification using a Neuro-Fuzzy system. A Thesis Presented in Partial Fulfillment of the Requirements for the Degree Master of Arts，Department of Geography，San Jose State University.

第3章　沙区生态安全评价方法

3.1　基于生态不安全因素的生态安全评价方法

3.1.1　生态安全评价方法综述

生态安全评价是随着生态风险评价和生态系统健康评价发展起来的。美国国家环境保护局对生态风险评价的定义为：生态风险评价是对由于一种或多种应力(物理、化学或者生物应力等)接触的结果而发生或正在发生的负面生态影响概率的评估过程(U S EPA，1992)。生态系统健康评价是对生态系统病痛状况、稳定性，并且能够维持其活力，组织力及在外界的胁迫下的恢复力的评估过程(Quigley et al.，1996)。生态风险评价是一个获取和分析生态环境数据、提取信息的过程。通过对各种假设和不确定因素分析，得出生态朝逆向转变的可能性评估(Quigley et al.，1997)。Alcamo 等(2001)构建了评价全球环境变化(如干旱、洪水和大范围的空气污染等)对人类安全影响评价的(global assessment of security，GLASS)模型，通过设定情景评价了极端环境变化对人类社会造成的风险。最近，Hope(2006)系统地回顾了生态风险评价范式在美国的发展历程，探究了它在未来的发展方向和主要科学问题。

就国内研究进展来说，应用经济发展与合作组织(Organization for Economic Co-operation and Development，OECD)(1994)提出的“压力-状态-响应”(Press-State-Response，P-S-R)概念模型进行生态安全评价的研究较多。周文华和王如松(2005)对生态安全评价方法进行了系统综述，并应用 P-S-R 概念模型评价了北京市的生态安全状况。赵延治等(2006)用 P-S-R 概念模型和层次分析法(analytic hierarchy process，AHP)综合评价了西藏日喀则地区的生态安全现状。王宏昌等(2006)通过专家评议，从生态系统的 P-S-R 3 个方面选取了 28 项指标，对辽西大凌河流域不同时期的生态安全进行了综合评价。王振祥等(2006)运用 P-S-R 模型，采用德尔菲法(Delphi method)和 AHP 方法确定了 17 项评价指标及其权重，分类建立评价指标数学函数，计算了地区生态安全指数。张兵等(2007)在 P-S-R 模型框架下，采用 Landsat TM 和 ETM^+ 影像确定模型中的自然组分数据，结合社会经济统计数据，对生态安全过程进行景观格局判定，较好地得出了 15 年来甘肃中部地区生态安全的变化状况。高吉喜等(2007)强调流域生态安全评价方法，要从 P-S-R 3 个方面进行评价，全面、综合和及早地反映流域的生态安全状况。但是基于 P-S-R 框架的生态安全评价在生态安全状态和总体的研究较多，安全趋势、空间差异、安全机理和实践指导性研究不足(王耕等，2007)。在 P-S-R 框架模式基础上，联合国可持续发展委员会(United Nations Commission for Sustainable Development，UNCSD)又提出了驱动力-状态-响应(Driving Force-State-Response D-S-R)概念模型(UNCSD，1996)，而欧洲环境署(European Environment Agency，EEA)则在 P-S-R 基础上添加了“驱动力”(Driving force)和“影响”(Impact)两类指标构成了 D-P-S-I-R (Driving Force-Press-State-Impact-Response)框架(EEA，1999)，但都没有脱离 P-S-R 模型的范畴。

从评价方法来看，单因子评价法、(多因子)综合(指数)评价方法、AHP 方法、模糊数学法(fuzzy mathematics)和灰色系统方法在生态安全评价研究中得到广泛应用。例如，刘勇等(2004)建立了土地资源生态安全评价的自然、经济、社会指标体系，结合 AHP 法等确定指标权重，对嘉兴市 1991 年和 1997 年的土地资源生态安全状况进行了综合评价。左伟等(2005)对 AHP 方法、灰色系统方法、模糊数学方法和变权方法进行优化复合，构建层次分析-变权-模糊-灰色关联复合模型，进行了生态安全综合评价。朱运海等(2006)采用综合指数法构建了基于生态退化的动态评价模型进行生态安全评价。许联芳等(2006)运用 AHP 法和 GIS 技术，采用“农业生态不安全指数”对洞庭湖区各县(市)的农业生态安全状况进行了综合评价。刘喜韬等(2007)运用模糊数学与 AHP 法相结合对闭矿后的矿区土地复垦生态安全进行评价。康相武等(2007)以 GIS 和模糊数学为支撑，构建了区域生态安全评价指标体系和评价方法，计算了区域生态安全指数。近年来，基于生态足迹理论的生态安全评价方法也有一些进展(曹新向，2006；Huang et al.，2006；韦良焕等，2007)。景观生态学(landscape ecology)和 RS、GIS 被广泛应用于生态安全评价研究之中。国内学者中，任志远(1997)利用 RS 模型和 AHP 法对陕北黄土高原神府地区进行了景观生态环境的多要素综合评价。王根绪等(2003)指出景观生态学与 RS、GIS 相结合进行生态安全评价的方法具有巨大的发展前景。

生态脆弱区的生态安全评价研究尤为重要。史德明和梁音(2003)制定了脆弱生态环境评级指标，建立了确定脆弱生态环境等级总分值的计算公式，为生态脆弱区生态安全评价提供了参考依据。更多的研究者从生态脆弱区的土壤侵蚀、干旱缺水、生物多样性减少等实际和主要生态环境问题的角度出发，开展了有针对性的生态安全评价研究。如陈浩等(2003)选择影响生态脆弱的荒漠化地区——怀来县进行了以防治荒漠化为目的的生态安全评价，并结合 GIS 把评价结果落实到每一个土地利用斑块，实现了生态安全评价的定量化与定位化。卢金发等(2004)从起沙角度出发，选择土壤粒径组成，有机质含量，植被覆盖度及水分条件等指标，评价了内蒙古锡林浩特市的生态安全，并进行了生态安全条件下的土地利用结构优化，为生态脆弱区生态安全条件下土地利用结构与格局优化研究提供了有益借鉴。高清竹等(2006)针对长川流域主要生态环境问题，建立了生态安全评价指标体系，采用 GIS 和综合评价方法，对 1976～2000 年 4 期区域生态安全状况进行评价。刘世梁等(2007)以黄土高原生态脆弱区为研究对象，构建了不同尺度上的生态安全指标体系，利用 AHP 法，对不同尺度上生态安全的空间分异进行了研究。以土地可持续利用为目标的生态安全评价日渐增多(刘勇等，2004；曹新向等，2004)。

20 余年来，生态安全评价研究得到了迅速发展，这与生态安全问题日益受到重视分不开。生态安全是军事、政治和经济安全的基础和载体。在全球化背景下，它已经由一种局部问题上升为全球问题，成为威胁全球安全的重大挑战。生态安全-国家安全-人类安全已经有机地联系在了一起，被 IGBP、世界气候研究计划（World Climate Research Program，WCRP）、IHDP 和国际生物多样性计划（DIVERSITAS）等全球变化重大科学计划所关注，IHDP 将第六届开放会议主题定为“全球环境变化、全球化和国际安全——21 世纪的新挑战”说明了这一点（史培军等，2006）。生态安全评价研究作为评估和分析生态安全态势的方法论，通过对生态安全形势的评估，可以找出导致生态安全问题的原因，提出应对的措施，从而为生态恢复和重建提供依据。因此，生态安全评价作为生态安全研究的重要领域，不仅是必要的，而且是基础性的。

从生态安全评价的对象来看，全球面积广大的生态脆弱区——沙漠化地区是全球生态安全的最大威胁之一。沙漠化是全球影响最广泛、最深远的环境问题，以至于 UNCCD 成为 21 世纪议程（Agenda 21）框架下的三大国际环境公约之一。MEA（2005）评估表明未来全球沙漠化还会发展，2006 年世界环境日主题定为“沙漠与荒漠化”表明沙漠化形势仍然严峻。中国的沙漠化问题尤其突出，20 世纪 80 年代沙漠化土地蔓延的速度为 2100 km^2/a（朱震达和王涛，1990）；到 20 世纪 90 年代达到 3600 km^2/a（Wang et al.，2002）；截至 2004 年，沙区已占全国国土总面积的 18.12%（国家林业局，2005）。强沙尘暴、特强沙尘暴的发生频数一直在增加（范一大等，2005）。沙漠化和风沙灾害已经成为中国北方的生态灾难，严重影响国家安全和社会和谐。所以，2006 年世界环境日中国主题与“沙漠与荒漠化”相呼应，定为“生态安全与环境友好型社会”，将沙漠化-生态安全-环境友好型社会联系在一起，这是有其深层次原因的。《全国生态功能区划》中，防风固沙生态功能区是一个非常重要的类型（环境保护部和中国科学院，2008）。而防沙治沙和生态建设离不开对沙区生态问题的分析和生态安全形势的正确评价。然而，沙区生态安全评价的方法论研究，特别是中国北方沙区评价案例还比较少，迫切需要加强。

从生态安全评价的方法来看，从不安全的角度评价生态安全不失为一种有益的思路。抛却评价方法的差异不说，对影响区域生态安全因素（不安全因素）的分析及其定量测度是生态安全评价的根本。前人的研究为沙区生态安全评价提供了思路、方法和技术上的借鉴，但针对影响沙区生态安全的因素分析还比较少，还没有形成不安全因素测度方法体系。鉴于此，本书将重点从多因素综合评价和单因素评价的指标、模型方面以及生态不安全因素的实地观测方法与遥感反演方法的结合方面进行研究，以期对沙区生态安全评价研究有所裨益。

3.1.2 基于生态不安全因素的区域生态安全评价方法

1. 研究思路

从土地系统角度看，生态不安全因素是指威胁国家安全的水土流失、土地沙漠化、土壤污染、土壤盐碱化、土壤潜育化、土地破坏、土地浪费和沼泽化等生态环境问题。关注土地利用过程中出现的生态问题，研究脆弱土地生态经济系统生态安全的调控，是我国土地生态安全研究的重要领域。本书将生态不安全因素限定为影响区域土地可持续利用的土地退化因子和影响农业生产的水旱灾害，暂不考虑土壤污染等环境问题。

就中国北方沙区而言，影响土地生态安全的因素主要是风蚀沙化、盐碱化、沼泽化和水蚀荒漠化等(赵哈林等，2002)。因此，沙区生态安全评价的重点就是利用遥感信息和技术支持，通过实地调查和资料分析，找出生态不安全因素的分布，划分各因素不安全等级，构建评价模型，综合评价区域生态安全的状况。

2. 数据源

进行沙区生态安全评价的基本数据源为 TM 影像。为了从 TM 影像中更准确地提取生态不安全因素，除收集气象、水文、灾害以及社会经济资料外，进行实地调查获取第一手资料也是必要的。区域生态安全评价的数据源见表 3-1。

表 3-1　资料清单

Tab. 3-1　List of data

<table>
<tr><th>类　别</th><th>资料、数据</th><th>基 本 作 用</th></tr>
<tr><td>遥感影像</td><td>夏秋季节 TM 影像</td><td>提取生态不安全因素的底图</td></tr>
<tr><td rowspan="2">基本图件</td><td>1∶5 万或 1∶10 万地形图</td><td rowspan="2">确定生态不安全因素的分布</td></tr>
<tr><td>土地利用现状图、植被图、土壤图、地貌图、土地退化图等</td></tr>
<tr><td rowspan="6">气象、水文、灾害资料</td><td>水系水文资料</td><td rowspan="6">确定生态不安全因素类型
确定生态不安全因素危险等级
确定生态不安全因素提取的指标</td></tr>
<tr><td>洪水淹没资料</td></tr>
<tr><td>防洪规划资料</td></tr>
<tr><td>降水分布资料</td></tr>
<tr><td>旱灾格局资料</td></tr>
<tr><td>土地退化资料</td></tr>
<tr><td>相关文献</td><td>土地利用、风蚀沙化、盐碱化、洪水、旱灾等方面的研究文献</td><td>确定生态不安全因素类型、危险等级和空间分布</td></tr>
<tr><td>野外调查</td><td>调查土地利用和生态不安全因素的类型与分布；并用 GPS 记录其地理坐标</td><td>确定生态不安全因素类型、空间分布和提取指标</td></tr>
</table>

3. 不安全因素提取方法

1）确定生态不安全因素类型

沙区生态不安全因素限定为土壤风蚀、盐碱化、水蚀和水旱灾害等土地退化现象与自然灾害。在此范围内，根据调查和资料分析确定具体区域的生态不安全因素。

2）划分生态不安全因素的危害程度

每种生态不安全因素都有其各自的强度分级标准，如《土壤侵蚀强度分级标准》

(水利部，1996)等。为便于多种因素之间的比较与综合，采用数量化评分标准对生态不安全因素强度进行量化，转化为该因素的生态不安全级别，把每一个生态不安全因素均分为 3 级：轻度不安全、中度不安全和重度不安全，分别用 1、2、3 表示。

3）确定生态不安全因素提取依据与指标

从 TM 影像中提取生态不安全因素的依据有 4 个：一是其在影像上的特征分布，即“色”、“形”、“位”目视解译标志；二是其光谱信息，即 R、G、B 波段亮度值；三是由原始影像派生的可以突出显示各生态不安全因素的信息，如 NDVI(normalized difference vegetation index)、MSAVI(modified soil-adjusted vegetation index)等；四是各生态不安全因素专题图件与资料(表 3-1)。

A. 风蚀沙化不安全因素

风蚀沙化是以风沙活动为主要标志的土地退化，其结果是使地表呈现流动沙丘、半流动半固定沙丘及固定沙丘等类似沙漠的景观，在标准假彩色影像(TM4、3、2 合成)上呈白色、灰白色或淡黄白色，具有格状、波状纹理，沙丘形态清晰可辨。王涛等(1998)在利用遥感数据获取沙化程度信息时以风蚀地或流沙面积所占该地区面积的百分比作为主要指标，以地表植被盖度作为辅助指标。由于 NDVI 对沙区低密度植被表达误差较大，Rondeaux 等(1996)人采用了最优化土壤调整植被指数(optimization of soil-adjusted vegetation index，OSAVI)来消除土壤的影响，更准确地反映沙地植被状况，效果较好。OSAVI 的计算公式如下

$$\mathrm{OSAVI}=\frac{\mathrm{NIR}-R}{\mathrm{NIR}+R+0.16} \tag{3-1}$$

式中，NIR 为近红外波段；R 为红光波段；对于 TM 影像来说，NIR 为 TM4 波段；R 为 TM3 波段。

B. 盐碱化不安全因素

目前，利用 TM 影像提取盐碱化因素主要采用人机交互判读方法，计算机自动分类尚不能获得让人满意的提取精度(关元秀和刘高焕，2001)。陈建军等(2003)在大庆市土地盐碱化遥感监测与动态分析中，主要利用生长季影像，并结合春秋季影像和土壤、地质等资料，利用人机交互解译方法提取盐碱化土地获得较好的效果。在提取不安全因素时，应特别注意运用遥感地学分析的方法。就盐碱化因素而言，其在沙区主要分布在湖泊、水库和低洼湿地边缘，或者干涸河道，一些因灌溉不当引起的次生盐碱化发生在灌溉农田的边缘。另外盐碱化引起植物生理上的不良反应导致植被覆盖度下降，因此，NDVI 可以作为盐碱化提取的重要参考指标(杜明义等，2002)。

综上所述，参考前人研究成果(Rondeaux et al.，1996；王涛等，1998；陈建军等，2003；杜明义等，2002)，结合沙区土地利用解译标志(表 2-5)和地学知识，在 TM 标准假彩色合成影像上进行了风蚀沙化和盐碱化因素人机交互判读实验(图 3-1 和图 3-2)，制定出影像光谱亮度和派生信息(NDVI 和 OSAVI)的提取阈值，从而制定出利用 TM 影像提取风蚀沙化和盐碱化因素的指标体系(表 3-2)。

表 3-2　风蚀沙化和盐碱化不安全因素提取指标

Tab. 3-2　Indices for extracting insecurity factors of desertification and salinization

类型	级别	强度	目视解译标志	地学特征	R、G、B 亮度	派生信息	面积比例/%	植被覆盖度/%
风蚀沙化	3	重度	灰白-白色，以流沙为主，有波状或格状纹理，质地均匀，边缘清楚[图 3-1(a)]	分布于沙漠、沙地等风沙地貌区	0.78～0.85 0.74～0.80 0.69～0.79	OSAVI：＜－0.40	＞50	＜10
	2	中度	浅红-灰白-亮青色，灌木、草地和裸露沙斑混合分布，半固定-半流动沙丘为主，质地不均匀，边缘较模糊[图 3-1(b)]		0.73～0.81 0.64～0.80 0.68～0.78	OSAVI：－0.25～－0.40	25～50	10～30
	1	轻度	浅红-粉红-暗青色，灌木和草地混合分布，固定沙丘为主，质地较均匀，边缘模糊[图 3-1(c)]		0.78～0.85 0.74～0.80 0.69～0.79	OSAVI：0.00～－0.25	＜25	30～60
盐碱化	3	重度	亮白色[图 3-2(a)]	分布于干湖盆；湖、低洼地、泡子周围；干河沿岸	R：＞0.75	NDVI：＜－0.15	＞50	＜10
	2	中度	灰白色中有零星红色植被分布或者水、草混合浅灰青色像元[图 3-2(b)]		R：0.60～0.75	NDVI：－0.05～－0.15	20～50	10～30
	1	轻度	植被中间有浅灰青色或灰白色分布[图 3-2(c)]		R：＜0.60	NDVI：＞－0.05	＜20	30～60

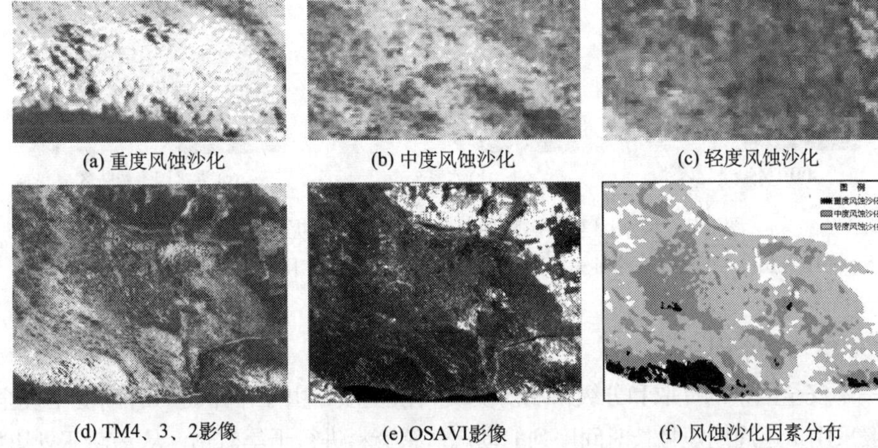

(a) 重度风蚀沙化　(b) 中度风蚀沙化　(c) 轻度风蚀沙化

(d) TM4、3、2影像　(e) OSAVI影像　(f) 风蚀沙化因素分布

图 3-1　风蚀沙化因素的影像特征、OSAVI 影像和提取结果(部分)

Fig. 3-1　Image characteristics of desertification, OSAVI, results of desertification extraction (partly)

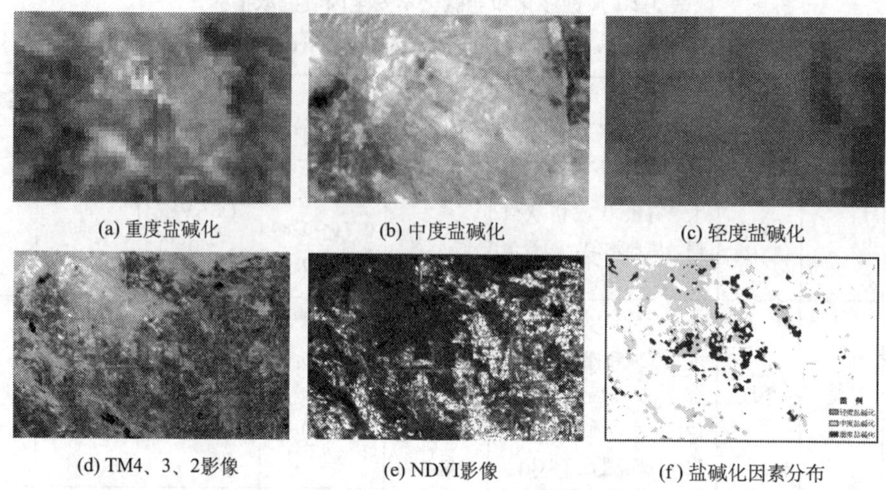

(a) 重度盐碱化　(b) 中度盐碱化　(c) 轻度盐碱化

(d) TM4、3、2影像　(e) NDVI影像　(f) 盐碱化因素分布

图 3-2　盐碱化因素的影像特征、NDVI 影像和提取结果(部分)

Fig. 3-2　Image characteristics of salinization，NDVI，results of salinization extraction (partly)

C. 洪水不安全因素

洪水不安全因素的提取和分级采用缓冲区分析法。洪水多发生在主要河流干流两侧或水库上下游。一般认为河流常年径流区和历史最大洪水淹没范围之间的区域为易受洪水威胁区。据此，首先，利用监督分类方法从 TM 影像上提取河流、湖泊、水库等水系并转为矢量格式；其次，根据水文和洪水灾害资料确定洪水不安全因素的最大淹没距离(L)；最后，利用 GIS 缓冲区分析功能以水系为基准，分别以 $L/3$、$2L/3$ 和 L 为半径生成缓冲区即可提取轻、中、重度洪水因素威胁区(图 3-3)。利用 DEM 数据，可以获得更精确的提取结果。

(a) TM4、3、2影像　(b) 水系分布　(c) 洪水因素威胁区

图 3-3　洪水因素的影像特征、水系影像和提取结果(部分)

Fig. 3-3　Image characteristics of flood，river，results of flood area extraction(partly)

D. 干旱不安全因素

干旱不安全因素的提取和分级采用历史资料恢复法。由于干旱是一种渐变不安全因素，所以一般采用重返周期短且长时间序列的动态遥感资料进行干旱监测，从一期 TM 影像上提取是不现实的。鉴于此，本研究主要依据旱灾灾情和文献资料，并参考降水分布，在 GIS 支持下利用地学统计方法来恢复区域干旱不安全因素的影响范围(王静爱等，2006)。

4）构建生态不安全因素提取方法

构建了 GIS 支持下的 TM 影像人机交互目视判读方法来提取诸如风蚀沙化和盐碱化生态不安全因素。它是判读人员在 GIS 支持下将 TM 影像与两因素专题图件、派生信息相叠加，依据风蚀沙化和盐碱化因素目视解译标志，参考 R、G、B 亮度阈值和派生信息阈值，运用地学分析知识，在计算机上直接勾画出不同级别生态不安全因素的分布。操作人员对区域特征的理解对正确应用此法提取生态不安全因素是至关重要的，为此要有基本的地学分析的能力；必要的辅助资料对保证提取精度及验证结果也是相当重要的。例如，研究区土地利用图、土壤图、植被图和土壤侵蚀图等。

5）构建生态不安全因素数据库

综合应用 GIS 支持下的 TM 影像人机交互目视判读方法、缓冲区分析法和历史资料恢复法就能将系列生态不安全因素提取出来。提取的生态不安全因素图包含了强度等级和分布信息，是区域生态安全评价的基本依据。上述提取成果有栅格和矢量两种格式，为了便于管理和使用，将矢量格式转为 30m 像元的栅格数据，统一投影和坐标系统，从而构建了生态不安全因素数据库。

综上所述，生态不安全因素提取的技术路线如图 3-4 所示。

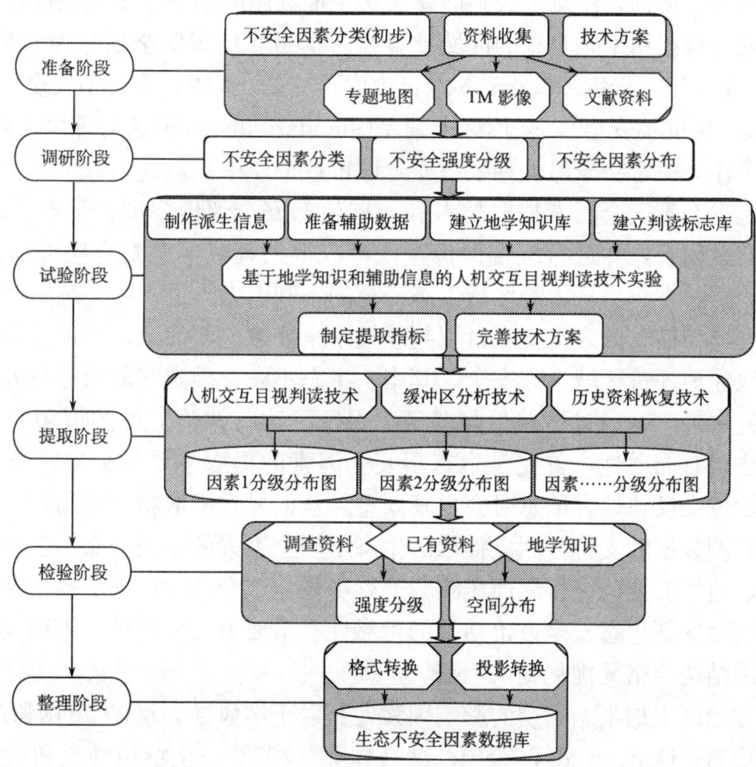

图 3-4　生态不安全因素提取技术路线

Fig. 3-4　Technology framework of ecological insecurity factors extraction

3.1.3 区域生态安全评价模型

采用综合指数法进行生态安全评价，就是以提取的生态不安全因素为评价因子，以其不安全级别为指数，进行综合评价得到生态不安全度，反映区域生态安全的状况。评价模型如下：

$$D = \sum_{i=1}^{n} D_i W_i \tag{3-2}$$

式中，D 为生态不安全强度；i 为第 i 个生态不安全因素；D_i 为第 i 种生态不安全因素的级别；W_i 为第 i 种生态不安全因素的影响权重；n 为不安全因素总个数。

当任意一种不安全因素发生并达到一定强度时，其对土地利用的影响可能都是致命的，因此，可以认为不同生态不安全因素对土地的负面影响是同等程度地存在着(Wi 相同)。基于这种考虑，模型可以简化为

$$D = \frac{1}{n} \sum_{i=1}^{n} D_i \tag{3-3}$$

根据模型计算得到的区域生态不安全强度表达了土地利用的生态安全水平，但是其值域是分散的，不能反映相同或相近生态安全特性的土地利用的空间聚散状况，也不能表达其区域分异特点。为此要通过一定方法对其进行分级，从而将一个分散的系数序列按阈值划分为若干级别，使每个级别能够表达土地利用的生态安全相似性，同时，不同级别也能展现土地利用生态安全的区域差异性。本书将生态安全划分为 6 个级别(分别是 1 级：安全；2 级：轻度不安全；3 级：中度不安全；4 级：重度不安全；5 级：强度不安全；6 级：极度不安全)，采用标准偏差(standard division)法对评价结果进行分级，并将分级结果作为一个字段追加到生态安全评价数据库中。

应用以上生态不安全因素提取技术和区域生态安全评价模型，基于 TM 影像提取区域生态不安全因素，并进行综合评价，就可以得到区域生态安全评价结果(图 3-5)。这一生态安全评价方法，从影响区域生态安全的不利因素入手，主要利用遥感资料，基于地学知识与辅助信息的人机交互目视判读技术来获取这些因素，并进行综合评价，能够较全面与快速地评价区域生态安全。其中，生态不安全因素获取指标与方法充分借鉴了前人的研究成果，并通过试验反复验证，保证了这一评价方法的可用与可靠性。但是，这一方法仍有局限性，首先是生态不安全因素的提取主要依据遥感影像的光谱特征，而遥感影像在反映地表信息时会出现误差，从而导致提取精度不高；其次是提取指标缺乏地面实测数据的支持，因此提取的生态不安全因素的空间分布与强度等级精度还不高。因此，迫切需要研究将地面实测与遥感影像相耦合的方法来提高生态不安全因素提取精度，这对保证生态安全评价结果的可靠性有重要意义。此外，地面实测数据还可以为土地利用结构与格局优化提供依据。

中国北方沙区土地生态安全的影响因素尤其以土壤风蚀为重(朱震达和刘恕，1989；陈渭南等，1994；Dong et al.，2000；赵哈林等，2002)，土壤风蚀又和植被覆盖有密切关系。所以，下面将重点以植被覆盖度和土壤风蚀为例，研究将地面实测与遥感影像相结合进行沙区生态安全评价的方法。

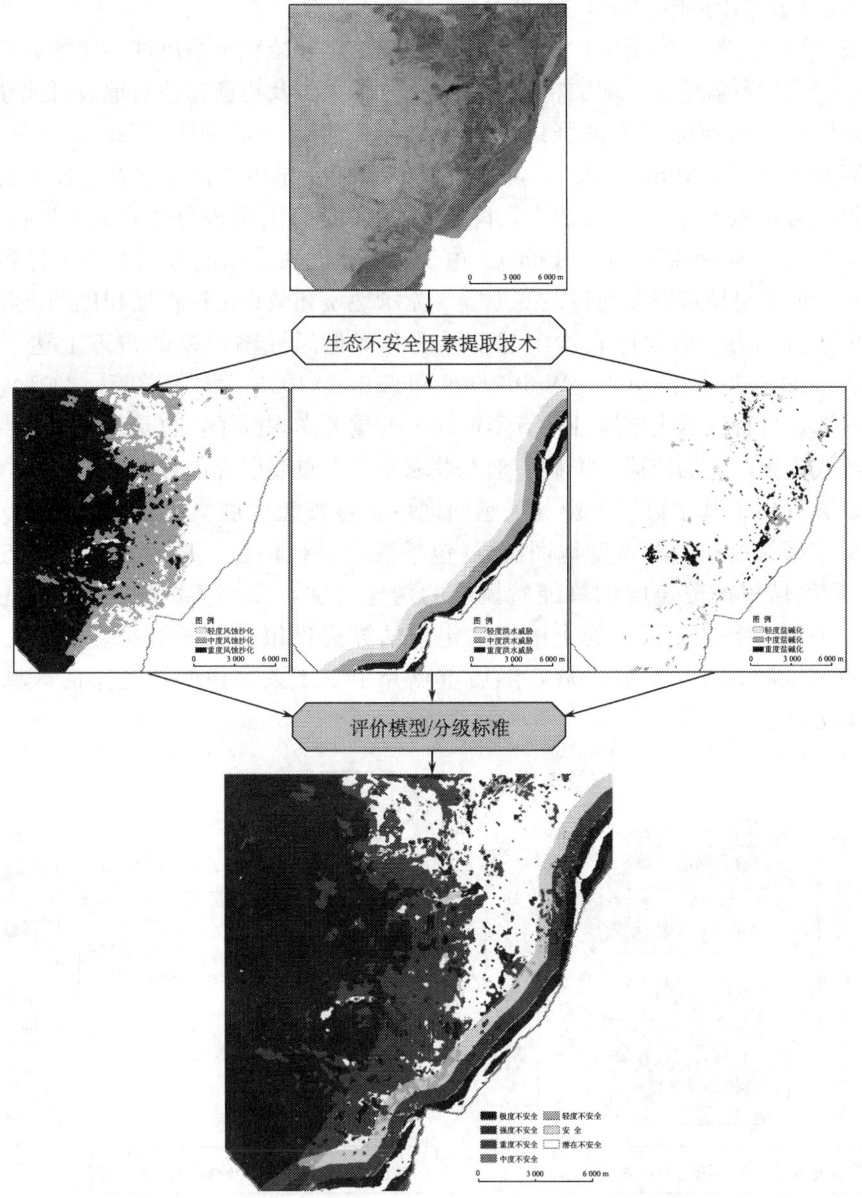

图 3-5　基于生态不安全因素的区域生态安全评价样例

Fig. 3-5　Sample of regional ecological security assessment based on ecological insecurity factors

3.2　基于数字摄影与遥感数据的区域植被覆盖度测算方法

植被是初级生产者，是生态系统不可缺少的组成部分。植被覆盖度(vegetation coverage，VC)，即植被(包括叶、茎、枝)在地面的垂直投影面积占统计区总面积的百分比。它是衡量全球和生态区域环境变化的重要参数，在植物学、生态学、水土保持和全球变化等诸多方面的研究中有广泛应用。

植被对维护干旱、半干旱沙区脆弱生态系统稳定，减轻土壤风蚀和风沙灾害具有特殊意义。它通过覆盖地表，增加粗糙元密度，分解风力及拦截输沙对地表可蚀性土壤形成有效地保护，从而降低风蚀强度，减少风沙灾害带来的损失(Van de Ven et al.，1989；Wolfe and Nickling，1996；黄富祥等，2001)。国内外许多学者通过理论推导和实验模拟，对植被改变气流侵蚀力，降低风蚀强度的机理进行了探讨(Stockton and Gillette，1990；Musick et al.，1996)。由于实验条件和采用的方法不同，得到的结果存在差异，但是对植被覆盖通过改变地表气流场性质和减小可蚀性面积比例，降低风对地表的风蚀剪切力、增大地表沙尘起动风速和降低风蚀输沙率的机理上达了成共识(Stockton and Gillette，1990；Wolfe and Nickling，1996；黄富祥等，2001)。因此，植被覆盖度是进行区域土壤风蚀估算不可缺少的重要影响因子，也是沙区土地生态系统重要的组成要素，它的快速、准确、动态获取是一项重要研究内容。

本研究提出了基于数字摄影与遥感的区域植被覆盖度测算方法(图 3-6)。重点研究基于数字摄影的植被覆盖度地面实测(包括观测系统构建、地表观测方法与照片处理技术)和区域植被覆盖度估算经验模型的构建方法，以期为区域植被覆盖度快速、精确与动态测算提供支持，为土壤风蚀定量估算提供植被因子数据。下面先简要介绍植被覆盖度测算方法研究进展，然后重点介绍基于数字摄影与遥感的区域植被覆盖度测算方法。

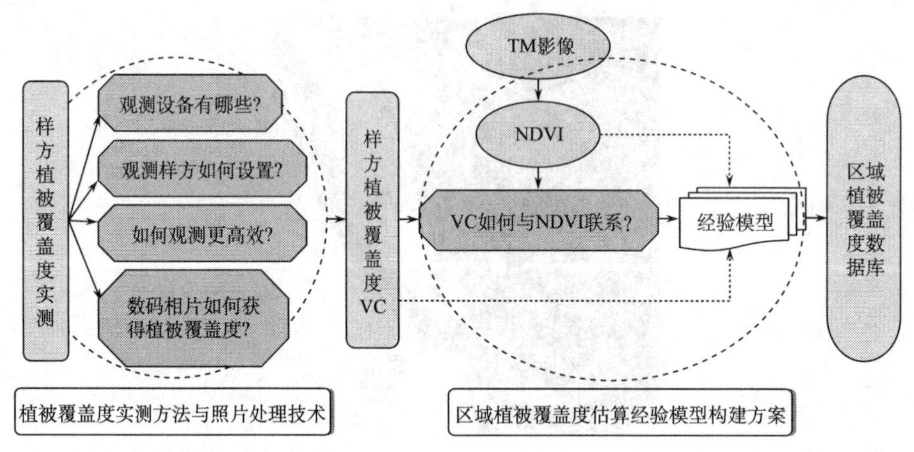

图 3-6 区域植被覆盖度测算方法框架

Fig. 3-6 Research framework of regional vegetation coverage measurement

3.2.1 植被覆盖度测算方法研究进展

1. 地表实测方法

地表实测是获取植被覆盖度的传统方法，它既可满足特定的测量需求，又提供较高测量精度(Fiala et al.，2006)。植被覆盖度地表实测按原理可分为 3 类，即采样法、仪器法和目视估测法(张云霞等，2003)。

数码照相法是器测法的一种，它是利用数码相机对所测区域进行垂直照相，然后提取照片上的植被信息并计算出植被覆盖度(Adams and Arkin，1997)。Friedl 等(1994)使用农业数码相机等多种仪器对美国干旱生态系统的植被覆盖度进行了测量，结果表明农业数码相机对长期监测大面积的干旱生态系统是有效并准确的。Zhou 等(1998)采用目视估测法、样带法和照相法等多种地表实测方法，估测澳大利亚半干旱草地的植被覆盖度，证明数码照相法比其他地表实测方法的测量精度更高。章文波等(2001)以两块农地作为样地，对照相法与目视估测法测量植被覆盖度的效果进行对比分析，结果显示照相结合数字图像处理计算植被覆盖度的方法便捷客观。Richardson 等(2001)应用数字图像处理技术对数码照相法获得的照片进行处理获取草坪植被覆盖度，证明该法不仅速度快，精度高，而且可以派生出新的数据。White 等(2000)在比较了各种测量植被覆盖度的技术之后，认为数码照相法是最容易最可靠的验证遥感信息的技术。Marsden 等(2002)还将这一方法应用到了热带雨林的林下植被密度与结构的测量中。目前，植被覆盖度数码照相实测方法因其快速、便捷、精确与廉价的优点已经得到广泛应用(张云霞等，2003)。

然而，关于数码照相法的研究多集中在与其他方法对比(Friedl et al.，1994；Zhou et al.，1998；White et al.，2000；章文波等，2001)、数码像片处理技术(Richardson et al.，2001；Zhou and Robson，2001；Kermad and Chehdi，2002；Laliberte et al.，2007)方面，很少研究实测方法对精度与效率的影响。尽管植被覆盖度定量估算非常重要，但却没有一个标准的测量方法。通常使用的地表实测方法包括 Moosehorn 法(Robinson，1947)、球形密度计法(Lemmon，1956)、密度计法(Stumpf，1993)、半球摄影法(Evans and Coombe，1959)、数点法和样线法(Canfield，1941；O'Brien，1989)。虽然有学者从植物学和生物统计角度研究了不同地面测量分辨率对植被覆盖度估测精度的影响以及不同测量技术对测量结果的作用(Franka and Tweddale，2006；Fiala et al.，2006)。但专门针对数码照相法，对测点密度、测点分布和测量路径对测量精度与效率的影响进行评价的研究很少，而这类研究可为制定植被覆盖度野外实测方案提供指导，具有重要地实践意义。

2. 遥感估算方法

利用遥感资料估算植被覆盖度的方法大致可归纳为以下两种：植被指数转换法和经验模型法。

1）基于遥感影像植被指数的估算方法

植被指数转换法的主要思想是通过对各像元中植被类型及分布特征的分析，建立植被指数与植被覆盖度的转换关系来直接估算植被覆盖度(Eastwood et al.，1997；陈晋等，2001；张云霞等，2003；顾祝军，2005；秦伟等，2006)。基于像元植被指数法的一个改进是像元分解法(顾祝军，2005)。目前像元分解模型主要有线性模型(linear model)、概率模型(probabilistic model)、几何光学模型(geometric-optical model)、随机几何模型(stochastic geometric model)和模糊分析模型(fuzzy model)(Eastwood et al.，1997；马超飞等，2001)。针对水土流失方程中植被覆盖度的确定问题，于嵘等(2006)利用 ASTER(advanced spaceborne thermal emission and reflection radiometer)多光谱遥感数据，使用混合像元线性分解方法，结合地面调查数据，对土壤侵蚀模型中的植被因子进行了遥感定量分析，实验结果证明了这种方法的优势所在。像元分解模型法中最常用的是线性模型中的像元二分模型(Leprieur et al.，1994)，国内学者应用这一模型估算区域植被覆盖度获得较好效果(高志海等，2006；乔峰等，2006；刘广峰等，2007)。Gutman 和 Ignatov(1998)在像元二分模型的基础上，将像元分为均一和混合像元，混合像元又进一步分为等密度、非密度和混合密度亚像元。对不同的亚像元结构，分别建立了不同的植被覆盖度模型，求取植被覆盖度。国内学者中，陈晋等(2001)将 TM 影像与土地覆盖分类相结合，综合运用了等密度模型与非密度模型计算了植被覆盖度。

虽然植被指数转换法不需要进行大面积的地面样方实测，但就小范围区域而言，其精度却可能低于经验模型法(陈晋等，2001；张云霞等，2003；顾祝军，2005；秦伟等，2006)。因此，在估算中观尺度区域植被覆盖度时，基于遥感影像植被指数与地表实测的经验模型方法仍具有很大的适用性与优势。

2）基于遥感影像植被指数与地表实测的经验模型方法

经验模型法主要是通过建立实测植被覆盖度与植被指数的经验模型求取大面积植被覆盖度(陈晋等，2001；张云霞等，2003；顾祝军，2005；秦伟等，2006)。经验模型虽然具有一定的局限性，但这种模型一般不需要复杂的遥感机理分析和参数确定，使用方便，而且对特定区域的植被覆盖度测量具有较高的精度。因而这种模型仍具有非常广泛的使用范围，尤其在植被遥感机理的研究还不够成熟的今天，经验模型具有无可替代的优势(顾祝军，2005)。

国际上，Graetz 等(1988)利用 Landsat 多波段扫描仪(Multi-Spectral Scanner，MSS)第 5 波段与植被覆盖度的样本实测数据建立线性回归模型，估算了稀疏草地的植被覆盖度。Dymond 等(1992)利用 NDVI 与样方植被覆盖度建立了非线性回归模型，估算了新西兰退化草地的植被覆盖度。Purevdor 等(1998)以地面模拟的美国国家海洋和大气管理局甚高分辨率辐射仪(National Oceanic and Atmospheric Administration/advanced high resolution radiometer，NOAA/AVHRR)数据为资料，运用经验模型法估测了蒙古及日本草原区的植被覆盖度。在国内，Li 等(2003)等综合利用野外群落样方、数码相机和 ETM^{+} 影像，在 GIS 和 GPS 支持下，对我国北方典型草原区植被覆盖度进行了综合监测、模拟与分析。曾志远(2004)提出利用遥感图像处理与地面实测相结合的方法，通过用回归方法建立植被覆盖度与植被指数的定量关系进行植被覆盖度反演。基于这一方法，顾祝军(2005)用数码照相法，结合传统的目视估测法，获取样方植被覆盖度，建立了不同卫星图像、不同植被类型、不同植被密度以及面向全区的植被覆盖度遥感反演模型，并对模型进行了应用和精度检验，其精度都在 80%以上。

上述研究都取得了较好的植被覆盖度估算结果。本书借鉴基于遥感影像植被指数与地表实测的经验模型方法，重点研究利用数码相机对地表植被进行实测的方法、数码像片处理方法，以及将地表实测与遥感植被指数相结合对地表植被进行定量估算的反演方法。

3.2.2　基于数字摄影的样方植被覆盖度测算方法

本研究中，植被覆盖度实测在风蚀观测样地及其周边进行，目的有二：一是为建立输沙通量与植被覆盖度之间的定量关系服务；二是建立观测样方植被覆盖度与遥感影像植被指数的经验模型，用以测算区域植被覆盖度，为土壤风蚀遥感定量反演提供数据。

1. 植被覆盖度地表实测系统

测量系统包括定位系统、成像系统和支架系统(图 3-7)。

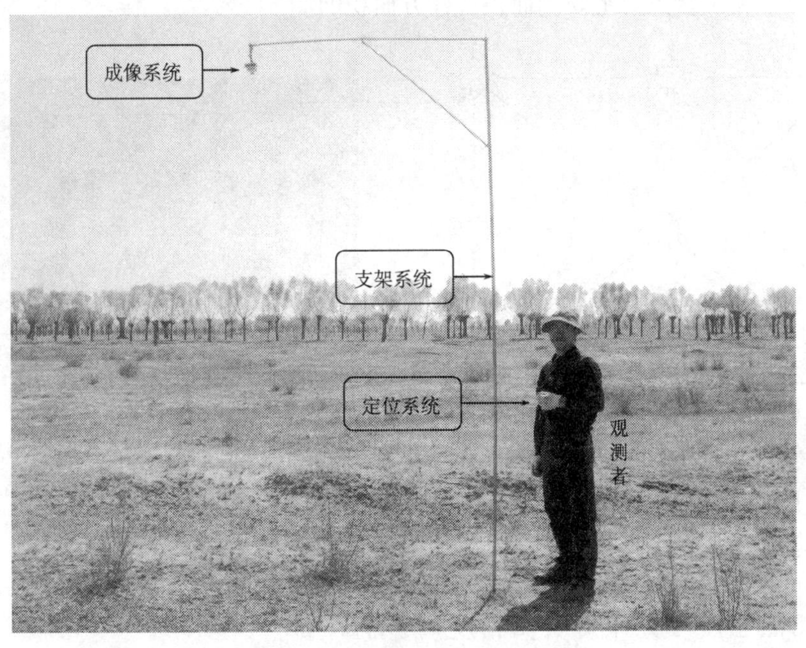

图 3-7　植被覆盖度地表实测系统

Fig. 3-7　Measurement system of vegetation coverage

定位系统为泰雷兹 Mobile Mapper 亚米级差分 GPS 接收机，接收卫星数量＞5，位置精度扩散因子(position dilution of precision，PDOP)＜4，水平误差＜1m(后处理)。成像系统采用宾得 A20 数码相机，它采用 1/1.8 英寸电荷耦合器件(charge-coupled device，CCD)传感器，有效像素 1000 万，具有光学防抖功能。支架系统为自制多功能支架平台①，其中支架与成像系统的连接件采用轴承阻尼系统，可使相机快速进入悬垂状态并在微风条件下保持静止。轴承阻尼系统和相机的光学防抖功能相配合，能确保相机在对地观测时保持静止悬垂，获得高质量像片。

① 王静爱，岳耀杰，张峰，等. 多功能野外测量仪器集成支架平台. 专利号：ZL 2007 2 0005735.9，2008.

2. 植被覆盖度地表实测方法

实测样方设为30m×30m，与TM影像像元空间尺度一致。测量时，在无风状态下采用垂直悬挂数码相机对植被拍照，相机高度设为3m。测量选择晴朗无云天气下10：00至14：00进行，主要是为了消除阴影造成的影响。每个样方沿边缘每隔15m设1个测量点，对角线交点设置1个测量点，合计9个测量点。每个测量点在相互垂直的4个方向进行拍照测量，这样每个样方合计得到36张数码照片(图3-8)。采用具有导航和测量功能的差分GPS，对地照相与GPS定位同步进行，可以保证各测量点的位置准确性与样方形状的规则性(图3-9)。根据测算，宾得A20数码相机在3m高度且f=7.9mm时对地观测面积为11.91m^2，去除重叠区域后，平均每个测量点观测面积为24～26m^2，9个测量点对地观测面积占样方面积的26.11%。

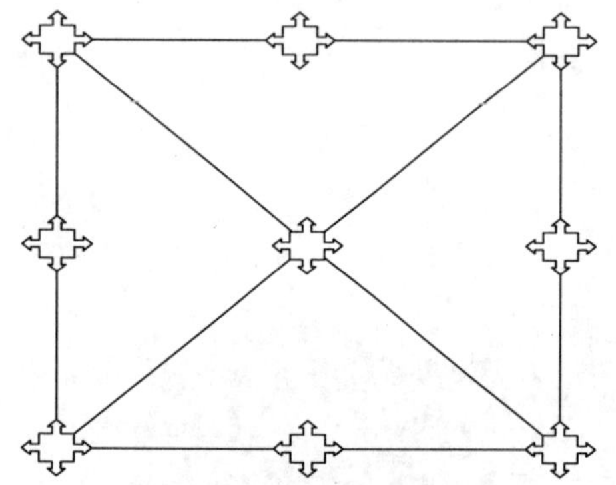

图3-8　9×4点测量法示意图

Fig. 3-8　Sketch map of 9×4 spots measurement method

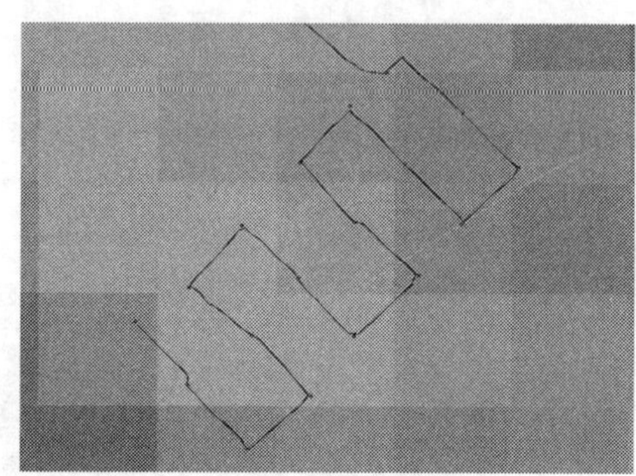

图3-9　测量点与测量路线示意图

Fig. 3-9　Sketch map of measurement dots and roads

3. 测点密度与分布对实测精度的影响评价

针对植被覆盖度数码照相法，对测点密度、测点分布和测量路径对测量精度与效率的影响进行评价的研究很少，而这类研究可为制定植被覆盖度野外实测方案提供指导，具有重要实践意义。在前述实测工作的基础上，构建实测样区，对测点密度、测点分布和测量路径对测量精度与效率的影响开展了实验研究，试图找出植被覆盖度地表实测的优化方案。

1）试验样区

实测样区为毛乌素沙地榆林市榆阳区一处灌丛草地，面积30m×60m。样区坐标为E109°38.11′～E109°38.18′，N38°20.96′～N38°21.00′。土壤以风沙土为主，松散易蚀，生长着以沙蒿(*Artemisia desertorum spreng*)为主的沙生植物群落。

将实测样区划分为2个30m×30m的样方，与TM像元空间尺度一致，是为了与通过遥感资料估算的植被覆盖度进行比较。测量采用折线迂回路线，测点间隔5m，每个测点在东、南、西和北 4 个方向各拍摄 1 张照片，共测点 98 个，照片 396 张。

2）评价方法

A. 测点密度对测量精度的影响评价

随着观测点间距的增大，一个样方中容纳的观测点数量减少，造成对地照相覆盖面积的减少，从而影响样方植被覆盖度测算精度。选择 1 个 30m×30m 样方，设定 5m、10m、15m 和 20m 4 个观测点间距，评价了对应观测点密度，即 49、16、9、4 个观测点下样方植被覆盖度测算精度的变化规律。为了使不同观测点密度下的测算结果有一个共同的参比对象，应用 N^* (Scaled NDVI)(Toby et al.，1997)计算出对应 TM 影像像元的植被覆盖度作为参考值，记为 V_0。由于影像像元是由 CCD 扫描成像，可以认为观测点间距为无穷小，即观测点无穷多。

B. 测点分布对测量精度与效率的影响评价

野外地表观测时，观测点的分布决定了观测人员的行走路径，直接影响观测精度和观测人员的工作效率。在已建立的观测点基础上，建立折线型、“×”型、“+”型、“Z”型、“◇”型、“口”型、“田”型、“米”型和“☒”型共 9 种行走路径与测点分布模式(图 3-10)，评价不同测点分布模式下测量精度与测点个数的关系，以及测量行走路径里程对比。

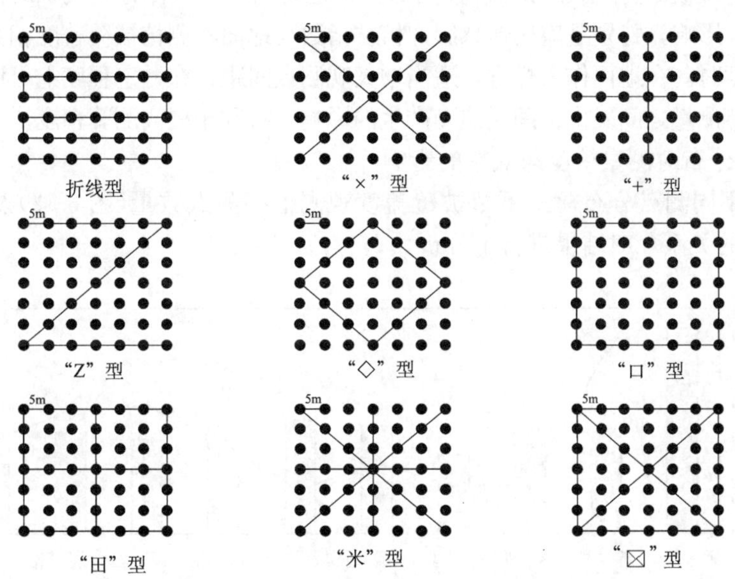

图 3-10　行走路径与测点分布模式

Fig. 3-10　Distribution patterns of measurement dots and roads measurement

3）结果分析

A. 测点密度对测量精度的影响

经计算，得到同一样方 4 种不同测点密度下的植被覆盖度分别为 48.01%、

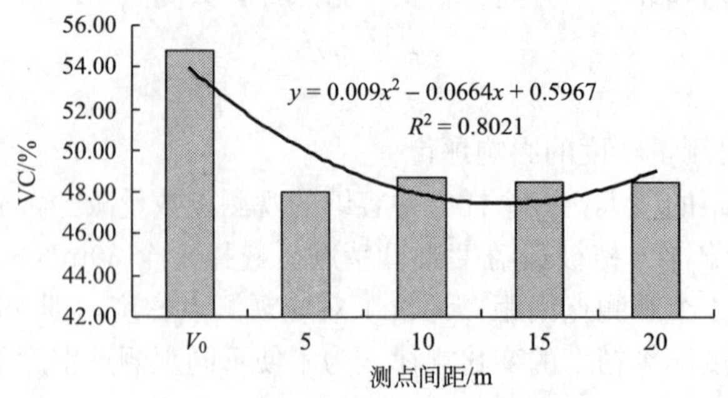

图 3-11 不同测点密度下植被覆盖 VC 度观测值与 V_0 的关系

Fig. 3-11 Relationship between observed VC values and values of different survey points'interval

48.69%、48.45%和 48.45%。将 V_0 作为参考值，4 个实测值与 V_0 进行比较结果如图 3-11所示。

由图 3-11 可见，观测点密度的不同导致测量精度略有差异。通过二元回归模型($y=0.009x^2-0.0664x+0.5967$，$R^2=0.8021$)可以看出，测点密度最大、间距最小的情况下植被覆盖度值最高。当观测点间距无限大时，测点落在被测样方之外，即观测点不再代表该样方的植被覆盖度，理论值趋近于 1。这也说明，实测样方的大小对植被覆盖度估测精度有很大影响，特别是应用遥感影像植被指数与地面实测植被覆盖度相关系数估算区域植被覆盖度时。在地面作大样方，适当增大观测点间距，在一定程度上可以克服由于地面测量和遥感测量之间发生空间错位而产生的影响，有利于提高测算精度。

B. 测点分布对测量精度与效率的影响

评价了不同测点分布模式下植被覆盖度观测值、测点数量(图 3-12)及测量路径里程(图 3-13)的关系，对结果进行了分析。

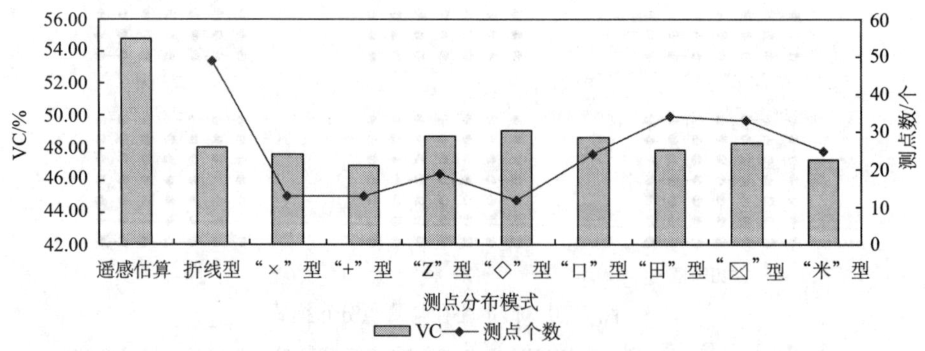

图 3-12 不同测点分布模式下的 VC 观测值和测点数量

Fig. 3-12 Observed VC and numbers of survey points under different patterns

由图 3-12 可以看出，“◇”型、“口”型和“Z”型观测行走路径与测点分布模式下，植被覆盖度观测值最接近 V_0，分别为 49.08%、48.62%和 48.76%。“◇”型的观

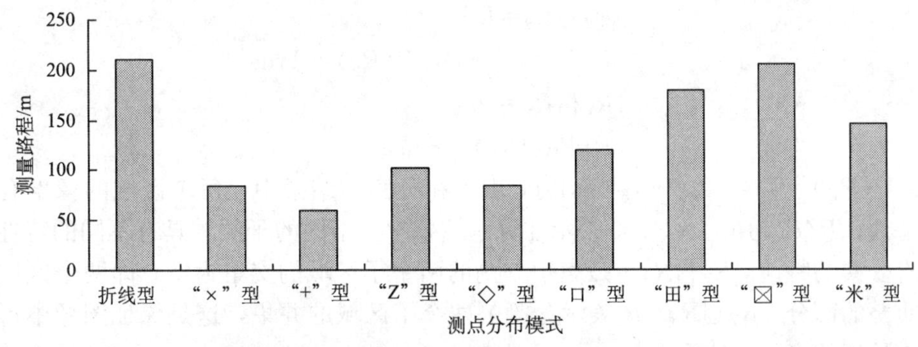

图 3-13　不同测点分布模式下的测量路径里程

Fig. 3-13　Length of measure roads under different dots distribution measure pattern

测精度最高，且测点数量最少，为12个；“Z”型为19个；“口”型为24个。由图3-13可知，虽然“＋”型的行走路径最短，为60m，但测量精度最低。“×”型和“◇”型行走路径略长于“＋”型，为84.84m，但“×”型的观测精度较“◇”型差。故综合比较发现，“◇”型是满足最大观测精度与最少行走路径的高效地面实测方案。

综上所述，观测点密度不同导致测量精度略有差异。测点密度越大植被覆盖度观测精度越高。实测样方的大小对区域植被覆盖度估测精度有很大影响。在地面做大样方，适当增大观测点间距，在一定程度上可以克服由于地面测量和遥感测量之间发生空间错位而产生的影响，有利于提高测算精度。测点分布模式不同导致测量结果差异明显。折线型、“×”型、“＋”型、“Z”型、“◇”型、“口”型、“田”型、“米”型和“☒”型的测量结果比较表明，“◇”型、“Z”型和“口”型的测量值最接近参考值。“◇”型所需测点最少，行走里程最短，“Z”型次之。故在实际测量时采用“◇”方案，可满足最大精确度与最小工作量的高效要求，“Z”型方案次之。

研究成果对在榆阳典型区制定野外观测样方大小、观测点密度与分布，提高地表实测精度与效率具有指导意义。但本研究的结论是基于TM影像像元尺度样方大小进行实地观测得出的，对其他空间分辨率遥感影像和观测样方的适用性还需要进一步验证。

4. 数码像片植被覆盖度测算方法

构建了基于实验阈值的图像全局阈值分割方法、基于像元的递归搜索算法和面向对象的数码像片植被识别方法；选择高、中、低植被覆盖度数码相片，应用上述方法进行图像分割、识别植被并估算覆盖度的实验，评价其精度与效率；最后给出了应用基于像元与面向对象方法进行数码像片植被识别与覆盖度计算的一般方法。

1) 基于阈值的图像分割方法

A. 图像分割原理

图像分割是区分影像中植被与背景的一个关键步骤。其基本原理如下：

令集合 R 代表整个图像区域，R_V 代表植被覆盖区域，R_S 代表无植被覆盖(背景区域)。对 R 的图像分割可以看做是将 R 分成两个满足以下条件的非空子集 R_V 和 R_S：

$$R_V \cup R_S = R$$
$$P(R_V) = \text{True},\ P(R_S) = \text{True}$$
$$R_V \cap R_S = \varnothing$$
$$P(R_V \cup R_S) = \text{False}$$

式中，$P(R_V)=\text{True}$ 和 $P(R_S)=\text{True}$ 表示在分割的结果中，每个区域的像素有着相同的特性；$P(R_V \cup R_S)=\text{False}$ 表示在分割结果中，不同的子区域具有不同的特性，它们没有公共的特性；$R_V \cap R_S=\varnothing$ 表示分割的两个子区域的交集为空，即两个区域不可能有重叠的部分；$R_V \cup R_S=R$ 表示分割的两个子区域的并集，这是保证图像中每个像素都被处理的充分条件。

B. 基于实验阈值的图像全局阈值分割方法

如何确定一个合适的阈值，使之能够对图像进行正确、方便的分割，是图像分割的关键。由于图像数据的模糊和噪声的干扰，图像分割仍然是一个比较困难的问题，尤其是阈值的确定。这里采用基于平均灰度阈值和实验合适阈值的全局阈值分割法，在给定平均灰度阈值的先验特征的基础上，通过逐一的阈值实验，最终找到一个最佳的分割阈值(Rafael et al.，2002)。具体实现可分为三步。

第一，确定平均阈值。

计算整幅图像的平均灰度值 T，并将其确定为建议的自动阈值。$\forall x_i$，$i=1, 2, \cdots, N$(N 为整幅图像的像素值)；x_i 为整个图像区域集 R 中的任意一个像素值，则

$$T = \frac{x_1 + x_2 + \cdots + x_N}{N} \tag{3-4}$$

第二，确定实验阈值。

在已知平均灰度阈值 T 的基础上，通过实验上下调试阈值，找到一个基本上能够将植被与背景分开的实验阈值 T'。

第三，进行图像分割。

对 $\forall x_i$，$i=1, 2, \cdots, N$，将 x_i 与上述实验阈值 T' 进行比较，若 $x_i > T'$，则 $x_i \in R_V$，并将 x_i 的灰度值设为 0；否则 $x_i \in R_S$，并将 x_i 的灰度值设为 255。这样，T' 将整个图像区域集 R 初步分割成了植被覆盖区域集 R_V 和非植被区域集 R_S，形成了典型的像元二分模型(Ewing and Horton，1999；Richardson et al.，2001)。

2）面向对象的植被识别方法

图像分割的结果，即像元二分模型大致区分出了植被与非植被区域，但在 x_i 与阈值 T' 比较时，非植被区域中某些零散的噪声点或面积较小的区域易被错分为植被区域，从而影响植被识别和估算精度。而图像分割后的植被区域并无规则的轮廓形状特征，无法利用传统的 Canny 边缘算子(Rafael，2002)等方法通过形状信息有效地进行植被识别。由于分割后的像元二分模型中植被是局部连续分布的对象目标，可以先将其局部对象化、去除噪声，再进行植被识别。

面向对象方法在人脸识别中有比较成功的应用(Richardson et al.，2001)。国外已有两种先进的软件 Feature Analyst 和 eCognition，采用面向对象方法对图像分割、分

类并进行信息提取(牛春盈等，2007)。张秀英等(2007)人在对 IKONOS 影像城市植被信息提取时，也使用了基于面向对象的方法，她首先利用 NDVI 和光谱特征对图像分割，然后采用面向对象方法对城市植被进行分类。已有的这些成果为我们这里的像元和面向对象的植被识别方法提供了基础和依据。

A. 基于像元的递归搜索算法

设定一整型变量 n 用来标记已搜索过的不同局部连续对象，初始值设为 1，每一次像素点 x_i 递归结束，n 值加 1；再设定一整型数组 pal[n]，用于放置不同对象的面积大小即对象包括像素值的数目，初始值全设为 0。则算法描述如下：

第一，扫描分割后的整幅灰度图像区域集 R 中的像素 x_i($i=1, 2, \cdots, N$)，若 $x_i \notin R_V$，则转入第一步继续扫描下一个像素 x_{i+1} 直至将整幅图像扫描完毕；若 $x_i \in R_V$，将该像素值设为 n，若 $n>254$，则设置为 n 除以 254 取余(图像灰度值范围为 0～255，而 0 和 255 两个值已分别表示植被和非植被)，并将 pal[n]的值加 1，转入第二步搜索其上邻域像素 x_{iup}。

第二，若 $x_{\text{iup}} \notin R_V$，则转入第三步搜索 x_i 的下邻域像素 x_{idown}；若 $x_{\text{iup}} \in R_V$，将该像素值设为 n，若 n 大于 254，则设置为 n 除以 254 取余，并将 pal[n]的值加 1，转入第二步继续搜索其上邻域像素。

第三，若 $x_{\text{idown}} \notin R_V$，则转入第四步搜索 x_i 的左邻域像素 x_{ileft}；若 $x_{\text{idown}} \in R_V$，将该像素值设为 n，若 n 大于 254，则设置为 n 除以 254 取余，并将 pal[n]的值加 1，转入第二步继续搜索其上邻域像素。

第四，若 $x_{\text{ileft}} \notin R_V$，则转入第五步搜索 x_i 的右邻域像素 x_{iright}；若 $x_{\text{ileft}} \in R_V$，将该像素值设为 n，若 n 大于 254，则设置为 n 除以 254 取余，并将 pal[n]的值加 1，转入第二步继续搜索其上邻域像素。

第五，若 $x_{\text{iright}} \notin R_V$，退出 x_i 的递归循环；若 $x_{\text{iright}} \in R_V$，将该像素值设为 n，若 n 大于 254，则设置为 n 除以 254 取余，并将 pal[n]的值加 1，转入第二步继续搜索其上邻域像素。

B. 面向对象的植被识别方法

对分割后的整幅图像递归遍历搜索完毕，R_V 中的像素形成了有 n 个对象元素组成的数组 pal[n]。我们可以基于这些连续的局部对象进行植被识别。

设定一个表示像素个数的面积阈值 Area，该阈值以较小为宜(可以通过实验选取合适的阈值)，因为噪声多是背景上大于分割阈值的非植被区域的噪声点，这些点多为孤立的点或面积较小的区域对象。对于覆盖度高于 95%的照片，Area 的值可以设为 0，因为这种情况下整张照片几乎都是植被信息，不存在背景信息造成的噪声影响。而中低覆盖度的照片可以将 Area 值取在 0～50，如果取值过大，会将一些植被信息也作为噪声去除，同样影响覆盖度估算的精度。Area 可以通过反复实验来提高其适用性。

第一，将每一个 pal[n]与 Area 比较。若 pal[n]<Area，将 pal[n]的值设为 0，视该对象为噪声。

第二，判断 pal[n]的值是否为 0。若为 0，将 pal[n]对象中的所有像素值 x_i 设为 255，并将其归类为植被识别后的非植被区域集 R'_S；否则，将 pal[n]对象中的所有像

素值 x_i 设为 0，并将其归类为植被识别后的植被区域集 R'_V。

第三，面向对象植被识别后，整张照片区域集 R 重新被分为植被区域 R'_V 和非植被区域 R'_S，我们可以通过计算 R'_V 占整幅图像集 R 的比例来估算植被覆盖度

$$C_V = \frac{R'_V}{R} \times 100\% \tag{3-5}$$

3）植被覆盖度测算精度检验

基于上述方法与算法，在 Microsoft Visual C＋＋ V6.0 环境下，编制了数码像片植被覆盖度测算系统软件 DPVC①。该系统有 4 个主要模块组成：阈值分割、边缘裁剪、植被识别和面积估算。系统界面如图 3-14 所示。

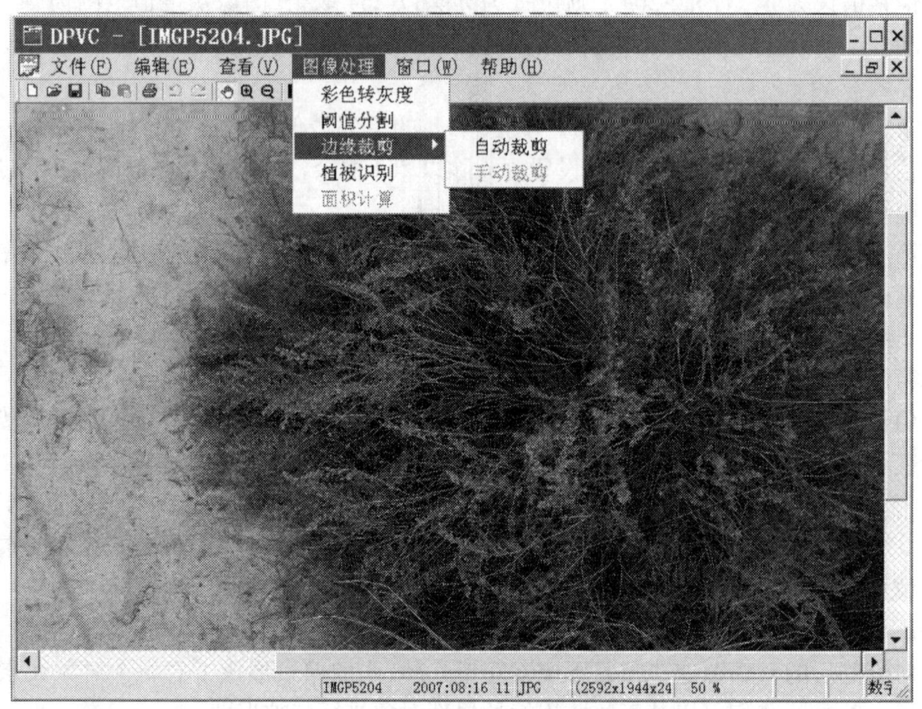

图 3-14 DPVC 系统界面

Fig. 3-14 User interface of DPVC system

应用 DPVC 对植被冠层照片进行植被识别和盖度估算的实验，并就植被识别精度和效率与目视估测法进行对比分析。

A. 图像分割实验与结果分析

选取高、中、低 3 种类型覆盖度的照片进行实验，应用平均灰度阈值和实验阈值分别对图像进行分割。3 组实验结果如图 3-15 所示。第一组为高植被覆盖度照片，由于叶片密

① 王静爱，岳耀杰，史培军，等. 数码像片植被覆盖度测算系统软件(digital photo processing system for detecting vegetation coverage rate，DPVC). 软件登记号：2008SR03855.

集，照片受反光影响较大，平均阈值分割结果显示有大面积反光区存在，而实验阈值调节的幅度比较大，由86调为185，结果显示实验阈值能有效减少高植被覆盖度叶片的反光效应，提高植被识别精度。第二组为中等覆盖度的照片，由于植被比较分散，选取了其中一个小区域对分割结果进行比较，结果表明3张照片中植被覆盖区域1的大小均为0.55cm×0.65cm，两种照片分割方法得到的植被覆盖面积基本相当。第三组照片植被覆盖度低且分布比较集中，将3块植被分布集中的区域分别标识出来进行比较，见表3-3。

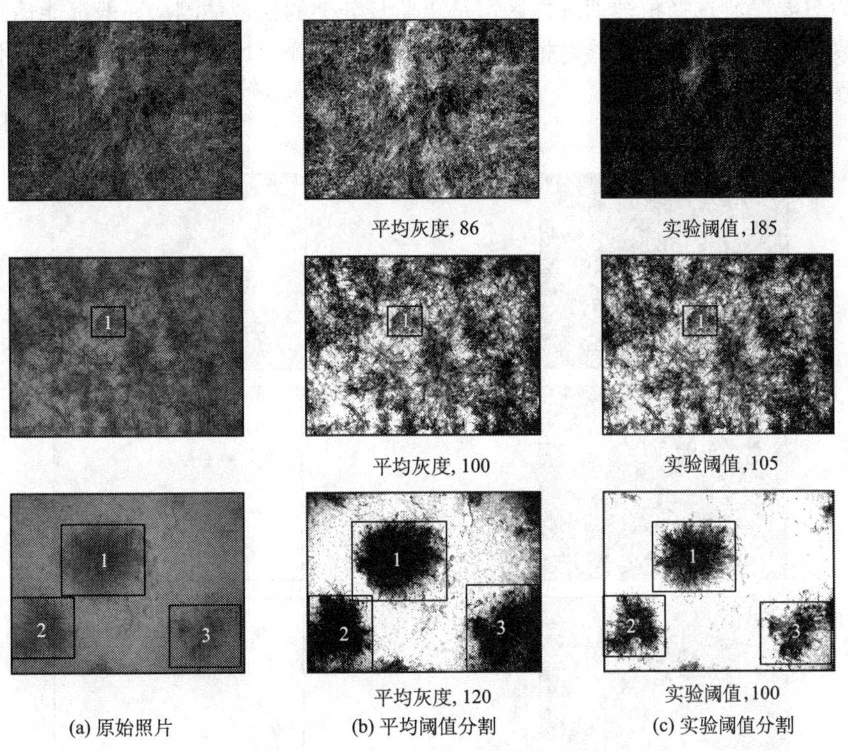

图3-15　3种植被覆盖度数码照片图像分割效果对比

Fig. 3-15　Image segmentation with high, medium and low vegetation coverage using different methods

表3-3　两种分割方法结果比较

Tab. 3-3　Regional segmentation comparison of the three group photos using two different methods

像片区域	面积/cm²			绝对误差		相对误差/%	
	原始照片	平均阈值	实验阈值	平均阈值	实验阈值	平均阈值	实验阈值
1	2.1	2.63	2.07	0.53	−0.03	25.24	−1.43
2	1.35	1.72	1.35	0.37	0	27.41	0
3	1.55	2.21	1.55	0.66	0	42.58	0

从表3-3明显可以看出，实验阈值分割的结果更接近于实际的照片信息。实验对比分析结果表明，采用实验阈值进行图像分割的效果要比平均阈值好，为后续更精确地进

行植被识别和覆盖度估算奠定了基础。

B. 植被识别实验与结果分析

选取高、中、低 3 种植被覆盖度类型的照片，应用目视估测法、非面向对象方法和面向对象方法进行植被识别实验，评价上述方法植被识别的精度与效率。目视估测法是在 ERDAS IMAGINE8. 5 平台辅助下，基于监督分类方法，通过选取植被训练样区进行自动识别完成的。由于进行植被识别的数码照片所包含的图像信息单一，覆盖面积不大，所以只要精心选择植被训练样区，基于监督分类的目视估测法一般都能达到极高的植被识别精度。因此，本实验对植被识别精度与效率评价均以目视估测法为参照。实验结果见图3-16和表 3-4。

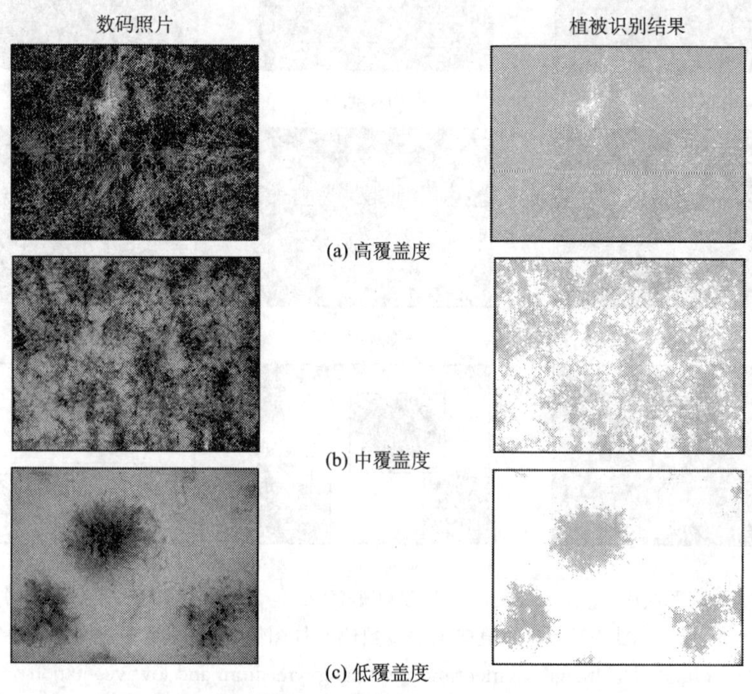

图 3-16 面向对象方法对不同植被覆盖度照片识别结果

Fig. 3-16 Vegetation identification results of three type vegetation cover photos by object-oriented method

表 3-4 3 种方法精度与用时对比

Tab. 3-4 Accuracy and time-consuming with different vegetation identification methods

像片名称	目估法		采用面向对象方法		不采用面向对象方法	
	植被覆盖度/%	耗时/h	植被覆盖度/%	耗时/h	植被覆盖度/%	耗时/h
IMGP3863	95.00	0.50	95.05	0.52	94.98	0.54
IMGP3868	95.00	0.30	94.95	0.52	94.91	0.54
IMGP3837	93.00	0.25	93.55	0.52	93.50	0.55
IMGP3160	50.00	2.00	52.82	0.52	49.99	0.55
IMGP3196	52.00	2.50	54.08	0.52	51.91	0.55

续表

像片名称	目估法		采用面向对象方法		不采用面向对象方法	
	植被覆盖度/%	耗时/h	植被覆盖度/%	耗时/h	植被覆盖度/%	耗时/h
IMGP4846	53.00	2.00	55.27	0.52	52.82	0.54
IMGP4153	25.00	2.50	27.68	0.52	24.45	0.54
IMGP3812	20.00	0.20	18.05	0.52	17.00	0.55
IMGP4401	2.00	3.00	1.56	0.52	1.35	0.53

评价了 3 种方法在植被识别精度与效率上的差异(图 3-17)。结果表明，就植被识别精度来看，面向对象方法与目视估测法有较高的一致性($r^2=0.999$)，拟合方程斜率为 0.999，截距为 0.1098 趋近于 0。相关系数、斜率和截距表明，面向对象方法的植被识别精度与基于监督分类的目估法几近 1∶1 的相符。而不采用面向对象的方法尽管也可以达到较高的植被识别精度，但要逊于面向对象方法。从植被识别的效率来看，面向对象方法进行植被识别和盖度估算，每幅像片整个处理流程完成平均所用时间不到 1min，而基于监督分类的目视估测法尽管在 ERDAS IMAGINE 平台辅助下进行，但由于需要选择植被识别的训练样区，每幅照片大约需要几十分钟甚至几个小时(表 3-4)。由此可见，与目视估测法相比，面向对象方法不仅提高了识别精度，而且可显著减少人工的干预，提高了自动识别效率。

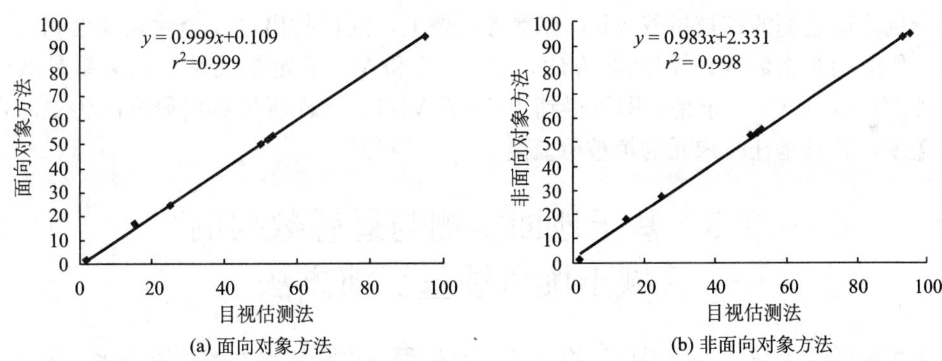

图 3-17　三种方法植被识别精度关系

Fig. 3-17　Vegetation coverage by visual estimation against object-oriented and non-object-oriented methods

基于以上实验，证明 DPVC 可以较好地处理数码像片，得到植被覆盖度。DPVC 处理数码像片获得样方植被覆盖度的流程是：首先，将真彩色照片二值化，以区分植被与非植被；其次，求得单张照片植被覆盖度；再次，对每个测量点和样方的照片植被覆盖度进行算术平均；最后，求得各测量点和样方植被覆盖度。

为了保证数码像片植被覆盖度的测算精度，在解译前，首先让两人接受 DPVC 使用训练，获得研究区植被覆盖的先验知识；然后再分别解译所获像片，在两人解译结果相对误差小于 5%的情况下，以两人解译结果的算术平均作为最终植被覆盖度。

3.2.3 区域植被覆盖度测算建模方法

应用植被指数与观测样方植被覆盖度的回归经验模型测算区域植被覆盖度。植被指数选择应用最广的 NDVI(Rouse et al.，1973)。NDVI 对植被覆盖的检测幅度较宽，有较好的时相和空间适应性，其计算模型如式下

$$\mathrm{NDVI}=\frac{\rho_{\mathrm{NIR}}-\rho_R}{\rho_{\mathrm{NIR}}+\rho_R} \tag{3-6}$$

式中，ρ_{NIR}为近红外波段反射率；ρ_R 为红光波段反射率。

在 ArcGIS 支持下，把测量点植被覆盖度赋予 GPS 点位，与 NDVI 通过空间叠加建立关系数据库，然后采用最小二乘法进行多项式回归，从而建立植被覆盖度测算经验模型。模型采用三次多项式函数，形式如下：

$$\mathrm{VC}=a+b\mathrm{NDVI}+c\mathrm{NDVI}^2+d\mathrm{NDVI}^3 \tag{3-7}$$

式中，a、b、c、d 为拟和系数；NDVI 由式(3-6)算得。

通过实测数据与 NDVI 建立的经验模型对历史遥感数据无反演能力，但同一传感器在大致相似的大气与地面状况下所获得的遥感数据，根据同一模型得到的植被指数具有可比性。因此，把当前影像反演结果作为参考图像，根据参考影像与历史影像之间植被指数的相关分析，就可以得到历史影像的植被覆盖度。具体做法是：对于任一时期的影像，可在该影像上找出清而深的水体、最密的植被、干燥的裸地 3 个代表性的特殊地物，分别算出它们的植被指数 VI_1；在参考图像上，同样找出这 3 个代表性地物，分别算出它们的植被指数 VI；用回归方法，建立 VI 和 VI_1 的定量关系。此关系是线性关系，即 $\mathrm{VI}=a+b\mathrm{VI}_1$。于是，即可得到 $\mathrm{VC}=f(\mathrm{VI}_1)$。这样可估算出研究区历史时期植被覆盖度，并且是任一像元的植被覆盖度。

3.3 基于地面实测与遥感数据的区域土壤风蚀量反演方法

土壤风蚀是干旱、半干旱区沙漠化的首要过程，也是导致沙区环境恶化、风沙灾害频繁、降低区域生态安全和威胁人居环境安全的主要致灾过程。因此，减轻土壤风蚀是沙区生态安全条件下的土地利用结构与格局优化的一个重要目标。对不同土地利用的风蚀强度进行测量和评估是实现这一目标的重要依据。唯有弄清楚风沙输移规律，才有可能采取合理的减轻土壤风蚀土地调整措施，阻止沙化土地的扩张，保障生态安全(Lancaster，1995；Sherman et al.，1998)。

借鉴前人土壤风蚀实测、估算与建模研究成果，提出基于地表实测与遥感的区域土壤风蚀定量反演方法。基本设想是：①通过一个完整风蚀时间序列(比如 1 年)的不同土地利用/覆盖类型上土壤风蚀实地观测，建立风蚀影响因子与风蚀强度的定量关系并计算不同下垫面风蚀量；②通过照相法实测样方植被覆盖度，结合遥感数据在宏观尺度上对植被覆盖的表现能力，测算区域植被覆盖度，建立不同下垫面风蚀强度与植被覆盖度的定量关系，构建区域土壤风蚀量估算模型；③运用 GIS 在空间数据方面的支持与强

大的空间分析功能，实现由点及面的土壤风蚀定量估算。这方面的研究可为建立"3S"(RS，GIS 和 GPS)支持下的土壤风蚀估算系统提供支持，为减轻土壤风蚀的土地利用结构与格局优化提供重要支撑。其研究框架如图 3-18 所示。

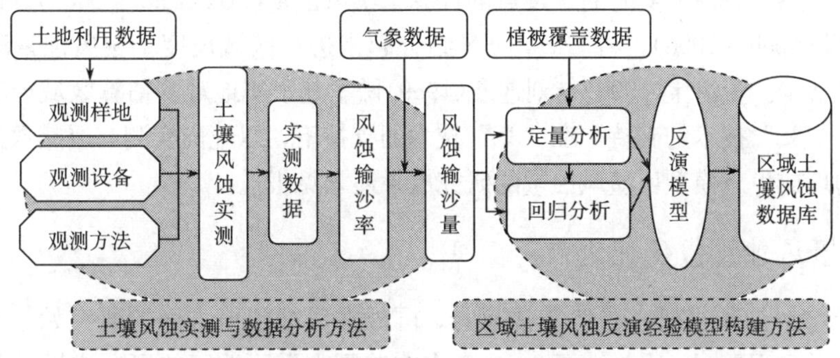

图 3-18　基于地面实测与遥感的区域土壤风蚀量反演方法研究框架

Fig. 3-18　Research framework of regional soil wind-erosion retrieval method via field survey and remote sensing

3.3.1　土壤风蚀测量与预报方法综述

1. 土壤风蚀测量方法综述

对风蚀量的测量与估算一直是土壤风蚀研究的重点和中心内容(Toy et al.，2002；胡云锋等，2003；Stroosnijder，2005)。目前主要方法有野外风沙测量(Stroosnijder，2005；Zobeck et al.，2003)、风洞实验(Stroosnijder，2005)、^{137}Cs 同位素技术(Stroosnijder，2005；Sutherland et al.，1991；Chappell，1996；Chappell，1998)和风蚀模型评价(Woodruff and Siddoway，1965；Cole et al.，1983；Hagen，1991；Hagen et al.，1995；Shao et al.，1996；Lu and Shao，2001；Gregory et al.，2004)等。在国内，严平(2000)通过对^{137}Cs 剖面分布态势的分析，不仅探讨了不同土类的现代风蚀过程，而且根据^{137}Cs 模型计算出青藏高原风蚀地区的土壤风蚀速率。董治宝(1998)根据模拟实验与野外实地观测，以陕北六道沟为例建立了小流域风蚀流失量的经验估算模型，并以此模型估算了该小流域的风蚀量与风蚀模数。刘连友(1999)根据山西、陕西和内蒙古接壤地区不同下垫面的实测输沙率和风力特性因子，确定了输沙通量，结合对边界下垫面类型的遥感解译、量测，计算了蚀积量和蚀积强度。但上述方法要么局限于田块尺度，不能满足对大尺度区域快速的风蚀估算和预报要求；要么缺少野外风沙实测支持，测量结果仍停留在定性或半定量的阶段；或者没有应用"3S"(RS、GIS、GPS)技术与数据，不能实现动态测量与快速更新。

"3S"在区域尺度的风蚀研究中有着显著优势，且越来越受到重视。应用 RS 进行风蚀源区调查(Drake，1997)、风蚀评价(Gabor and Jozsef，1998；Shi et al.，2007)，风蚀量测算(Chappell，1998)、风蚀沙尘运移监测(延昊等，2002；郑新江等，2001；熊利亚等，2002)和风蚀影响因子调查(张国平等，2001；MacKinnona et al.，2004)的研究较多。GIS

则主要应用于风蚀评价(Gabor and Jozsef，1998；Shi et al.，2007)和风蚀预报(Chappell，1998；Shao et al.，1996；Lu and Shao，2001)。目前，美国农业部的专家正在对风蚀预报系统(wind erosion prediction system，WEPS)模型进行改进，以期最终实现在GIS和RS支持下，运用遥感生态模型实时的、逐点的计算土壤风蚀量(Fox et al.，2001)。但是，除个别案例外(Chappell，1998)，将GIS与RS结合起来进行区域尺度土壤风蚀量测量与估算的研究还非常少。董治宝(1998)与刘连友(1999)做了基于实地观测估算区域土壤风蚀的尝试，但缺乏“3S”技术的支持。在“3S”技术的支持下，以地面实测与遥感数据为输入因子，构建物理或生态模型反演风蚀量的研究成果还未见报道。

2. 土壤风蚀预报研究进展

我国土壤风蚀预报研究仍然非常薄弱。国外在风蚀预报方面的研究始于20世纪60年代。Chepil和Woodruff总结了20余年来在美国大平原地区的研究成果，并在此基础上建立了世界上第一个通用风蚀方程(wind erosion equation，WEQ)(Chepil，1955；Woodruff and Siddoway，1965)。在WEQ模型提出之后，针对模型弊端进行了改进，不同研究者从自身的视角也构建了其他一些土壤风蚀预报模型和预测系统。表3-5列出了几个知名的模型，并分析了它们的特点。

表3-5 主要风蚀预报模型的特征

Tab. 3-5 Characters of some popular wind erosion prediction models

模 型	空间尺度	时间尺度	主要参数	原 理	结 果	文 献
TEAM	P+F	E	风速、土壤湿度、大气湿度、防护林、地表覆盖	基于过程	风蚀量、风沙通量、风速廓线	Gregory et al.，2004
WEPS	F	D	气候、风速、土表粗糙度	基于过程	风蚀量、风沙通量、风速廓线	Coen et al.，2004；
WEQ/RWEQ	F	E+M+A	土表粗糙度、土垄、地表粗糙度、气候、田块长度、风速、植被覆盖度	基于过程	风蚀量、风沙通量、风速廓线	Van Pelt et al.，2004；Visser et al.，2005
WESS	F	E	风速、土表粗糙度、土垄高度	基于过程	风蚀量、风沙通量、风速廓线	Van Pelt et al.，2004
Et \ Ew \ Em	N+R	M+A	风速、降水量/蒸腾量(P-E)	气候气象记录	沙尘暴频率与强度	Burgess et al.，1989
DUSTRAN	P+F+R+N	E	沉积物、侵蚀面积、土壤侵蚀率	基于物源	风沙通量和风速廓线	Butler et al.，1996
LEI	P+F+R	M+A	风沙通量	基于指标指数	土地可蚀性指数	McTainsh et al.，1999
WEAM	R	A	气候、土壤类型、植被覆盖度	基于物理机制	风沙通量和风速廓线	Shao et al.，1994

续表

模　型	空间尺度	时间尺度	主要参数	原　理	结　果	文　献
IWEMS	F+R	E+M	气候、土壤状况、地表状况	基于物理机制	风沙通量和风速廓线	Lu and Shao，2001
AUSLEM	F+R+N	M	降水量、土壤湿度(+蒸腾量)、草(林)地面积、裸沙面积、表土壤质和黏质含量	基于物理机制和实测数据	景观类型的侵蚀危险度	Webb et al.，2006

注：改自 Webb et al.，2006；P 为样方；F 为田块；R 为区域；N 为国家；E 为事件；D 为每日；M 为每月；A 为每年。

WEQ 是第一个被用于估算田间年风蚀量的模型，这一模型的局限性也是客观存在的(董治宝等，1999)。TEAM、WEPS、WESS 和(R)WEQ 模型主要关注沙尘暴事件的定量模拟，如评价沙尘暴频率与强度的特征，IWEMS 也只是对已知沙尘源区特定沙尘事件的土壤风蚀情况进行评价(Shao et al.，1994；Lu and Shao，2001；Coen et al.，2004；Gregory et al.，2004；Vanpelt et al.，2004)。Webb 等(2006)指出 TEAM、WEPS、WESS 和(R)WEQ 模型从设计上不能用来评价不同景观土壤风蚀的危险性。如 WESS 模型一般来预测给定田块上一定长度范围内的土壤风蚀量；IWEMS 模型尽管能够有效预测区域沙尘释放量，但它不能表现土地类型的土壤风蚀程度。关于土地(利用)类型的风蚀量，Hupy(2004)在新墨西哥州进行过研究，他指出了表土质地和植被覆盖度对风蚀量的影响，揭示了土壤风蚀量(给定风速下的沙尘释放量)与土地表面状况的关系。Webb 等(2006)则应用 AUSLEM 模型不同景观类型的土壤风蚀，提供了土地利用变化情况下对景观土壤风蚀评价的方法。数据精度始终是困扰模型精度的重要问题，然后是模型参数缺少实地观测数据的支持和对风蚀物理过程的理解(Lu and Shao，2001；Webb et al.，2006)。总体来看，这些模型首先是缺少高精度空间数据和动态更新的能力，抹杀了地表植被覆盖度空间差异对土壤风蚀的影响；其次是缺少实地观测数据的支持，缺少对土壤质地与可蚀性土粒的分析，因而定量估算区域土壤风蚀量依据不足；最后，这些模型主要是针对沙尘事件，很少考虑区域土地利用的风蚀状况。值得一提的是，这些模型均没有使用 RS 数据提供植被覆盖度等参数。

综合以上土壤风蚀测量方法和预报模型可知，传统的土壤风蚀田间测量和风洞实验，由于缺乏空间背景数据和空间数据分析工具支持，不能满足对区域快速的风蚀估算和预报要求。但在“3S”的支持下，基于田块尺度的土壤风蚀测量，结合下垫面特征，在空间数据与空间分析的支持下，实现空间尺度的转换，进而进行区域土壤风蚀的估算是可能的。特别是地面风蚀和地表植被实测数据的加入，弥补了应用模型预测风蚀量的不足。这正是本书提出基于地表实测与遥感数据的区域土壤风蚀定量反演方法的出发点。

3.3.2　土壤风蚀量地面实测方法

1. 设备与资料

主要设备包括：AVM-07 型自记式风速仪、直立式集沙仪、电子天平、泰雷兹 Mobile Mapper 亚米级差分 GPS 接收机、宾得 A20 数码相机和多功能野外风沙灾害测量仪器集成平台，设备功能指标见表 3-6。研究使用的资料包括气象站每天 4 个整点的风速数据和 TM 影像。

表 3-6　观测设备及功能指标

Tab. 3-6　Equipments and their function indexes

设备名称	用途与功能指标
AVM07 温度风速风量计	用途：测量 2m 高度风速 规格：风扇尺寸 66mm×132mm×29.2mm；测量范围 0.0～45.0，单位 m/s；分辨率 0.1m/s，准确性±3%
直立式积沙仪	用途：测量 60cm 高度气流层内输沙量 规格：2cm×30cm
希格玛电子天平	用途：用于风蚀测量样品称重 规格：0.01g
泰雷兹 Mobile Mapper GPS 接收机	用途：测量土壤风蚀观测点的空间位置
宾得 A20 数码相机	用途：植被覆盖度数码照相测量
多功能野外测量仪器集成支架平台	用途：用于风蚀实测、植被实测与 GPS 定位仪器载体 规格：包括支架杆体和仪器固定架，仪器固定架用来固定风速仪、GPS 天线以及数码相机

2. 观测场选择方法

基于三个原则确定土壤风蚀的观测场：一是处于被保护对象的上风向边缘地带；二是土地利用格局能反映区域特征，其自然条件与社会经济条件能反映当地的一般特点；三是土地利用类型齐全且交通方便。从样地的选择来看，第一，要求不同土地利用类型间的距离不宜过大，以利于比较观测与设备安装移动；第二，不同土地利用分布的地貌能反映当地特点；第三，应避免高大建筑与显著目标的影响；第四，观测场地要开阔；第五，土地利用类型应该尽量区分不同处理方式(如耕地是否留茬，翻耕；草地与灌木林地要选择当地建群种等)。

3. 风蚀地面实测方法

风蚀地面实测依据已有成果(Zobeck et al.，2003)和相关标准(水利部，2006)实施。进行观测时，风速仪架设高度为 2m，每分钟记录 1 次平均风速；集沙仪竖直置于样地中央，开口朝向风沙流主方向；当风速持续超过沙粒起动风速并产生稳定风沙流后，开始采集风蚀样品；观测时间一般为 5～10 min，视风沙流强度而定。进行地面实测时，详细记录下垫面状况，并用 GPS 记录观测点位置，用于下垫面与遥感影像特征的比对。野外观测表明：当 2m 高度风速达到 4 m/s 时，流动沙丘和裸露农田表面即可起沙，随着植被的增加，半固定沙丘表面起沙风速增至 6 m/s，而固定沙丘提高到 10 m/s 以上，当植被覆盖度增至 60%及以上时，风蚀较少发生。所以，地面实测样地选择裸露程度较高的土地利用类型，如耕地(裸露农田)、灌木林地和中覆盖度草地(半固定沙丘)、低覆盖度草地(半流动沙丘)和未利用地(流动沙丘)等。

4. 实测数据分析方法

野外观测数据分析的结果是构建区域土壤风蚀反演模型的重要依据。数据分析的内容包括观测数据分析和气象数据整理，具体有输沙率计算、平均输沙率公式拟合、输沙量与输沙通量计算。

输沙率(q)是风对沙输送能力大小的度量，是气流在单位时间内通过单位宽度或面积所搬运的沙量，也称风沙流固体流量(吴正，1987)。任一风速下输沙率可按下式计算。

$$q = \frac{s}{w \times t} \tag{3-8}$$

式中，s 为收集到的沙尘样品重量；w 为直立式集沙仪的进沙口宽度；t 为采样时间。

把观测的输沙率(q)与对应风速(u)进行回归分析，可拟合出平均输沙率经验公式，用于对输沙量的计算。为了将野外观测的 2 m 高度风速(u_2)与气象站的自记风速(风标高度为 10 m 的风速，u_{10})进行对照，两者依关系式：$u_2 = 0.77u_{10}$ 进行换算(刘连友，1999)。这样，输沙率转为风速的函数

$$q_i = f(u_{10}) \tag{3-9}$$

式中，q_i 为某下垫面在某一风速下的输沙率；u_{10} 为气象站 10m 标高自记风速。

输沙量(Q)是某风向起沙风 1 年通过单位宽度下垫面输移沙物质数量，输沙通量($\sum Q$)则是所有风向起沙风通过单位宽度下垫面输沙量的总和(吴正，1987)。根据研究，在构成起沙风的诸多因子中，风力和持续时间直接影响输沙量，起沙风向则决定着输沙方向(刘连友，1999)。以此确定了起沙风的 3 个特性参数，即起沙风力、持续时间和风向。根据这 3 个特性参数，用式(3-10)计算任一下垫面某风向起沙风的输沙量(刘连友，1999)

$$Q_i = \sum q_i \times T_i \tag{3-10}$$

式中：q_i 为某下垫面在某一风速下的输沙率，受风速和下垫面制约；T_i 为不同风力起沙风的持续时间，可通过整理当地气象站的自记风速资料获得。将各个风向输沙量通过矢量算法求和，即可得到任一下垫面的输沙通量，算法表达式如下

$$\sum Q = \sum (Q_i \times \sin\theta) \tag{3-11}$$

式中，Q_i 为某风向起沙风的输沙量；θ 为起沙风风向角度。

3.3.3 区域土壤风蚀量反演建模方法

提出基于植被覆盖度与输沙通量的定量关系，通过回归分析方法，建立区域土壤风蚀定量估算模型的思路与方法。理论上，将土壤风蚀观测点输沙通量与对应像元 NDVI 进行回归分析，就能建立二者的关系模型。但问题在于：①输沙通量是某种下垫面的风蚀输沙强度，是一定植被覆盖度影响下风蚀强度的平均状态，对应像元 NDVI 只能代表观测点植被覆盖状态；②输沙通量是一定田块尺度上的风蚀输沙强度(Zobeck et al.，2003；水利部，2006)，最小的观测样地也要涵盖若干个像元的空间范围，所以输沙通量与对应像元 NDVI 在空间上也不具可比性。因此，无论是理论上还是操作中，利用输沙通量与对应像元 NDVI 进行回归分析建立土壤风蚀估算模型均不可实行。

植被覆盖度与输沙通量(输沙量)之间的定量关系一直是风沙动力学研究的热点(黄富祥等，2001)。实测表明，从固定、半固定、半流动到流动的沙质地表，固定程度每降低一级，输沙率在同等风力条件下大致增加 1～2 个数量级(刘连友，1999)。还有学者通过风洞实验、野外观测研究证明风蚀输沙率随植被覆盖度的减少呈指数增加(董治宝等，1996a；郭雨华等，2006)。在定量模型方面，Buckley(1987)利用风洞观测数据建立了植被覆盖度与风蚀输沙率之间的关系模型；Wasson 和 Nanninga(1986)则利用野外实地观测资料，建立了以二次指数函数刻画的植被覆盖率与风蚀输沙率关系模型。董治宝等(1996b)对植被覆盖度与输沙量之间的影响程度进行了定量划分：植被覆盖度大于 60%为轻度风蚀和无风蚀，20%～60%为中度风蚀，小于 20%为强烈风蚀。黄富祥等(2001)对不同风速下有效植被覆盖度的计算结果表明，要在 12 m/s 的大风下发生风蚀输沙，植被覆盖度必须达到 40%以上的水平，而要保证 20～25m/s 的极端强风下显著减少风蚀输沙量，植被覆盖度必须达到 60%～70%的水平。上述研究均表明，植被覆盖度与输沙率、输沙量及输沙通量之间存在定量关系。在已经获取不同下垫面输沙通量并测算区域植被覆盖度的条件下，利用回归分析方法建立两者的经验模型反演区域土壤风蚀量是可行的。

模型的关键是构建输沙通量与植被覆盖度的定量关系，以及厘定风蚀—堆积临界植被覆盖度。因不同下垫面对应的植被覆盖度变幅较大，采用其平均值代表该下垫面植被覆盖的状态，对应输沙通量由式(3-11)算得。根据前人研究，设定极端强风条件下输沙通量为 0 时的极限植被覆盖度为 75%(刘连友，1999；黄富祥等，2001；董治宝等，1996b；郭雨华等，2006；Buckley，1987；Wasson and Nanninga，1986)。这样就构建了植被覆盖度与输沙通量之间的关系(表 3-7)，应用回归分析方法，可建立区域土壤风蚀定量反演经验模型：

表 3-7 植被覆盖度与输沙通量定量关系

Tab. 3-7 Quantify relationship of vegetation coverage and sand flux

下垫面类型	植被覆盖度	平均植被覆盖度/%	输沙通量
固定沙丘	100%>VC≥50%	75.00	0
半固定沙丘	50%>VC≥21%	35.00	$\sum Q_1$
半流动沙丘	20%>VC≥5%	12.50	$\sum Q_2$
流动沙丘	5%>VC≥0	2.50	$\sum Q_3$

$$\sum Q_c = f(VC) \tag{3-12}$$

式中，$\sum Q_c$ 为某一像元输沙通量；VC 为该像元植被覆盖度，由式(3-7)算得式(3-12)中的重要参数均通过实地观测与遥感反演获取，既保证了可靠性，又具有宏观与动态优势。根据这一模型亦可反算出实际风蚀-堆积临界植被覆盖度，从而剔除植被覆盖度高值区域，提高风蚀定量反演精度。

土壤风蚀多发生于春季，此时耕地裸露，易于风蚀。而植被覆盖度测算一般选择植被旺盛期的遥感资料，耕地为高覆盖度农业植被。利用式(3-12)反演土壤风蚀，不能反映耕地的风蚀状况。这一问题的处理方法是，首先利用 RS 监督分类功能从 TM 影像中提取耕地像元，然后计算其输沙通量，最后利用 GIS 的挖除和叠加功能完成农业植被的剔除和耕地风蚀量的还原。因为提取的像元类型单一，所以可以高精度迅速地完成这一处理。当然，耕地发生风蚀与否，需要依据土壤类型等资料加以区分。同样，城镇、水域往往是风沙堆积与沙尘沉降区。虽然城镇用地和水域面积很小，但它们分布相对集中，对风蚀-堆积空间分布规律的影响明显，因此也要慎重对待。处理方法是利用监督分类功能从 TM 影像中提取城镇、水域像元，然后利用 GIS 的挖除功能将它们从影像中去除。

3.4　基于地类图斑与风蚀量的区域风蚀危险性评价方法

区域土地利用的风蚀危险性评价，是在 GIS 的支持下，或以土壤风蚀图斑为评价单元，或以土地利用类型图斑为评价单元，以土壤风蚀量为评价指标，依水利部 1996 年《土壤侵蚀强度分级标准》(表 3-8)为风蚀危险性分级标准进行的。

表 3-8　风蚀危险性分级标准

Tab. 3-8　Grade standard of wind erosion risk evaluation

风蚀危险性级别	床面形态(地表形态)	植被覆盖度/%	风蚀厚度/(mm/a)	侵蚀模数/[t/(km² · a)]
微度(1)	固定沙丘，沙地和滩地	>70	<2	<200
轻度(2)	固定沙丘，半固定沙丘，沙地	70～50	2～10	200～2 500
中度(3)	半固定沙丘，沙地	50～30	10～25	2 500～5 000
强度(4)	半固定沙丘，流动沙丘，沙地	30～10	25～50	5 000～8 000
极度(5)	流动沙丘，沙地	<10	20～100	8 000～15 000
剧烈(6)	大片流动沙丘	<10	>100	>15 000

评价过程如图 3-19 所示，主要分为两步：第一，依据风蚀危险性分级标准，在 GIS 的支持下把以侵蚀模数表达的区域土壤风蚀转换为以危险度表达的区域风蚀危险性(E)评价图；第二，将区域土地利用图(风蚀危险性图)与风蚀危险性图(土地利用图)进行叠加，构建土地利用风蚀危险性字段。

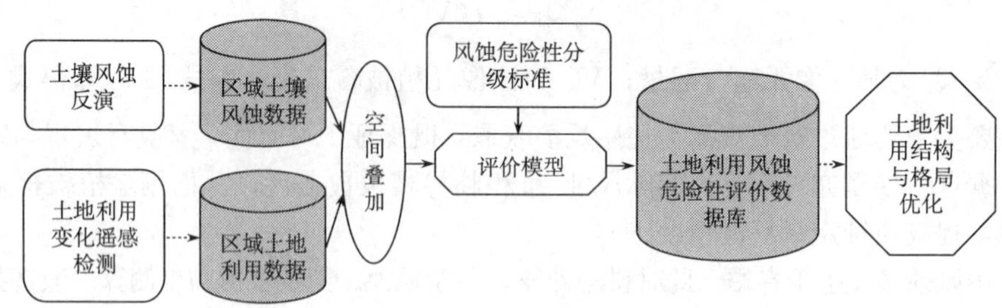

图 3-19 土地利用风蚀危险性评价流程

Fig. 3-19 Framework of land use wind erosion risk assessment

土地利用风蚀危险性计算模型如下

$$L_E = E \times 10 + L \tag{3-13}$$

或

$$L_E{}' = L \times 10 + E \tag{3-14}$$

式中，L_E 为以土地利用类型为评价单元的土地利用风蚀危险性，即最多为三位数字的代码，其个位代表土地利用类型，十位以上代表土壤风蚀危险度等级；E 为风蚀危险性编码；L 为土地利用类型编码；$L_E{}'$为以土壤风蚀图斑为评价单元的土地利用风蚀危险性。如 $L_E=13$ 为轻度风蚀危险的草地，$L_E=36$ 为强度风蚀危险的裸沙地，其他依此类推。基于以上评价步骤和模型，就可以得到区域土地利用风蚀危险性评价结果，并制图(图 3-20)。其中，图 3-20(a)和图 3-20(b)分别是以土地利用与风蚀危险性为底图的土地利用风蚀危险性叠加显示图。

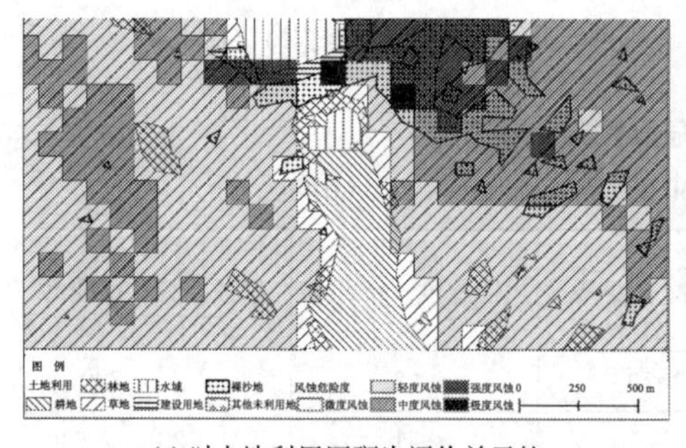

(a) 以土地利用图斑为评价单元的土地利用风蚀危险性

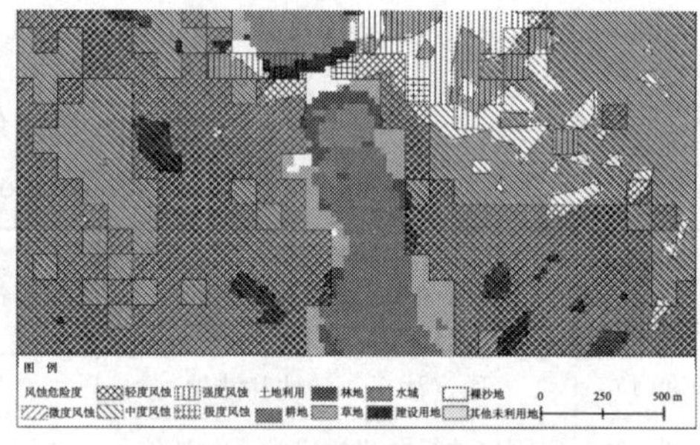

(b) 以土壤风蚀图斑为评价单元的土地利用风蚀危险性

图 3-20 土地利用风蚀危险性评价图(例图)

Fig. 3-20 Sample map of wind erosion risk assessment of land use

本 章 小 结

本章重点研究了地表实测与遥感技术相结合的沙区生态安全评价方法体系，取得如下进展：①构建了基于人机交互的生态不安全因子提取方法和区域生态安全综合评价模型；②提出了样方植被覆盖度高效测量方法，构建了基于像元和面向对象的像片解译方法和区域植被覆盖度估算建模方法，在以上研究成果基础上编制了数码像片植被覆盖度估算软件系统；③搭建了土壤风蚀实测样方选择、观测实施和数据分析的方法体系；提出了基于植被覆盖度与输沙通量的定量关系进行区域土壤风蚀量反演的思路，形成了风蚀反演建模的方法；④形成了土地利用风蚀危险性评价方法和评价制图方法。

区域生态安全评价方法与技术体系把多因子综合评价和单因子重点评价结合起来，把定性评价与定量评价结合起来，把实地观测与区域评价结合起来，有助于全面和有针对性的评价沙区生态安全状况；为沙区查清植被生态因子现状及变化，估算区域土地利用风蚀量和评价土地系统的生态安全状况提供有力支持，从而为生态安全条件下的土地利用结构与格局优化提供科学依据。

参考文献

曹新向，郭志永，雒海潮．2004．区域土地资源持续利用的生态安全研究．水土保持学报，18(2)：192-195.

曹新向．2006．旅游地生态安全评价模型及实证研究——基于生态足迹模型的分析．经济地理，26(6)：1062-1066.

陈浩，周金星，陆中臣，等．2003．荒漠化地区生态安全评价——以首都圈怀来县为例．水土保持学报，17(1)：58-62.

陈建军，张树文，陈静，等．2003．大庆市土地盐碱化遥感监测与动态分析．干旱区资源与环境，17(4)：101-107.

陈晋，陈云浩，何春阳，等．2001．基于土地覆盖分类的植被覆盖率估算亚像元模型与应用．遥感学报，5(6)：416-422.

陈渭南，董光荣，董治宝．1994．中国北方土壤风蚀问题研究进展与趋势．地球科学进展，9(5)：6-12.

董治宝，陈渭南，董光荣，等．1996a．植被对风沙土风蚀作用的影响．环境科学学报，16(4)：437-443.

董治宝，陈渭南，李振山，等．1996b．植被对土壤风蚀影响作用的实验研究．土壤侵蚀与水土保持学报，2(2)：1-8.

董治宝，高尚玉，董光荣．1999．土壤风蚀预报研究述评．中国沙漠，19(4)：312-317.

董治宝．1998．建立小流域风蚀量统计模型初探．水土保持通报，18(5)：55-62.

杜明义，武文波，郭达志．2002．多源地学信息在土地荒漠化遥感分类中的应用研究．中国图象图形学报，7(A)：740-743.

范一大，史培军，周俊华，等．2005．近50年来中国沙尘暴变化趋势分析．自然灾害学报，14(3)：22-28.

高吉喜，张向晖，姜昀．2007．流域生态安全评价关键问题研究．科学通报，52(增刊2)：216-224.

高清竹，许红梅，康慕谊，等．2006．黄河中游砒砂岩地区生态安全综合评价——以内蒙古长川流域为例．资源科学，28(2)：132-139.

高志海，李增元，魏怀东，等．2006．基于遥感的民勤绿洲植被覆盖变化定量监测．地理研究，25(4)：587-595.

顾祝军．2005．植被覆盖度的照相法测算及其与植被指数关系研究．南京师范大学硕士学位论文.

关元秀，刘高焕．2001．区域土壤盐渍化遥感监测研究综述．遥感技术与应用，16(1)：40-44.

郭雨华，赵廷宁，丁国栋，等．2006．灌木林盖度对风沙土风蚀作用的影响．水土保持研究，13(5)：245-251.

国家林业局．2005．中国荒漠化和沙化状况公报．北京：国家林业局.

胡云锋，刘纪远，庄大方．2003．土壤风力侵蚀研究现状与进展．地理科学进展，22(3)：288-295.

黄富祥，高琼．2001．毛乌素沙地不同防风材料降低风速效应的比较．水土保持学报，15(1)：27-30.

黄富祥，牛海山，王明星，等．2001．毛乌素沙地植被覆盖率与风蚀输沙率定量关系．地理学报，56(6)：700-710.

康相武，刘雪华，张爽，等．2007．北京西南地区区域生态安全评价．应用生态学报，18(12)：2846-2852.

刘广峰，吴波，范文义，等．2007．基于像元二分模型的沙漠化地区植被覆盖度提取——以毛乌素沙地为例．水土保持研究，14(2)：268-271.

刘连友．1999．区域风沙蚀积量和蚀积强度初步研究——以晋陕蒙接壤区为例．地理学报，54(1)：59-68

刘世梁，郭旭东，连纲，等. 2007. 黄土高原典型脆弱区生态安全多尺度评价. 应用生态学报，18(7)：1554-1559.
刘喜韬，鲍艳，胡振琪，等. 2007. 闭矿后矿区土地复垦生态安全评价研究. 农业工程学报，23(8)：102-106
刘勇，刘友兆，徐萍. 2004. 区域土地资源生态安全评价——以浙江省嘉兴市为例. 资源科学，26(3)：69-75.
卢金发，尤联元，陈浩，等. 2004. 内蒙古锡林浩特市生态安全评价与土地利用调整. 资源科学，26(2)：108-114.
马超飞，马建文，布和敖斯尔. 2001. USLE模型中植被覆盖因子的遥感数据定量估算. 水土保持通报，21(4)：6-9.
牛春盈，江万寿，黄先锋，等. 2007. 面向对象影像信息提取软件 Feature Analyst 和 eCognition 的分析与比较. 遥感信息，2：66-70.
乔锋，张克斌，张生英，等. 2006. 农牧交错区植被覆盖度动态变化遥感监测——以宁夏盐池为例. 干旱区研究，23(2)：283-288.
秦伟，朱清科，张学霞，等. 2006. 植被覆盖度及其测算方法研究进展. 西北农林科技大学学报(自然科学版)，34(9)：163-170.
任志远. 1997. 陕北黄土高原景观生态环境遥感评价模型研究. 陕西师范大学学报(自然科学版)，25(1)：97-102.
史德明，梁音. 2003. 我国脆弱生态环境的评估与保护. 水土保持学报，16(1)：6-10.
水利部. 2006. 水土保持监测设施通用技术条件(SL342-2006). 北京：中国水利水电出版社.
水利部. 1997. 土壤侵蚀分类分级标准(SL 190-1996). 北京：中国水利水电出版社.
王根绪，程国栋，钱鞠. 2003. 生态安全评价研究中的若干问题. 应用生态学报，14(9)：1551-1556.
王耕，王利，吴伟. 2007. 区域生态安全概念及评价体系的再认识. 生态学报，27(4)：1627-1637.
王宏昌，魏晶，姜萍，等. 2006. 辽西大凌河流域生态安全评价. 应用生态学报，17(12)：2426-2430.
王静爱，史培军，王平，等. 2006. 中国自然灾害时空格局. 北京：科学出版社.
王涛，吴薇，王熙章. 1998. 沙质荒漠化的遥感监测与评估——以中国北方沙质荒漠化区内的实践为例. 第四纪研究，2：108-118.
王振祥，朱晓东，石磊，等. 2006. 安徽省沿淮地区生态安全评价模型和指标体系. 应用生态学报，17(12)：2431-2435.
韦良焕，赵先贵，高利峰. 2007. 基于生态足迹的青海省生态安全初步研究. 水土保持通报，27(1)：155-158.
吴正. 1987. 风沙地貌学. 北京：科学出版社.
熊利亚，李海萍，庄大方. 2002. 应用MODIS数据研究沙尘信息定量化方法探讨. 地理科学进展，21(4)：327-332.
许联芳，王克林，刘新平，等. 2006. 洞庭湖区农业生态安全评价. 水土保持学报，20(2)：183-187.
延昊，王长耀，牛铮，等. 2002. 东亚沙尘源地、沙尘输送路径的遥感研究. 地理科学进展，21(1)：90-94.
严平. 2000. ^{137}Cs 法测定青藏高原土壤风蚀的初步研究. 科学通报，45(2)：199-204.
于嵘，亢庆，张增祥，等. 2006. USLE /RUSLE模型中植被覆盖因子多光谱影像计算. 遥感信息，1：12-16.
曾志远. 2004. 卫星遥感图像计算机分类及地学应用研究. 北京：科学出版社.
张兵，金凤君，胡德勇. 2007. 甘肃中部地区生态安全评价. 自然灾害学报，16(5)：9-15.
张国平，张增祥，刘纪远. 2001. 中国土壤风力侵蚀空间格局及驱动因子分析. 地理学报，56(2)：146-158.
张秀英，冯学智，丁晓东，等. 2007. 基于面向对象方法的IKONOS影像城市植被信息提取. 浙江大学学报(农业与生命科学版)，33(5)：568-573.
张云霞，李晓兵，陈云浩. 2003. 草地植被覆盖度的多尺度遥感与实地测量方法综述. 地球科学进展，18(1)：85-93.
章文波，刘宝元，吴敬东. 2001. 小区植被覆盖度动态快速测量方法研究. 水土保持学报，21(6)：60-63.
赵哈林，赵学勇，张铜会，等. 2002. 北方农牧交错带的地理界定及其生态问题. 地球科学进展，17(5)：739-747.
赵延治，张春来，邹学勇，等. 2006. 西藏日喀则地区生态安全评价与生态环境建设. 地理科学，26(1)：33-39.
郑新江，陆文杰，罗敬宁. 2001. 气象卫星多通道信息监测沙尘暴的研究. 遥感学报，5(4)：300-305.
周文华，王如松. 2005. 城市生态安全评价方法研究——以北京市为例. 生态学杂志，24(7)：848-852.
朱运海，张百平，曹银璇，等. 2006. 基于动态因子的区域生态安全评价——以河北省万全县为例. 地理科学进展，25(4)：34-40.
朱震达，刘恕. 1989. 中国的沙漠化及其治理. 北京：科学出版社.

朱震达，王涛. 1990. 从若干典型地区的研究对近十余年来中国土地沙漠化演变趋势的分析. 地理学报，45(4)：430-440.

左伟，周慧珍，王桥. 2003. 区域生态安全评价指标体系选取的概念框架研究. 土壤，1：2-7.

Adams J E，Arkin G F. 1997. A light interception method for measuring row crop ground cover. Soil Science Society of America Journal，41(4)：789-792.

Alcamo J，Endejan M B，Kaspar F，et al. 2001. The GLASS model：a strategy for quantifying global environmental security. Environmental Science & Policy，4：1-12.

Buckley R. 1987. The effect of sparse vegetation on the transport of dune sand by wind. Nature，325：426-428.

Burgess R C，McTainsh G H，Pitblado J R. 1989. An index of wind erosion in Australia. Australian Geographical Studies，27 (1)：98-110.

Butler H J，Hogarth W L，McTainsh G H. 1996. A source-based model for describing dust concentrations during wind erosion events：an initial study. Environmental Software，11 (1-3)：45-52.

Canfield R H. 1941. Application of the line interception method in sampling range vegetation. Journal of Forestry，45：388-394.

Carlson T N，Ripley D A. 1997. On the relation between NDVI，fractional vegetation cover and leaf area index. Remote Sens. Environ，62：241-252.

Chappell A. 1996. Modeling the spatial variation of processes in redistribution of soil：digital models and 137Cs in the southwest Niger. Geomorphology，17：249-261.

Chappell A. 1998. Using remote sensing and geostatistics to map 137Cs-derived net soil flux in the south-west Niger. Journal of Arid Environments，39：441-455.

Chepil W S. 1955. Factors that influence clod structure and erodibility of soil by wind：I. Sand，silt and clay. Soil Science，80：155-162.

Coen G M，Tatarko J，Martin T C，et al. 2004. A method for using WEPS to map wind erosion risk of Alberta soils. Environmental Modelling and Software，19(2)：185-189.

Cole G W，Lyles L，Hagen L J. 1983. A simulation model of daily wind erosion soil loss. Transactions American Society of Agricultural Engineers，36：1758-1765.

Dong Z B，Wang X M，Liu L Y. 2000. Wind erosion in arid and semiarid China：an Overview. Journal of Soil and Water Conservation，55(4)：439-444.

Drake N A. 1997. Recent aeolian origin of surficial gypsum crusts in southern Tunisia：geomorphological，archaeological and remote sensing evidence. Earth Surface Processes and Landforms，22：641-656.

Dymond J R，Stephens P R，Newsome P F，et al. 1992. Percentage vegetation cover of a degrading rangeland from SPOT. International Journal of Remote Sensing，13：1999-2007.

Eastwood J A，Yates M G，Thomson A G，et al. 1997. The reliability of vegetation indices for monitoring saltmarsh vegetation cover. International Journal of Remote Sensing，18(18)：3901-3907.

EEA. 1999. Environmental indicators：typology and overview. Technical Report No. 25. EEA，Kopenhagen.

Evans G C，Coombe D E. 1959. Hemispherical and woodland canopy photography and light climate. Journal of Ecology，47：103-113.

Ewing R P，Horton R. 1999. Quantitative color image analysis of agronomic images. Agronomy Journal，91：148-153.

Fiala A C S，Garman S L，Gray A N. 2006. Comparison of five canopy cover estimation techniques in the western Oregon Cascades. Forest Ecology and Management，232：188-197.

Fox F A，Flanagan D C，Wagner L E，et al. 2001. WEPS and WEPP science commonality project. *In*：Ascough II J C，Flanagan D C. Soil Erosion Research for the 21st Century. St. Joseph，Michigan：American Society of Agricultural Engineers：376-379.

Franka T D，Tweddale S A. 2006. The effect of spatial resolution on measurement of vegetation cover in three Mojave Desert shrub communities. Journal of Arid Environments, 67: 88-99.

Friedl M A, Michaelsen J, Davis F W, et al. 1994. Estimating grassland biomass and leaf area index using ground and satellite data. International Journal of Remote Sensing, 15(7): 1401-1420.

Gabor M, Jozsef S. 1998. Assessment of wind erosion risk on the agricultural area of the southern part of Hungary. Journal of Hazardous Materials, 61: 139-153.

Graetz R D, Pech R R, Dvis A W. 1988. The assessment and monitoring of sparsely vegetated rangelands using calibrated Landsat data. International Journal of Remote Sensing, 9(7): 1201-1222.

Gregory J M, Wilson G R, Singh U B, et al. 2004. TEAM: integrated, process-based wind-erosion model. Environmental Modelling and Software, 19 (2): 205-215.

Gutman G, Ignatov A. 1998. The derivation of the green vegetation fraction from NOAA/AVHRR data for use in numerical weather prediction models. International Journal of Remote Sensing, 19(8): 1533-1543.

Hagen L J, Wagner L E, Tatarko J, et al. 1995. Wind erosion prediction system: technical description Proceedings of WEPP/WEPS Symposium. Ankeny, IA: Soil and Water Conservation Society.

Hagen L J. 1991. A wind erosion prediction system to meet the user's need. Journal of Soil and Water Conservation, 46(2): 106-111.

Hope B K. 2006. An examination of ecological risk assessment and management practices. Environment International, 32: 983-995.

Huang Qing, Wang Ranghui, Ren Zhiyuan, et al. 2006. Regional ecological security assessment based on long periods of ecological footprint analysis. Resources, Conservation and Recycling, doi: 10. 1016/j. resconrec. 07. 004.

Hupy J P. 2004. Influence of vegetation cover and crust type on wind-blown sediment in a semi-arid climate. Journal of Arid Environments, 58: 167-179.

Kermad C D, Chehdi K. 2002. Automatic image segmentation system through iterative edge-region cooperation. Image and Vision Computing, 20: 541-555.

Laliberte A S, Rango A, Herrick J E, et al. 2007. An object-based image analysis approach for determining fractional cover of senescent and green vegetation with digital plot photography. Journal of Arid Environments, 69: 1-14.

Lancaster N. 1995. Geomorphology of Desert Dunes. London: Routledge.

Lemmon P E. 1956. A spherical densitometer for estimating forest overstory density. Forest Science, 2: 314-320.

Leprieur C, Verstraete M M, Pinty B. 1994. Evaluation of the performance of various vegetation indices to retrieve vegetation cover from AVHRR data. Remote Sensing Review, 52(10): 265-284.

Li X B, Chen Y H, Shi P J, et al. 2003. Detecting vegetation fractional coverage of typical steppe in northern China based on multi-scale remotely sensed data. Acta Botanica Sinica, 45(10): 1146-1156.

Lu H, Shao Y P. 2001. Toward quantitative prediction of dust storms: An integrated wind erosion modelling system and its applications. Environmental Modelling and Software, 16(3): 233-249.

MacKinnona D J, Clow D J, Tigges R K, et al. 2004. Comparison of aerodynamically and model-derived roughness lengths (zo) over diverse surfaces, central Mojave desert, California, USA. Geomorphology, 63: 103-113.

Marsden S J, Fielding A H, Mead C, et al. 2002. A technique for measuring the density and complexity of understorey vegetation in tropical forests. Forest Ecology and Management, 165: 117-123.

McTainsh G H, Leys, J F, Nickling W G. 1999. Wind erodibility of arid lands in the channel country of western Queensland, Australia. Zeitschrift furGeomorphologieN. F, Supplement band, 116: 113-130.

McTainsh G H, Lynch A W, Burgess R C. 1990. Wind erosion in eastern Australia. Australian Journal of Soil Research, 28 (2): 323-339.

McTainsh G H, Lynch A W, Tews K E. 1998. Climatic controls upon dust storm occurrence in eastern Australia. Journal of Arid Environments, 39 (3): 457-466.

MEA. 2005. Ecosystems and Human Well-being: Desertification Synthesis. Washington, DC: World Resources

Institute.

Millennium Ecosystem Assessment (MEA). 2005. Ecosystems and Human Well-being: Desertification Synthesis. Washington, DC: World Resources Institute.

Musick H B, Trujillo S M, Truman C R. 1996. Wind-tunnel modelling of the influence of vegetation structure on saltation threshold. Earth Surface Processes and Landforms, 21(7): 589-606.

O'Brien R A. 1989. Comparison of overstory canopy cover estimates on forest survey plots. USDA Forest Service, Ogden, UT, Research Paper INT.

OECD (Organization of Economic Cooperation and Development). 1994. Environmental indicators. OECD core sets. OECD, Paris.

Purevdor J T S, Tateishi R, Ishiyama T, et al. 1998. Relationships between percent vegetation cover and vegetation indices. International Journal of Remote Sensing, 19(18): 3519-3535.

Quigley T M, Arbelbide S J, Graham R T. 1997. An assessment of ecosystem components in the interior Columbia basin and portions of the Klamath and Great Basins: an introduction. *In*: Quigley T M, Arbelbide S J. An Assessment of Ecosystem Components in the Interior Columbia Basin and Portions of the Klamath and Great Basins: Volume 1. Portland, OR: U. S. Department of Agriculture, Forest Service, Pacific Northwest Research Station.

Quigley T M, Haynes R W, Graham R T. 1996. Integrated scientific assessment for ecosystem management in the interior columbia basin and portions of the klamath and great basins. General Technical Report PNW-GTR-382, U. S. Department of Agriculture, Forest Service, Pacific Northwest Research, Portland, OR.

Rafael C G. 2002. Digital Image Processing. 2nd ed. New Jersey: Prentice Hall.

Richardson M D, Karcher D E, Purcell L C. 2001. Quantifying turfgrass cover using digital image analysis. Crop Science, 41(6): 1884-1888.

Robinson M W. 1947. An instrument to measure forest crown cover. Forest Chronicles, 23: 222-225.

Rondeaux G, Steven M, Baret F. 1996. Optimization of soil-adjusted vegetation indices. Remote Sensing of Environment, 55: 95-107.

Rouse J W, Haas R H, Shell J A, et al. 1973. Monitoring vegetation systems in the Great Plains with ERTS-1. Proceedings of Third Earth Resources Technology Satellite-1 Symposium, Vol. 1. Washington, DC: Academic Press: 309-317.

Shao Y P, Raupach M R, Leys J F. 1996. A model for prediction aeolian sand drift and dust entrainment on scales form paddock to region. Australia Journal of Soil Research, 34: 309-402.

Shao Y, Raupach M, Short D. 1994. Preliminary assessment of wind erosion patterns in the Murray-Darling Basin. Australian Journal of Soil and Water Conservation, 7 (3): 46-51.

Sherman D J, Jackson W T J, Namikas S L, et al. 1998. Wind-blown sand on beaches: an evaluation of models. Geomorphology, 22: 113-133.

Shi H D, Liu J Y, Zhuang D F, et al. 2007. Using the RBFN model and GIS technique to assess wind erosion hazard of Inner Mongolia, China. Land Degradation & Development, 18: 413-422.

Stockton P H, Gillette D A. 1990. Field measurement of the sheltering effect of vegetation on erodible land surfaces. Land Degradation & Rehabilitation, 2: 77-85.

Stroosnijder L. 2005. Measurement of erosion: Is it possible. Catena, 64: 162-173.

Stumpf K A. 1993. The estimation of forest vegetation cover descriptions using a vertical densitometer. Presented at the Joint Inventory and Biometrics Working Groups session at the SAF National Convention, Indianapolis, IN.

Sutherland R A, Kowalchuk T, De J E. 1991. Caesium-137 estimates of sediment redistribution by wind. Soil Science, 151(15): 387-396.

Toy T J, Foster G R, Renard K G. 2002. Soil Erosion: Processes, Prediction, Measurement and Control. New York: John Wiley and Sons.

U S EPA. 1992. Framework for ecological risk assessment. Report No. EPA(6301R-92/001), US Environmental Protection Agency, Risk Assessment Forum, Washington D. C.

UNCSD (United Nations Commission for Sustainable DevelopmentUnited Nations). 1996. Indicators of Sustainable Development: Framework and Methodologies. United Nations, New York.

Van de Ven T A M, Fryrear D W, Span W P. 1989. Vegetation characteristics and soil loss by wind. Journal of Soil and Water Conservation, 44: 347-349.

Van Pelt R S, Zobeck T M, Potter K N, et al. 2004. Validation of the wind erosion stochastic simulator (WESS) and the revised wind erosion equation (RWEQ) for single events. Environmental Modelling and Software, 19(2): 191-198.

Visser S M, Sterk G, Karssenberg D, 2005. Wind erosion modelling in a Sahelian environment. Environmental Modelling and Software, 20 (1): 69-84.

Wang tao, Zhu zhenda, Wu wei. 2002. Sandy desertification in the north of China. Science in China(Series D), 45: 23-34.

Wasson R J, Nanninga P M. 1986. Estimation wind transport of sand on vegetated surface. Earth Surface Processes and Landforms, 11(4): 505-514.

Webb N P, McGowan H A, Phinn S R, et al. 2006. AUSLEM (AUStralian Land Erodibility Model): a tool for identifying wind erosion hazard in Australia. Geomorphology, 78: 179-200.

White M A, Asner G P, Nemani R R, et al. 2000. Measuring fractional cover and leaf area index in arid ecosystem: Digital camera, radiation transmittance, and laser altimetry methods. Remote Sensing of Environment, 74: 45-57.

Wolfe S A, Nickling W G. 1996. Shear stress partitioning in sparsely vegetated desert canopies. Earth Surface Processes and Landforms, 21: 607-620.

Woodruff N P, Siddoway F H. 1965. A wind erosion equation. Soil Science Society of America Proceedings, 39: 602-608.

Zhou Q, Robson M, Pilesjo P. 1998. On the ground estimation of vegetation cover in Australian range lands. International Journal of Remote Sensing, 9: 1815-1820.

Zhou Q, Robson M. 2001. Automated rangeland vegetation cover and density estimation using ground digital images and a spectral-contextual classifier. International Journal of Remote Sensing, 22(17): 3457-3470.

Zobeck T M, Sterk G, Funk R, et al. 2003. Measurements and data analysis methods for field-scale wind erosion studies and model validation. Earth Surface Processes and Landforms, 28: 1163-1188.

第 4 章　沙区土地利用结构与格局优化理论和方法

4.1　理论基础

4.1.1　土地利用规划与优化理论基础

一般认为，土地利用结构与格局优化是为了达到一定的生态经济最优目标，依据土地的特性，运用科学技术和管理手段，对区域一定数量土地的利用结构、方向，在时空尺度上，分层次进行安排、设计、组合和布局，以提高土地利用效率和土地产出率，使土地生态经济系统维持相对平衡，实现土地可持续利用。就其过程而言，土地利用结构与格局优化实质上是一个确定土地布局的一整套的技巧或活动，是达到一定特殊目标的过程，或者是对适合于特定土地利用目标的多种用地类型的合理选择。

土地利用结构与格局优化始终是土地利用规划的核心内容之一。土地利用规划是对一定区域未来土地利用超前的计划和安排，是依据区域社会经济发展和土地自然历史特性在时空上进行土地资源分配和合理组织土地利用的综合技术经济措施(王万茂和韩桐魁，2002)。第二次世界大战后，由于土地资源问题日益突出，国际上逐步开展了土地利用规划工作，为政府规划决策提供基础资料(刘彦随，1999b)。因为土地资源的稀缺性，所以土地利用优化始终是土地利用规划的核心内容之一(王万茂，2000；但承龙，2002；王万茂和韩桐魁，2002)。作为土地规划的内容之一，土地利用结构与格局优化研究继承了土地规划的理论基础。自 20 世纪 90 年代以来，人们逐步认识到土地利用/覆盖变化对全球变化、区域资源安全与生态安全有着深刻的影响。从土地可持续利用的角度出发，谋求土地利用/覆盖变化研究与土地优化配置的联合成为新的发展趋势(胡业翠等，2004)。截至目前，在土地利用规划与优化中被广泛应用的基础理论如表 4-1 所示。

表 4-1　土地利用规划与优化的基础理论

Tab. 4-1　Theoretical basis of land use planning and optimization

理论	作者，年代	核心内容	对土地利用规划与优化的指导意义
地租和地价理论	William Petty，1662；Adam Simth，1776；David，1817；Karl Marx，1887	土地资源的合理配置必须充分运用地价杠杆加以调节和控制。影子价格决定土地最优配置，竞租竞价模型直接决定土地利用空间分布	应把位于和接近城市中心区的土地用做高价用地，把其他类型用地规划于远离城市中心的地段上；对于农用地而言，应把集约经营用地规划在城市近郊区，而将粗放经营用地规划在远离城市的地段上

续表

理论	作者，年代	核心内容	对土地利用规划与优化的指导意义
土地区位理论	Von Thünen，1826	农业土地的不同经营方式，不仅取决于土地的自然特性（如肥力等），更重要的是依赖其社会经济的空间要求，其中尤以不同用地到农产品消费地（市场）的空间距离影响最为突出	根据区域发展的需要，将一定数量的土地资源科学地分配给农业、工业、交通运输业、建筑业、商业和金融业以及文化教育卫生部门，以谋求在一定量投入的情况下获得尽可能高的产出
土地评价理论	傅伯杰，1991	土地评价是以不同土地利用为目的估价土地潜力和土地适宜性的过程。其基本特征是比较土地利用的要求和土地质量的供给，基本目的是预测土地变更后的结果	土地利用评价是土地规划的依据，是土地利用结构调整的基础（倪绍祥和陈传康，1993）
可持续发展理论	WCED，1987	某一空间区域的需求不危害和削弱其他区域满足需求的能力，同时当代人的需求不对后代人满足其需求的能力构成危害的发展	合理的土地结构与布局是可持续发展的保证。可持续土地利用规划的重要内容是保证环境不退化，土地开发不能够超出其本身的环境容量，并保障当代和后代的需要
生态经济理论	Haeckel，1866	研究生态经济的结构、功能、规律、平衡、生产力及生态经济效益；生态经济的宏观管理和数学模型等内容。旨在促使社会经济在生态平衡的基础上实现持续稳定发展	土地利用不仅是自然技术问题和社会经济问题，而且也是一个资源合理利用和环境保护的生态经济问题，同时受客观上存在的自然、经济和生态规律的制约
人地协调理论	吴传钧，1991	在人地关系中人对地就有依赖性，人具有能动功能和机制，人是地的主人。人必须依赖所处的地为生存活动的基础，要主动地认识，并自觉的按照地的规律去利用和改变地，以达到使地更好为人类服务的目的，这就是人和地的客观关系	谋求人与地、人与自然的高度和谐与统一，主张经济与生态环境协调发展；建设生态文明，重建人类社会是人地系统协调的基本内涵（冯年华，2002）
系统工程理论	Bertalanffy，1968	系统工程理论要求人们从系统与要素之间，要素与要素之间，系统与外部环境之间的相互联系与相互作用中考察对象，遵循系统整体性与动态发展性要求，为认识、调控、改造系统提供最优方案，以达到系统整体优化的目的	人类在利用土地资源时要有一个系统观念，不能仅单一地考虑土地利用及其受益，而忽视土地利用对系统内其他要素和周围环境的不利影响。同时应正确处理土地利用系统与各子系统及系统要素间的关系，科学协调土地利用系统与其外部各环境系统之间的关系

续表

理论	作者，年代	核心内容	对土地利用规划与优化的指导意义
景观生态理论	Troll，1971	强调空间异质性的维持与发展，生态系统之间的相互作用，大区域生物种群的保护与管理，环境资源的经营管理，以及人类对景观及其组分的影响	景观生态学思想在土地评价、土地利用和土地规划中得到应用。另外，景观生态学关注不同土地利用及其格局对生态过程的影响（傅伯杰等，2003）。景观格局/土地利用变化模型和生态过程模型的发展推动下的景观综合模拟研究成为景观生态学新的学科增长点（傅伯杰等，2008），为土地利用结构与格局优化提供了工具

4.1.2　理论基础

表 4-1 已经对有关基础理论的核心内容和指导价值做了简要归纳，它们有力地支持了生态安全条件下的土地利用结构与格局优化研究，大致表现在 3 个方面。

1. 学科联系视角

按学科属性来看，上述理论很多都具有多学科交叉的特色，大致可以分为 6 类：经济学(地租和地价理论、土地区位理论)、生态学(生态经济理论、景观生态学)、农学(土地评价理论)、可持续科学、地理学(人地协调理论)和系统科学。综合分析，各基础理论和生态安全条件下的土地利用结构与格局优化研究的关系可以用图 4-1表示。从这些学科的研究对象来看，除可持续科学和系统科学外，其他学科研究的对象均与土地系统直接相关；从研究目标来看，区域可持续发展无疑是生态安全条件下土地利用结构与

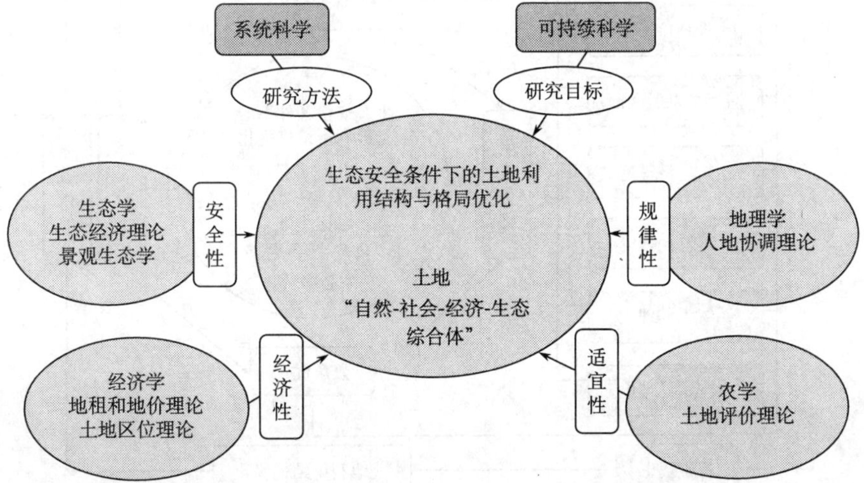

图 4-1　生态安全条件下土地利用结构与格局优化研究的学科基础

Fig. 4-1　Fundamental subjects of land use structure optimization research under ecological security

格局优化的最高目标；从研究方法来看，土地“自然-社会-经济-生态综合体”的优化调控是一项系统工程；从研究内容来看，土地利用结构与格局优化的实质是对土地利用的类型、数量和空间布局进行调整，调整的依据来自对土地利用的生态安全性、经济有效性、利用适宜性和地理规律性的分析，这些特性的分析离不开生态学、经济学、农学和地理学的支持。

2. 理论应用视角

在生态安全条件下的土地利用结构与格局的优化研究中，各基础理论的应用大致可以分为三类：一是为研究提供系统思想和方法论指导的理论，即系统科学；二是对研究目标起到总体引导作用的理论，即可持续发展理论，它对土地利用结构与格局优化的目标、原则和方向起到原则控制的作用；三是指导优化操作的理论，分别是生态经济理论、景观生态学、地租和地价理论、土地区位理论、土地评价理论和人地协调理论，这些理论在土地利用结构与格局优化中起到确定优化依据、指导优化实施的作用，如对土地利用生态安全性、经济有效性、利用适宜性和地理规律性的分析和评判是优化的重要依据，也是检验优化结果是否合理的依据。

3. 土地利用结构与格局优化视角

从生态安全条件下的土地利用结构与格局优化研究的本质和需求上看，各基础理论的作用各有不同(图 4-2)。

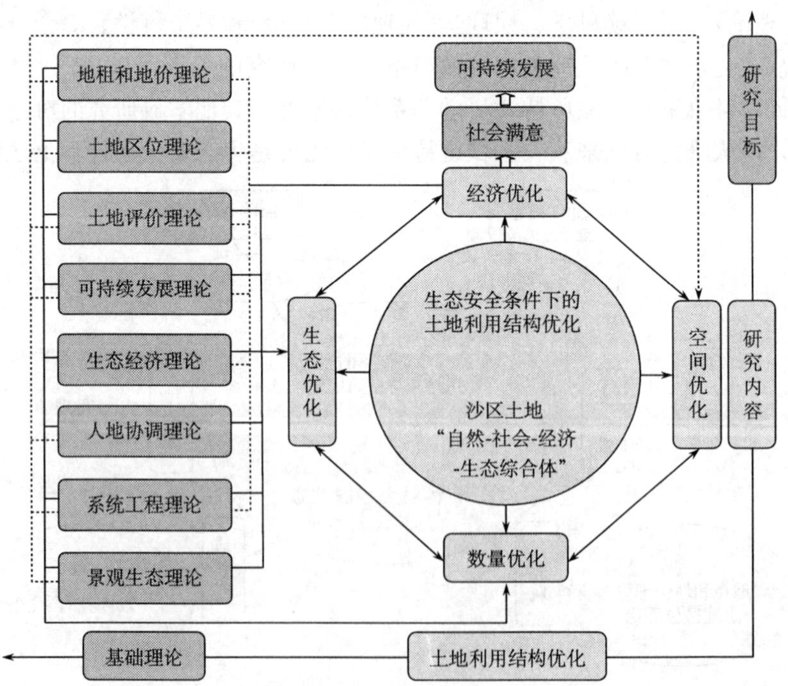

图 4-2　各基础理论在土地利用结构与格局优化的作用

Fig. 4-2　Functions of basic theories in land use structure optimization

从沙区生态安全条件下的土地利用结构与格局优化研究的内容来看，它包括沙区土地生态优化、经济优化、空间优化和数量优化4个方面。土地系统是一个巨系统，需要在土地利用系统工程科学理论的指导下研究土地系统的最优设计、最优建立和最优控制等问题，以实现系统的最大效益(刘永清和张光宇，1997)。根据系统原理，生态安全条件下的土地利用结构与格局优化研究应从影响沙区土地系统生态安全的要素分析入手，然后按照它们相互制约与影响的关系，设计最优化土地利用结构与格局。土地生态优化是前提，生态安全是其他各类安全和区域可持续发展的载体与前提，因此有必要对区域土地利用的生态安全性进行评价。生态安全评价可借鉴近年针对土地退化及其防治的土地评价以及脆弱生态环境和特殊生态环境的土地评价(倪绍祥，2003)，如对沙漠化的评价(孙武和李森，2000；刘彦随和Gao，2002)等研究成果。评价过程中需坚持可持续发展、生态经济和人地协调的原则，重点评价沙区土地利用对生态环境的影响，特别是对土壤风蚀强度的影响，判断土地利用的优劣，作为沙区生态安全条件下的土地利用结构与格局优化的依据。区域可持续发展的前提虽是生态安全，但发展仍是第一要务。经济优化是土地利用结构与格局优化的重要内容，主要看土地资产的经济效益、土地利用的适宜程度和土地系统的生态承载力，其理论依据主要来自于地租和地价理论、土地区位理论、土地评价理论和生态经济理论。生态安全和经济有效的优化依赖于土地利用数量结构和空间格局的优化。在实施优化时，充分应用地租和地价理论、土地区位理论、土地评价理论、生态经济理论、人地协调理论和景观生态理论确定不同土地利用类型数量结构和空间布局，引导沙区土地利用行为向有利于减轻土壤风蚀，减少风沙灾害，改善生态环境，保障人类安全的方向发展，反之，人类不合理利用土地就会受到惩罚。总之，在沙区生态安全的土地利用结构与格局优化中，就要做到土地利用与防沙治沙相结合，在这一优化过程中，生态优化、经济优化、数量优化和空间优化均可从相应的基础理论中找到解决问题的依据。

从沙区生态安全条件下的土地利用结构与格局优化研究的目标来看，保障区域可持续发展是其终极目标，这一目标是通过土地系统的经济优化、生态优化、数量优化和空间优化来实现的。实现上述目标的根本是贯彻可持续发展理论，落实到区域上，就是PRED协调理论。PRED认为区域可持续发展是由人口(population，P)、资源(resource，R)、环境(environment，E)和经济发展(development，D)组成的复合系统(毛汉英，1991)。人口、资源、环境与经济发展都不是完全独立的系统或变量，而是彼此之间存在着密切的联系。若四者之间相互促进、协调，其失调和障碍因素被控制在最小限度和范围内，系统将呈现良好的循环和可持续性发展，反之则导致恶性循环和不可持续发展(冯玉广和王华东，1996；王道平等，2002；李利锋和郑度，2002)。对于沙区而言，生态优化是资源合理利用和维护生态安全的功能复合，即对应于R、E；经济优化即确保区域经济得到良性发展，对应于D；区域土地利用类型、数量结构和空间布局则是一定数量人口活动的集中体现，为P。因此，沙区生态安全条件下的土地利用结构与格局优化遵循可持续发展的原则，其实质是促进沙区PRED系统间的协调，关键是人地关系的调整。而沙区土地利用的调整，无论是从原理还是从方法上，须臾离不开经济学(地租和地价理论、土地区位理论)、生态学(生态经济理论和景观生态学)、农学(土地评价理论)、可持续科学、地理学(人地协调理论)和系统科学原理与方法的支持。

4.1.3 理论构建

在研究进展综述的基础上，进一步对土地利用结构与格局优化的原因、实现手段和基本目标进行了梳理，重点阐述了沙区土地利用结构与格局优化的基本原则，总结出土地利用结构与格局优化的思想框架，作为“6W”理论构建和优化方法研究的总体指导。

1. 优化土地利用结构与格局的原因

优化土地利用结构与格局的原因在于土地资源具有多用途性和因地制宜。土地资源具有多种用途，包括生态用途、生产用途、生活用途、空间用途和风景用途，具体表现为土地资源具有多种特征。尽管土地资源有多种用途可供选择，但具体到每一次土地资源的实际利用，其使用用途却是唯一的，同时土地资源利用用途的更改十分困难且成本高。因此，土地利用结构与格局优化非常必要，它包含两方面的含义(张光宇，1998)：其一，对于某一土地单元适宜用途的选择，可对该土地资源的主要特征进行全面分析和综合评价，从而确定该土地单元的适宜用途或主导用途；其二，对于适宜某一用途土地单元的选择，可根据该用途必须具备的特征，对具有该特征或与该特征相近的其他土地单元进行综合分析和科学识别，确定最佳的土地单元。

除此以外，生态安全条件下土地利用结构与格局优化，只考虑土地利用功能的经济适宜性还不够，还应考虑这种利用可能产生的不良生态效应，通过优化消除其对生态安全的不利影响。对于沙区来说，土地利用的不良生态效应主要是土壤风蚀、盐碱化等。因此，沙区生态安全条件下的土地利用结构与格局优化不只是对土地单元用途的调整，更要通过这种调整来减轻或者消除，诸如土壤风蚀等不利因素对生态安全的影响。生态安全是国土安全的载体，只有保障沙区生态安全，才能保证沙区土地经济利用的可持续性。这一点应体现在沙区生态安全条件下的土地利用结构与格局优化过程中。

2. 土地利用结构与格局优化的实现手段

土地利用结构与格局优化，宏观上表现为土地资源内部结构的调整，即土地资源不同类别之间的转换(张光宇，1998)。这是由于土地资源的总量是一定的，随着社会经济和生态文明的发展，土地资源的内部结构随之变化，以适应社会经济发展和生态建设的需要。如交通建设的需要，它使得部分耕地、林地等转化为交通用地；又如因水土保持的需要退耕还林，使得耕地转化为林地或草地。

土地利用结构与格局优化的实现手段，即土地资源的特征变化和用途变换，包括3个方面的含义：①局部土地资源总量的增加，如填海造地；②未利用土地的开发，即通过投入一定的改造资金，将未利用土地资源改造为可利用土地资源；③已利用土地资源的结构调整，即根据社会经济发展和生态建设需求来配置土地资源。从形式上它包括：①土地资源的功能调整，即在土地生态功能、生产功能和生活功能之间的选择；②不同功能土地的数量结构，即各类土地资源所占的数量比重；③不同功能土地的空间分布结构，即各类土地资源在地域空间上的分布状况；④土地资源的时间动态结构，即土地资源功能结构、数量比例结构和空间分布结构在时间上的演变过程。已利用土地资源结构的优化，是土地资源优化配置的核心和主体。

土地利用结构与格局优化的实现，其核心从已利用土地资源的一种类型转变为另一种类型。这种变换是在一定的范围内和一定的条件下进行的，如某些土地经过评价根本不适宜开发为某种用途，或尽管适宜开发但却存在不利于生态环境的作用等。因此，准确地分析、评价和界定土地资源的变换条件，对优化配置至关重要。

3. 土地利用结构与格局优化的基本目标

土地利用结构与格局优化要实现生态、经济和社会效益的协调统一。第一，更加注重效益的整体性，包括空间上的经济、社会、生态三个效益的统一，时间上近期效益和长期效益的统一。第二，更加强调土地利用的持续性。土地利用结构与格局优化要实现生态和经济双重目标的优化，按照这个双重目标的要求，进行土地利用结构与格局优化，既要重视经济规律，又要尊重生态规律，做到经济有效，生态安全。第三，更加注重土地资源利用的集约性。土地利用要由数量增长型转向经济效益型，按照生态经济的要求，对土地资源的利用也应该而且必须考虑其利用的集约性，要在指导思想上树立“大面积搞生态，小面积搞生产”的原则，真正把利用和保护土地资源结合起来。通过有效的结构调整，在保证生态安全性和经济有效性的前提下，使土地利用程度与其生态经济阈值相协调，实现土地利用 3 个目标的协调统一（黄天元和张殿发，2004）。

1）经济有效性与生态安全性

经济有效性与生态安全性是土地可持续利用的焦点。在土地优化过程中，强调生态安全性是由于土地生态系统有自己的结构和功能。只有土地生态系统的运行保持平衡，其作为经济发展基础的作用才可以得以实现。而一旦土地生态系统的结构遭到某种原因的破坏，其作为经济发展基础的作用也就不能发挥，甚至引发更大的生态经济灾害，危及人类生存。在土地利用结构与格局优化时，要以保障土地生态系统的安全性为前提。经济有效性与生态安全性构成土地持续利用的统一体。如果在土地利用结构与格局优化过程中，经济和生态目标配置得当，经济有效性和生态安全性都能得到保障，两者的作用相得益彰；反之，当两者的配置不合理时，只能是互为障碍。事实证明，大面积的土地沙漠化，都是人类只顾经济的有效性而忽视了生态的安全性引起的。

2）土地利用程度与其生态经济阈值相协调

因为土地生态经济系统是土地生态系统和土地经济系统的复合系统，所以它在运行过程中必然存在着由这两个子系统的内部自我调节能力所决定的整体自我调节机制问题。土地生态经济系统内部承受力的极限称之为该生态经济系统的阈值，主要包括数量聚集程度方面的临界点和数量配比程度方面的临界点两大类。它们共同构成了土地资源生态经济系统的生态经济阈值的内涵，即规模阈和配比阈：土地生态经济系统的规模阈指土地生态经济系统的生态经济要素数量聚集程度上的界限。如土地资源总量、水资源总量等都成为土地资源可持续利用的制约因素；在土地生态经济系统中，各个生态和经济要素之间都存在一定的比例关系，当这种比例关系的变化超过一定的界限之后也会引起生态经济结构和功能的质变，这种比例界限就是其生态经济系统的配比阈，主要包括：具有生态功能的植物资源(森林、草原等)和具有经济功能的植物资源(经济林、农作物等)之间的合理配比的数量界限；植物和动物资源之间的配比关系等。

基于以上理论认识，提出土地利用结构与格局优化研究的思想框架(图 4-3)。在这一思想框架指导下，提出了沙区土地利用优化的原则，构建了“6W”理论与方法体系。

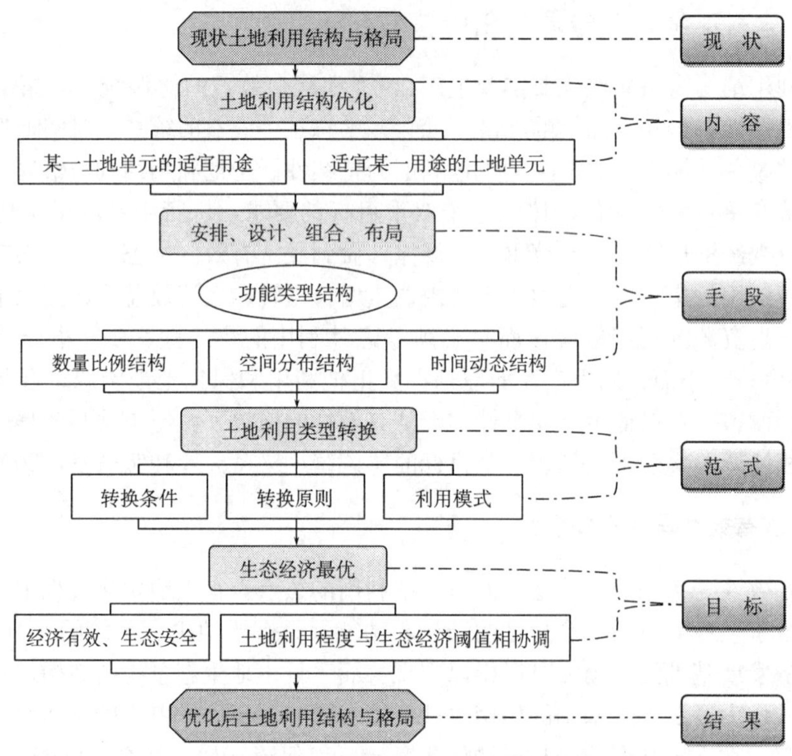

图 4-3　土地利用结构与格局优化思想框架

Fig. 4-3　Framework of land use structure optimization

4. 沙区土地利用优化的原则

就沙区土地利用结构与格局优化来说，要实现上述优化目标，必须制定符合沙区特征的优化原则，作为优化实施的规范。优化原则是指导土地利用结构与格局优化的基本判断准则。本书将优化原则划分为两个层次：第一层是总体指导性原则，主要是对生态安全条件与格局优化起到宏观指导的方向性、一般性和普适性原则，它们较少涉及优化的具体操作问题；第二层是操作性原则，这些原则可操作性强，紧密联系实地情况，解决优化中的具体问题。从操作层面来看，土地利用结构与格局优化主要涉及 4 个方面的内容：①土地的利用功能类型；②土地利用的数量比例结构；③土地利用的空间分布结构；④土地利用的时间动态结构。上述内容落实到实地即为：①调整哪些土地利用(调整对象)；②调整多少土地(调整数量)；③调整为何种土地利用(调整方向)。

风蚀沙化是沙区的主要生态问题，因此生态安全条件下的土地利用优化的一个核心目标就是减轻土壤风蚀，从这个角度来看，沙区生态安全条件下的土地利用结构与格局优化就是减轻土壤风蚀的土地利用结构与格局优化。下面从减轻土壤风蚀的角度，分两个层次，重点从操作性出发，列举优化的原则。这些原则有的具有普适性，有的具有特殊性，在不同沙区实施生态安全条件下的土地利用结构与格局优化时，需要结合实地情况，对有关原则进行合理增减与修改。

1）指导性原则

A. 生态-生产-社会效益兼顾原则

这一原则的依据是持续利用、生态经济和人地协调的理论，符合土地利用结构与格局优化的总目标。这一原则的要求是：在沙区土地利用优化过程中，既要保证减轻土壤风蚀，又要保障工矿农牧业生产，兼顾社会效益。按照自然系统是否合理、经济系统是否有利、社会系统是否有效的目标集来设计优化的土地利用格局和生产方式。如在防风林建设中，可适当增加既有防风效益，又能增加城市美观和提高农民收入的果木林地等利用类型。

B. 大面积搞生态、小面积搞生产原则

这一原则的依据是边际生态系统的理论。这一原则要求针对沙区生态环境脆弱的实际情况，从生态与生产用地的总量对比上考虑各类用地的调整。实现从大面积土地搞生产(农业、林业、牧业)转向小面积土地搞生产(集约化经营)；从小面积土地搞生态(生态综合治理试验示范区)转向大面积土地搞生态(以封育、禁垦、禁牧、禁伐为措施的大范围生态恢复与重建过程)。根据这一原则，改变沙区生态建设和农牧业生产的模式，大幅度增加抗风蚀土地利用规模，从而从根本上逆转风蚀沙漠化加剧的趋势。

C. 自然地带原则

这一原则的依据是地理学的自然地带规律和生态经济理论。这一原则有两层含义，一是在确定土地的调整方向时，要充分尊重与选择区域自然条件制约下形成的优势土地利用类型；二是优化后的土地利用，特别是植被建设中不能偏离自然地带规律的制约，不能盲目增加不适应实地水热条件的植被类型。否则调整后的土地利用就不可持续。要实施这一原则，需要进行精心的实地调查并参考类似区域的研究成果。

2）操作性原则

A. 用地功能原则

用地功能是指土地利用的作用及其产生的效果，一般分为生产用地、生态用地和生活用地(陈婧和史培军，2005)。用地功能原则的作用是按照生产用地、生态用地和生活用地的不同，将土地分为参与调整类型和不参与调整类型。对减轻土壤风蚀的土地利用结构与格局优化来说，参与调整的类型主要是生产功能差和生态效益低的土地，包括易发生风蚀的耕地、流动沙地、半流动沙地、半固定沙地、低(中)覆盖度草地，除此以外为不参与调整类型。参与调整的土地下一步如何调整，依据风蚀危险性原则进行。

B. 风蚀危险性原则

风蚀危险性指土地利用风蚀危险性评价等级。风蚀危险性原则的作用是在依据用地功能确定被调整的土地类型以后，具体确定每种类型中的哪些图斑应该被调整。根据这一原则，从减轻土壤风蚀的角度，确定调整的主要对象是风蚀危险度较高的(强度、极强度和剧烈风蚀)的土地。微度、轻度和中度风蚀的土地调整与否，则要进一步依据风蚀趋缓原则来决定。

C. 风蚀趋缓原则

风蚀趋缓原则是指在拥有两期或以上土壤风蚀与土地利用信息的条件下，判断土地利用变化是导致风蚀加重还是趋缓。根据减轻土壤风蚀的目标，凡是土地利用变化导致风蚀加重的那些土地都调整，趋缓的都保留。根据这一原则，微度、轻度和中度风蚀的土地利用变化中，凡导致风蚀加剧的土地都调整，风蚀减轻的都保留。对于风蚀没有发生变化的土地，其去留则进一步依据远近不同原则来确定。

D. 距离不同的原则

距离不同原则的出发点是减轻区域风沙灾害综合风险的需求，就是在减轻土壤风蚀的土地利用结构与格局优化中，应充分考虑不同沙源与区域风沙灾害重要保护对象(如城市建成区、重要水源地)的位置距离关系。由于重要保护对象近邻沙源的风沙灾害危害最大，按照这一原则，即使风蚀没有发生变化的易蚀土地，如其位于重要保护对象的毗邻区，则应加以调整，如其远离重要保护对象，则予以保留。实施这一原则，需根据风沙输移的距离规律，合理划分距离圈层。对于那些在重要保护对象周边中距离范围的土地，其调整与否根据主风向原则确定。

E. 主风向原则

主风向原则的出发点也是减轻区域风沙灾害综合风险的需求，就是根据风蚀土地与重要保护对象的风向位置关系来确定是否调整。因为上风向沙源对下风向保护对象造成损害的可能性与强度都远远大于其他风向。所以根据主风向原则，凡位于重要保护对象常年主风向的上风向的风蚀土地就调整，位于下风向的调整与否则依据风蚀相对最小原则来确定。

F. 风蚀相对最小原则

风蚀相对最小是指在拥有两期土壤风蚀与土地利用信息的条件下，对两期土壤风蚀进行比较，寻找同一图斑(像元)土壤风蚀强度相对最小时的土地利用类型，从减轻土壤风蚀的角度出发，则该类型即为保留的土地利用类型，否则就进行调整。对于风蚀强度相同的土地，其调整与否依据地形地貌原则来确定。

G. 地形地貌原则

地形地貌是影响土壤风蚀的一个重要因素。这一原则要求在确定土地利用是否调整及其调整方向时，不仅要考虑地形地貌对土地利用的制约，还要考虑土地利用方式在不同地貌类型上对风蚀加速或减缓的作用。根据地形地貌对土壤风蚀的影响机理，土地凡位于易蚀地貌(如坡地)上的就调整，其他的则予以保留。

3）原则应用判别程序

在实施优化过程，需要按递进的层次制定符合区域特色的原则应用程序，这样不仅体现原则在优化中的指导性，更能增强原则的可操作性。根据上述原则的应用逻辑，给出原则应用的一般程序，这些原则判别的过程，就是土地利用逐步优化的过程(图 4-4)。需要指出的是，这一程序在具体实施过程中，还需要根据实地情况与具体需求，进行适当调整。

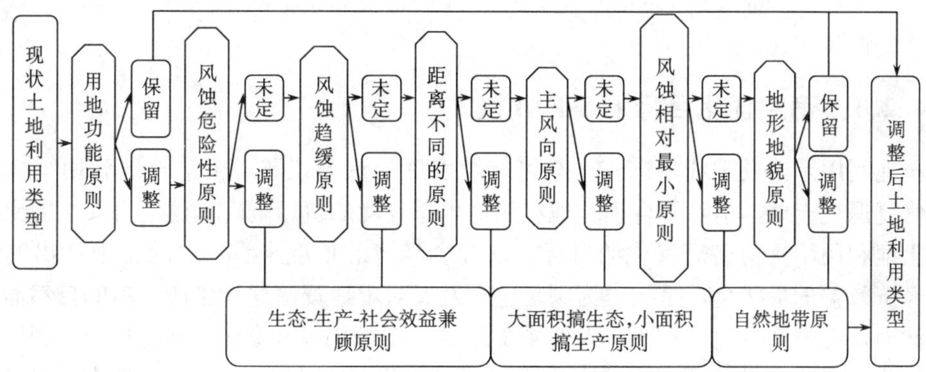

图 4-4　优化原则应用判别程序

Fig. 4-4　Discriminant program for appalling optimization principles

4.2 “6W”理论

构建了“6W”理论与方法体系以及空间结构和数量结构优化的方法，用以指导沙区生态安全条件下的土地利用结构与格局优化。可以认为，土地利用结构与格局优化的本质，是一个 LUCC 过程；是一个土地利用功能不断转变和调整的过程，使之在数量结构与空间布局上逐步趋向优化，最终达到土地-生态-经济系统相对平衡，实现土地可持续利用。而要使得土地利用结构与格局通过调整逐步趋向优化，就必须要思考：①为何调整(why)？②调整哪些土地(what)？③调整多少土地(how much)？④调整哪里的土地(where)？⑤调整为哪类土地(to what)？⑥如何调整(how to)？前 5 个问题涉及土地利用结构与格局优化的目标、对象、数量、位置和方向，对这 5 个问题的深刻理解与正确回答，是科学实施土地利用结构与格局优化的根本理论支撑(图 4-5)，第六个问题则涉及土地利用结构与格局优化实施的方法与技术，它们共同构成了沙区土地利用结构与格局优化研究的基本问题。

对上述问题的思考与回答，构建成“6W”理论与方法体系，下面对涉及的重点问题做逐一阐述。其中土地利用结构与格局优化方法因篇幅较大，单独在 3、4 节中论述。

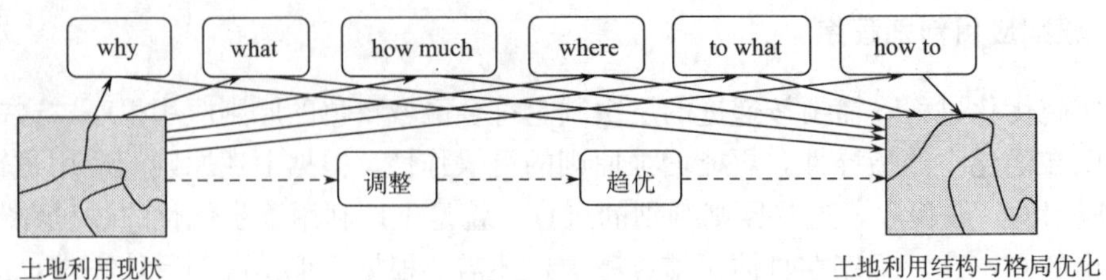

图 4-5　土地利用结构与格局优化研究的问题

Fig. 4-5　Contents of land use structure optimization research

4.2.1　确定优化目标的 S-E-H 模式

土地利用是涉及区域生态安全与可持续发展的重大议题，调整土地利用结构与格局，修复退化土地，消除不合理土地利用对生态环境的负影响，构建生态安全的土地系统是土地利用结构与格局优化的目标。从社会经济的角度来看，追求土地产出的最大化、经济效益的最优化，是人类为满足生存发展对土地资源这种生产资料的自然需求。

然而，在全球变化背景下，人地系统还具有脆弱性和风险性，不合理土地利用对人类赖以生存的自然生态系统的破坏已经成为以人为本的科学发展与和谐社会的最大威胁，表现之一就是对人居环境的破坏，如风沙灾害对城镇居民生活环境的不良影响。所以，土地利用结构与格局优化也应使人地系统减轻脆弱性，降低风险性，增强恢复性和提高适应性方向转移，目标是使人居环境更安全，生活更舒适。

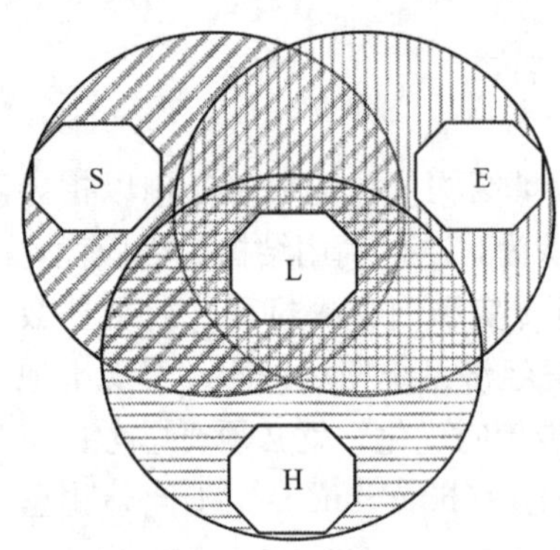

图 4-6　土地利用结构与格局优化的 S-E-H 目标模式

Fig. 4-6　S-E-H aims of land use structure optimization

综合以上分析，当前土地利用结构与格局优化研究应以区域生态安全(S：ecological security)、生产高效（E：efficient production）与生活舒适(H：happy life)为目标，即优化的土地利用结构与格局应该是生态安全的、生产高效的和生活舒适的。这一目标，也是土地利用结构与格局优化理论体系中可持续发展理论、生态经济理论和人地协调理论的内在要求。在上述 3 个目标的引领下，在土地利用结构与格局优化过程中再做到经济、社会、生态 3 个效益在空间上相结合，近期效益与长期效益在时间上相统一，就能够实现人地系统持续和谐发展。从而，提出确定土地利用结构与格局优化目标的 S-E-H 模式，根据这一模式，优化的土地利用结构与格局如图 4-6 所示。

对于沙区减轻土壤风蚀的土地利用结构与格局优化来说，S-E-H 的目标更具有针对性。具体来说，土地利用结构与格局优化的生态安全目标就是减轻土壤风蚀。因为土壤风蚀是沙区最突出的生态问题，而土壤风蚀加剧的重要原因是不合理的土地利用；生产高效的目标就是土地利用的集约化和高效化，一个基本原则就是从“大面积搞生产，小面积搞生态”转移到“大面积搞生态，小面积集约搞生产”上来(史培军等，2000，2002；张新时和史培军，2003)；生活舒适的目标就是减轻风蚀和风沙灾害对重点保护对象的侵扰，保障诸如城镇人居环境安全、水源地安全、交通线安全等。实现上述土地利用结构与格局优化目标，就能确保沙区生态安全、生产有效和生活舒适，实现生态、经济与社会效益的统一，实现生态安全的可持续土地利用。

4.2.2　确定优化对象的 P-Le-Hr 模式

土地利用结构与格局优化的对象，即要调整的那些土地利用类型。而要确定哪些土地利用类型需要调整，哪些可以保留，则需要根据优化目标，结合土地利用的功能分类来分析(陈婧和史培军，2005)。既然生态安全、生产高效与生活舒适是土地利用结构与格局优化的目标，那么那些生态脆弱、生产力低下、生活环境恶劣的土地利用类型就是被调整的对象，相反的则是保留对象。进一步，按照土地利用功能分类体系，被调整的则是生态功能差(P：poor ecological functions)、生产效益低(Le：low production efficiency)和生活风险高(Hr：high risk of life)的生态、生产和生活用地。具体类型如生态用地中的裸沙地、裸土地、低覆盖度草地等；生产用地中的坡耕地、旱地等；生活用地中的沙区独立居民点、易遭洪涝的村落等。基于上述分析，提出确定土地利用结构与格局优化对象的 P-Le-Hr 模式，基于这一模式，土地利用结构与格局优化的对象可用图 4-7 来表示。

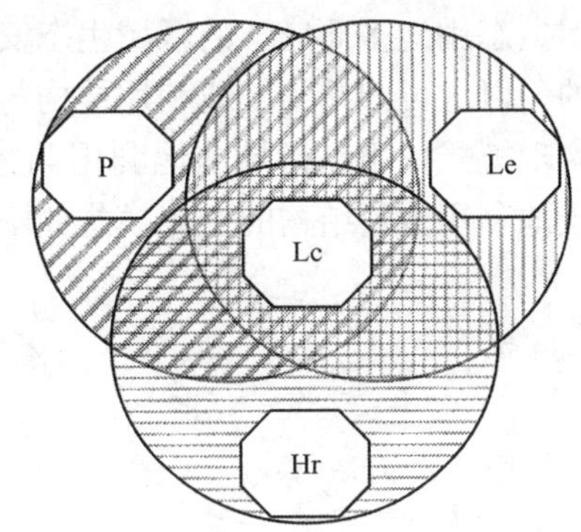

图 4-7　确定土地利用结构与格局优化对象的 P-Le-Hr 模式

Fig. 4-7　P-Le-Hr theory for identifying land use structure optimization objects

对于沙区减轻土壤风蚀的土地利用结构与格局优化来说，被调整的土地中，生态功能差的主要有裸沙地、裸土地、低/中覆盖度草地和盐碱地，这些土地生态服务价值低，裸露程度高，易发生风蚀；生产效益低的主要是旱地，散布于沙地中的旱地，是沙尘的重要来源；生活风险高的主要有沙区独立居民点、道路、城镇郊区临近沙源的民居等，它们承载了大量的人类活动，利用不当则造成周边土地风蚀沙化，同时它们经济价值较高，受风沙灾害影响较大。

4.2.3　优化数量分阶段实现模式

确定被调整的土地数量及调整后土地利用数量结构的基本理论依据有两个：一是由“大面积搞生产，小面积搞生态”转移到“小面积搞生产，大面积搞生态”(史培军等，2000；2002)；二是建立符合区域自然生态系统空间格局的“生态-生产范式”(张新时和史培军，2003；Tang and Zhang，2003)。唯有如此，才能改变很多地方，特别是生态脆弱区生态用地数量不足，生产用地效率不高的局面；才能协调区域发展与生态环境退化的矛盾，改变过去土地利用布局的不合理现象，提高土地利用的生态经济效益。为此，就要从总量上对生态用地、生产用地和生活用地进行优化调控，从总体上建立“生产用地少而精、生态用地多而广”的生态安全条件下的土地利用数量结构与空间格局。

在上述理论的指导下，各类用地具体需要调整多少？调整到多少？这和优化进度安排密切相关，它决定了分阶段土地利用结构与格局优化数量控制方案。而这一数量方案，一般通过各种预测方法，如常用的回归预测法、线性规划法和多目标规划法等对未来一定时期内各类用地的需求预测进行确定。总体来看，土地利用数量结构从“大面积搞生产，小面积搞生态”到“小面积搞生产，大面积搞生态”，最终形成“生产用地少而精、生态用地多而广”的区域生态安全的土地利用模式，是通过逐步调整，渐次过渡达到的。以上可归纳为土地利用结构与格局优化的“小面积搞生产，大面积搞生态”分阶段实现模式，用以指导土地利用调整数量及调整后土地利用数量结构。按照这一模式，土地利用数量结构的变化模式如图 4-8 所示。

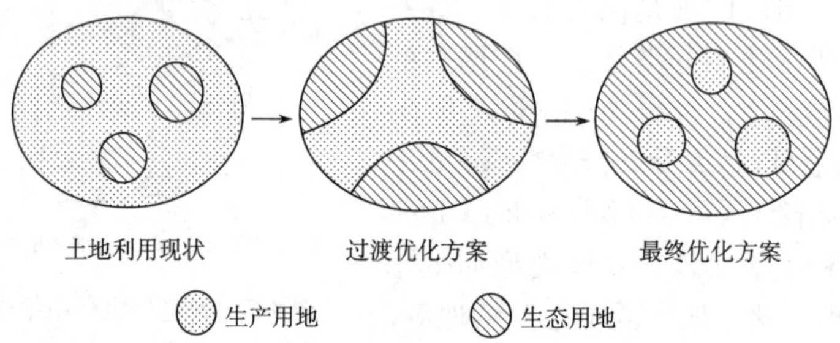

图 4-8 “小面积搞生产、大面积搞生态”分阶段实现模式

Fig. 4-8 Inter-transformation of ecological land and productive land

4.2.4 确定优化布局的图斑优化模式与宏观格局“三圈”模式

调整哪里的土地？即土地利用结构与格局优化的位置不仅是落实调整数量的关键步骤，而且是实现土地利用空间结构优化的重要手段，其核心是土地利用的空间布局过程与模式。应该说，优化模式因地制宜，多种多样。如依据山地土地类型的垂直分异规律提出的秦岭北坡区土地利用优化配置模式(刘彦随，1999a)；根据山地植被垂直带系统和荒漠盆地的同心环形植被地带提出的天山北部“山地-绿洲-过渡带-荒漠”范式(张新时，2001)；根据地形、地貌和基质决定的水分格局异域性提出的鄂尔多斯高原沙地“三圈”范式(Tang and Zhang，2003)；依据中国生态地理区域系统的不同分区土地利用结构与格局优化结构与方向(王秀红等，2004)；依据山盆系统典型地貌组合的垂直性分异规律构建的怀来山盆三“圈”五“带”模式(赵云龙等，2006)等。对于空间布局及其模式来说，一个关键问题是操纵对象的基本单元是多大？而土地利用对象存在微观和宏观两个层面，微观层面就是土地利用类型图斑，它小到一个像元，大到一个属性一致的土地利用斑块；宏观层面就是土地利用分区，它依托地貌地形或降水分布格局的自然分区，也满足特定土地利用目标的规划分区。鉴于此，确定土地利用结构与格局优化调

整的位置，也应该从微观格局——图斑，宏观格局——分区两个层面来考虑。在土地利用空间布局过程中，可先构建宏观分区。上述的各种模式就是分区优化的。然后在每个分区上进行基于图斑单元的土地利用优化判别，是实现宏观格局控制下的局部优化的有效方法。

就土地利用空间布局而言，将微观层面称为基于图斑单元的土地利用优化，将宏观层面称为基于土地利用分区的格局优化。基于图斑单元的土地利用优化就是从微观上确定哪些位置的土地利用图斑调整，哪里的保留。这一过程需要依据图斑的多种信息来判别，如土地利用图斑的侵蚀强度、适宜性等级。对于沙区减轻土壤风蚀的土地利用结构与格局优化来说，图斑优化判别信息主要是土地利用图斑的风蚀属性及其变化，如风蚀强度；如果有多期风蚀数据，还可以找出风蚀相对最小时所对应的土地利用图斑，或者导致土壤风蚀减轻的土地利用变化图斑，作为优化判定的信息。将上述三类基于图斑单元的土地利用优化判别方法归纳为：基于土地利用风蚀评价的图斑优化(图 4-9)、基于风蚀相对最小土地利用的图斑优化(图 4-10)和基于风蚀趋缓土地利用变化的图斑优化(图 4-11)，它们构成了基于图斑的土地利用格局优化模式体系。

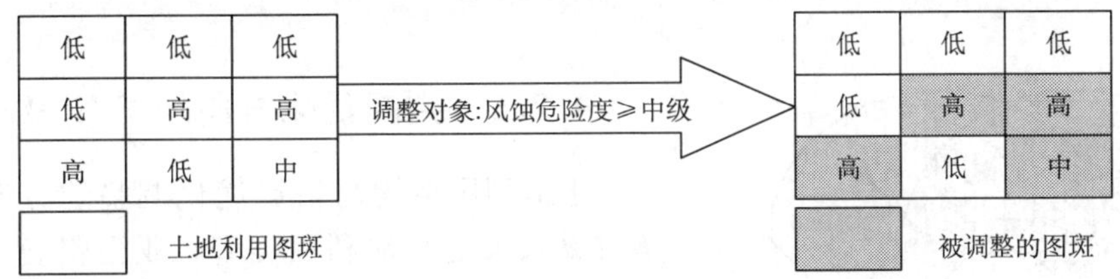

图 4-9　基于土地利用风蚀评价图斑的优化

Fig. 4-9　Sample for optimization based on land use erosion patch

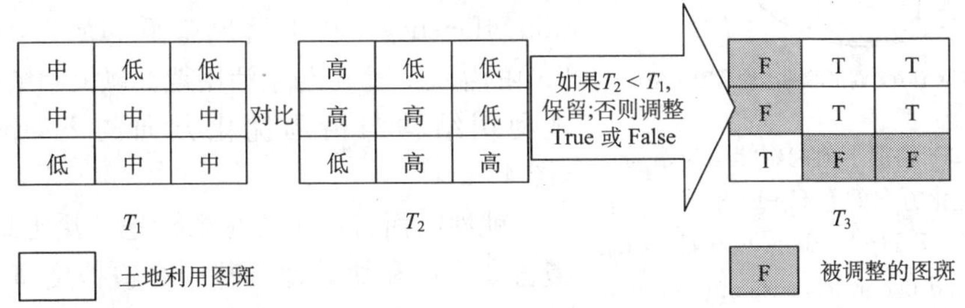

图 4-10　基于风蚀相对最小土地利用图斑的优化

Fig. 4-10　Sample for optimization based on relatively minimum land use erosion patch

基于土地利用分区的格局优化模式就是从宏观上确定各个区域土地利用调整的类型及程度，其分区依据多种多样，模式也因地制宜。借鉴前人研究成果，本书提出沙区以减轻土壤风蚀为目标的生态安全条件下的土地利用格局优化“三圈”模式，关于这一模式的具体阐述见本章 3.2。

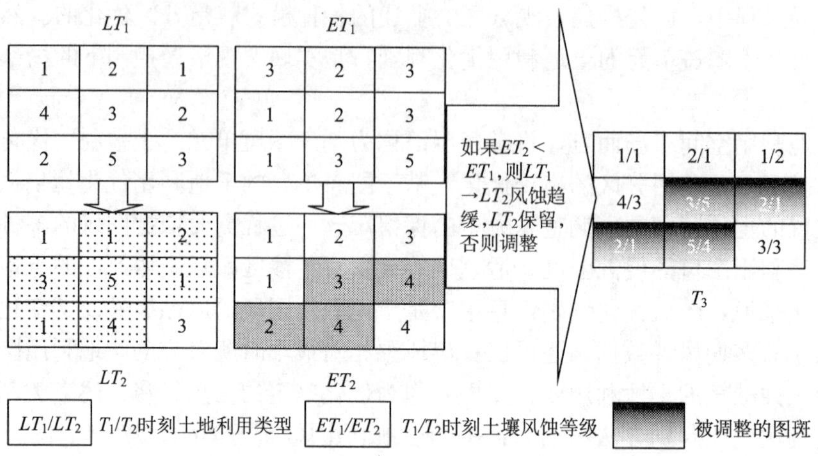

图 4-11　基于风蚀趋缓土地利用变化图斑的优化

Fig. 4-11　Sample for optimization based on decreasing land use erosion patch

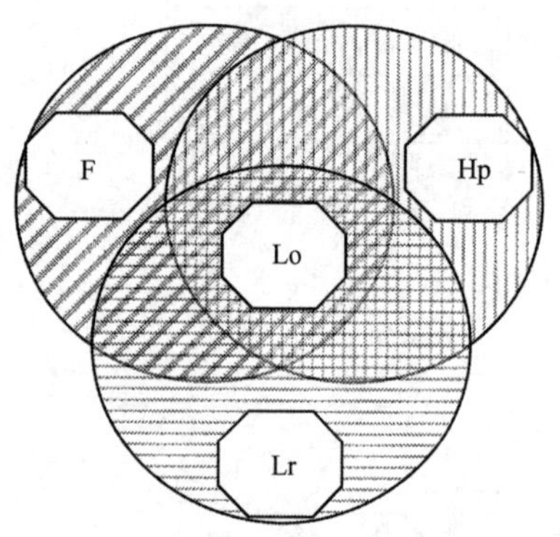

图 4-12　确定土地利用结构与格局优化方向的 F-Hp-Lr 模式

Fig. 4-12　F-Hp-Lr theory for choosing future land use in land use optimization

4.2.5　判断优化方向的 F-Hp-Lr 模式

土地利用结构与格局优化调整的方向，即调整对象未来的土地利用类型。业已明确，被调整的对象是生态功能差、生产效益低、生活风险高的生态、生产和生活用地。与之相对应，其调整后的土地利用应该是那些生态功能优(F：Fine ecological functions)、生产效益高(Hp：High production efficiency)和生活风险低(Lr：Low risk of life)的生态、生产与生活用地。以上归纳为判断土地利用结构与格局优化方向的 F-Hp-Lr 模式(图 4-12)。

就沙区而言，主要是裸沙地、裸土地、低/中覆盖度草地和盐碱地调整向高覆盖度草地、灌木林地调整；旱地退耕还灌木(草地)；沙区独立居民点退居还林(草)，由散居向聚居转变；沙区道路中的乡村小路、临时道路退路还林(草)，由支路向干路转变；城镇郊区民居一般不易改变用途，而城乡结合部位往往是人类活动扰动大，植被破坏严重的区域，为了减轻民居等受风沙灾害的损害，一般应该加强其邻近沙源的治理，以避免城市近郊就地起沙对城镇人居环境安全的影响。

在确定调整土地的利用方向时，必须十分注意这种调整对区域土地利用数量结构的影响，必须认真考虑调整后土地利用类型与水土资源的匹配。否则，调整后的土地利用数量结构有可能超出区域自然条件的承载力，从而使土地利用从一种不合理转向另一种不合理，同样不能实现土地利用结构与格局优化的目标，甚至还可能导致新的生态问题。因此，土地利用调整的方向必须和土地利用调整的数量紧密配合；必须坚持应用生态经济理论、可持续发展理论、人地系统协调理论、边际生态系统理论和自然地带规律来指导未来土地利用类型的选择。

4.2.6　“6W”理论体系

基于以上理论分析，构建起沙区生态安全条件下的土地利用结构与格局优化“6W”理论体系(图 4-13)。

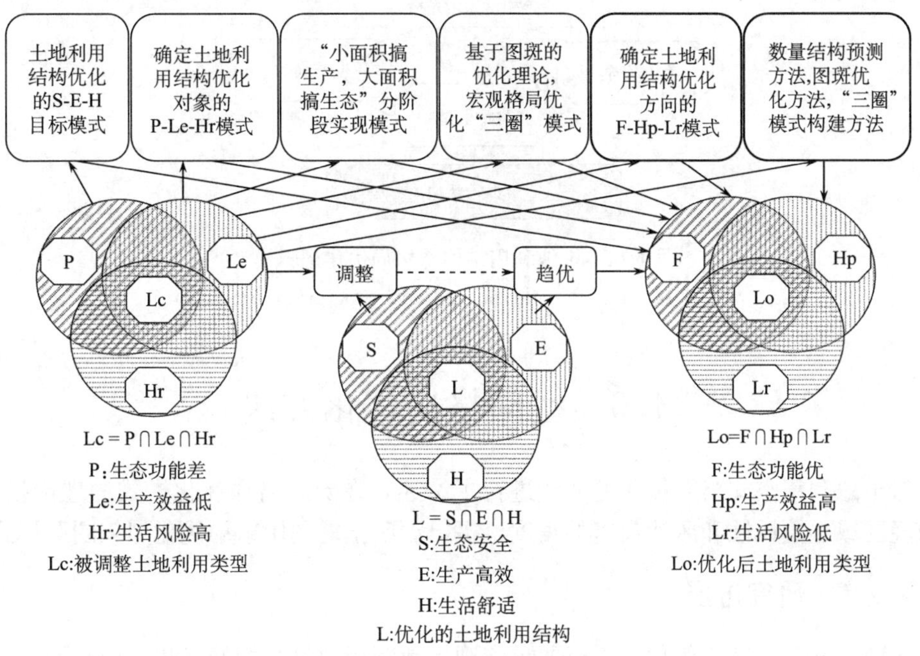

图 4-13　“6W”理论体系

Fig. 4-13　System of “6W” theories

在这一理论体系的指导下，结合土地利用结构与格局优化的实施过程，给出其逻辑模型(图 4-14)，作为对土地利用结构与格局优化思想框架的延伸。这一逻辑模型将优化过程大致分为三个阶段，每个阶段针对的问题及研究的具体内容各不相同：第一阶段是分析优化目标，回答为什么优化的问题；第二阶段分析优化的内容与实质，回答优化什么的问题；第三个阶段研究优化实施阶段的内容与流程，回答如何优化的问题。

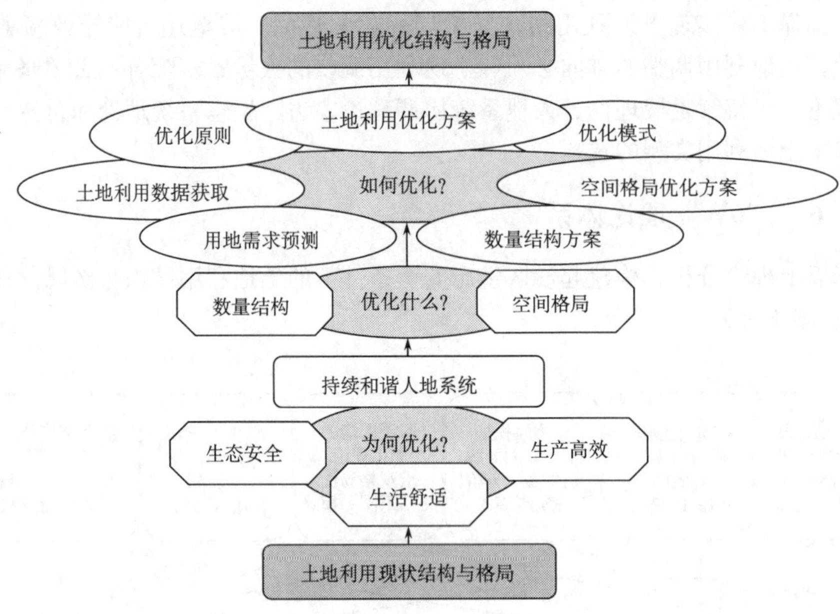

图 4-14　土地利用结构与格局优化逻辑模型

Fig. 4-14　Logic model of land use structure optimization

4.3　空间格局优化方法

对土地利用空间格局优化的方法进行了综述，在宏观格局优化模式的理论指导下，从减轻区域土壤风蚀和风沙灾害的角度，提出沙区土地利用格局优化“三圈”模式。

4.3.1　研究进展

区域土地利用结构优化，不仅要求宏观土地利用数量结构的优化，而且要保证土地利用结构空间布局趋于优化。目前应用较多的有景观格局分析与模拟方法、GIS 方法和元胞自动机(CA)方法等。

景观生态学强调空间格局及其优化是景观生态学研究的核心所在(韩文权等，2005)。由于景观格局与土地利用/土地覆盖格局存在着本质联系以及景观格局/土地利用变化模型的共享，使景观格局优化方法与土地利用空间结构优化布局相互贯通。张惠远和王仰麟(2000)指出空间格局的生态优化是以往土地利用优化配置中的薄弱环节，景观生态学的发展与完善为弥补此项不足提供了一个全新的研究视角，并重点讨论了基于格局分析的土地利用生态优化途径及其发展前景。例如，Grabum 和 Meyer(1998)研究了基于景观生态理论与 GIS 技术的景观多目标规划优化方法，建立了遗传算法模型，并在德国进行了实证研究。Schuller 等(2000)以土地持续利用和生态系统稳定为目标，以景观生态学原理为指导，运用“斑块网络概念”的生态恢复工程措施构建优化土地利用结构。Ralf 和 Alexey(2003)对 Seppelt 和 Voinov(2002)提出的景观优化方法进行了分析，开展了基于多尺度栖息地比较的土地利用方式优化方法研究，指出局部优化算法在涉及强烈空间相互作用的地方可能不能很好地发挥作用。Wang 等(2004)运用多目标规划方法与 GIS 相结合建立了 GIS/IFMOP 综合模型，研究在流域尺度上土地资源的优化配置问题。该模型运用多目标线性规划方法计算出未来各种土地利用类型的数量，再用 GIS 模型将结果配置到合适的空间位置，这种模型有利于环境规划和管理者充分地应用信息技术实现土地资源的合理配置。

GIS 由于其空间数据管理与分析的强大能力，近年来逐步成为土地利用结构空间优化的重要工具与方法。徐勇和 Roy(2001)采用 GIS 技术，分析了 1966～2000 年期间燕沟流域土地利用变化的时空过程，评价了土地利用结构优化调控后的生态环境效益、经济效益及其可持续发展性。GIS、RS 技术和数量预测模型相结合，可以实现土地利用数量与空间结构的优化，除 Grabum 和 Meyer(1998)、郑新奇等(2001)、张红旗等(2003)和 Wang 等(2004)的研究外，温熙胜和丁德蓉(2003)利用 RS 航空像片对城市土地利用现状进行判读，并对土地质量进行适宜性评价，利用系统动力学(system dynamics，SD)模型和多目标规划模型对城市各用地类型的面积进行优化计算，实现城市各类用地空间的优化配置。针对制约土地利用的不利因子，Li 等(2004)在 GIS 支持下按照各土地利用类型对水土流失的贡献大小构建了修正型土地利用结构指数来评价水土流失，最后按水土流失量控制为条件调整土地利用结构。肖庆文等(2005)在黄土丘陵沟壑区典型特征的杏子河流域开展了类似的研究。对于沙区来说，岳耀杰(2005)应用 GIS 和 RS 技术，基于生态不安全因素进行了生态安全评价，根据微地貌特征建立了优化土地利用方式，依据生态安全等级进行土地利用调整。进一步地，岳耀杰等(2006)应用 GIS 和 RS 技术，分析了土地利用格局与沙尘传输关系，对“三圈”土地利用模式进行了优化。与传统的土地优化配置方法相比，GIS 和 RS 支持的土地资源优化配置模型，使土地资源利用更加合理。

另一个比较有前途的土地利用空间结构优化方法是 CA 方法。CA 方法在模拟空间现象时具有时间和空间动态变化上的直观、生动、简洁、高效、实时性等其他模型所不具备的优越性(周成虎等，1999)。由于 CA 具有鲜明的时空耦合特征，特别适用于复杂地理空间系统的动态模拟研究，目前已经应用在城市和区域土地利用结构预测与结构优化方面，如苏伟等(2006)、杨国清等(2007)、Syphard 等(2005)、胡茂桂等(2007)和 Peterson 等(2009)的研究。在第二章中已经对 CA 模型的原理与应用案例做了介绍，此处不再赘述。与众多数量结构优化方法相比，土地利用结构空间优化的方法较少且研究薄弱，但最近 10 年发展很快。应该说，土地利用结构空间优化是把优化真正落实到实地的一个关键步骤，但落实的过程及结果是否符合实地的情况，还需要认真思考，其关键是制定切实可行的空间格局模拟方案。当前有一个趋势，就是土地利用结构空间优化的方法走向集成，如景观格局模拟离不开 GIS 的支持，同样 CA 方法也必须由 GIS 来提供数据，并支撑模型的运行。随着“3S”技术的发展与集成，以 3S 技术为核心，叠加景观格局模拟、CA 方法或者其他时空模型进行土地利用空间结构优化必将成为趋势。

4.3.2 空间格局优化方法

构建了沙区生态安全条件下土地利用结构优化的“三圈”模式，进行宏观土地利用格局优化。这一“三圈”模式，重点解决沙区城镇等重点保护对象周边面状沙源减轻土壤风蚀的生态问题，从而达到保障沙区生态安全的目标。

1. 核心思想

以减轻土壤风蚀为主要目标的生态安全条件下的沙区土地利用宏观格局优化模式，其构建的依据除了地形地貌、自然地带分异和水分格局以外，还必须从区域综合减轻风沙灾害和保障重点对象安全的角度，提出针对性的分区依据和模式。目前，在防治沙漠化和土壤风蚀中，圈层土地利用模式已经为人们所认识和接受(慈龙骏等，2007)。在区域水平上的研究案例有：鄂尔多斯高原沙地“三圈”范式(Tang and Zhang，2003)、科尔沁沙地微观“三圈”模式(岳耀杰，2005)、亚洲沙区宏观“三圈”模式(Yue et al.，2005)和北京地区“三圈”模式(赵延治，2006)。另外，在具体到某一承灾体的风沙灾害防治中，“三圈”模式也有应用，如湖泊(水库)风沙灾害防治的“三圈”土地利用优化模式(岳耀杰等，2008)。

本书提出的“三圈”模式的核心思想是在沙区生态安全条件下的土地利用结构与格局优化理论指导下，构建以沙区城镇、水源和道路等为核心区，以毗邻区、近郊区、远郊区和外围区为基本结构的重点保护对象周边沙化土地利用结构优化的圈层模式。这一圈层模式以减轻土壤风蚀，减轻风沙危害，保障区域生态安全和沙区人居环境安全为生态目标；以生产有效，人民生活舒适为社会目标；以生态用地、生产用地和生活用地协调、稳定、高效为土地利用目标。各圈层环绕重点保护对象，特别是在风沙来源的上风向，通过调整土地利用，形成减轻土壤风蚀，减少风沙灾害的有效防护体系。通过以点带面、不同圈层实施减轻土壤风蚀的土地利用结构优化，最终实现区域土地生态安全下的可持续利用。

2. “三圈”模式的科学依据

“三圈”模式的科学依据是沙尘输移的距离规律。Tsoar 和 Pye 计算了在中性大气里中等风暴(平均风速 $u=15$ m/s，紊流交换系数$\in=10^3\sim10^7$ cm/s)条件下，不同粒径的粉尘可能被搬运的最大距离(图 4-15)，认为大于 20 μm 的颗粒不大可能搬运到离源区 30 km 以外的地方(Tsoar and Pye，1987)。

这一研究结果成为制定减轻土壤风蚀和防治风沙灾害的“三圈”模式的理论依据。实际操作中，可以以城镇建成区(湖库、道路)为中心，分别以 5 km、10 km、20 km 为半径生成缓冲区(总半径长度为 35 km)，从而划出 3 个圈层作为土地利用结构与格局优化的主要区域。不同圈层依据减轻土壤风蚀的土地利用结构优化原则、数量结构优化方案与空间配置方法对土地利用进行调整，从而实现区域内减轻土壤风蚀的土地利用生态安全。“三圈”的划定明确了土地利用结构与格局优化的空间对象及其尺度，奠定了城镇周边面状沙源减轻土壤风蚀的土地利用结构与格局优化“三圈”模式的总体格局。

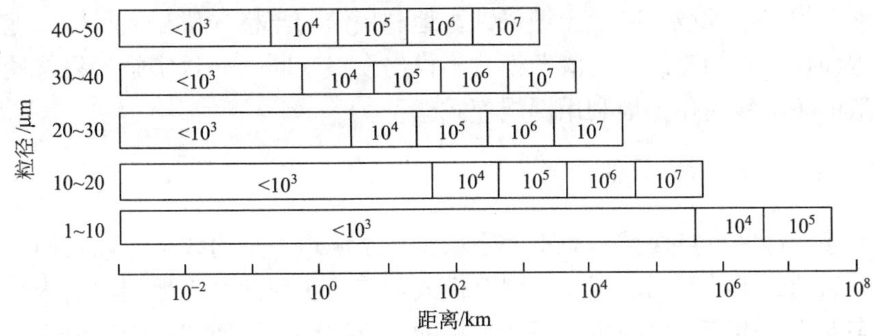

图 4-15　不同粒径尘粒在正常情况下的搬运距离

Fig. 4-15　Transit distance of dust with different radius under normal condition

据 Tsoar and Pye，1987，框内数字为不同的湍流交换系数

这里提出的“三圈”模式及其空间尺度的划分，特指中等区域尺度(县域)城镇周边面状沙源减轻土壤风蚀的土地利用结构与格局优化“三圈”模式。事实上，根据不同尺度的地形、地貌、水分、基质所形成的地带性圈层结构，结合由此所形成的地表覆盖与土地利用的空间分异规律，可以构建出不同空间尺度的“三圈”模式，其三圈间的尺度划分也是灵活的。各个空间尺度的“三圈”模式可以互相嵌套，且功能与针对性有所不同，形成从区域整体到局部地域的“三圈”组合，从而构建生态安全与经济有效的可持续土地利用。

3. “三圈”模式的特点

“三圈”模式借鉴了一般土地利用结构优化的理论、方法与技术，又有所发展，具有自己的特点。

(1)从研究区域来看，它研究沙区这一生态脆弱区与人地矛盾突出区的土地利用结构与格局优化，使得它必须立足于沙区的自然与人文特点，着眼于沙区生态与土地利用关键问题，构建具有沙区特色的优化理论、方法与技术体系。这种区域特点，是它有别于其他区域土地利用结构与格局优化研究的根本所在。

(2)从生态安全角度，它着眼于沙区生态安全最大的限制性因素——土壤风蚀这一生态问题，尝试通过调整土地利用结构破解这一生态问题，同时解决人-地矛盾难题，找到了协调土地利用与生态建设，构建生态-土地和谐系统的切入点。

(3)从土地利用角度，它和基于社会经济指标的用地需求优化的不同之处在于它基于风蚀实地测量，并通过土地利用风蚀评价，切实提出了减轻土壤风蚀土地利用结构与格局优化的定量指标，从而将人文需求与自然规律有机结合起来。

(4)从防沙治沙角度，它不局限于单纯减轻土壤风蚀和调整土地利用，而是从区域发展和环境安全出发，通过构建以城镇为核心区的，减轻土壤风蚀的土地利用圈层结构，以点带面防治沙漠化，既达到减轻土壤风蚀和优化土地利用的目的，又实现了区域生态与人居环境安全。

(5)从优化模式来看，它与防治沙漠化的圈层土地利用模式的不同点，在于它所实施的“三圈”模式，承载了减轻土壤风蚀土地利用结构与格局优化的目标、理论、方法与技术，因而使得它构建的“三圈”模式不仅出发点不同，而且实施过程与最终结果都有别于一般的防治沙漠化土地利用圈层模式。

4. “三圈”模式的一般形式

如前所述，沙区重点保护对象不外乎城镇、水源地、交通线等，以它们为核心构建的减轻土壤风蚀的土地利用宏观“三圈”模式，将是实现沙区土地利用结构与格局优化的区域生态安全、生产高效与生活舒适目标的可行之路。为使“三圈”模式更具一般意义，以沙区城镇为例归纳出沙区生态安全条件下的土地利用结构与格局优化“三圈”模式的一般形式(图 4-16)。

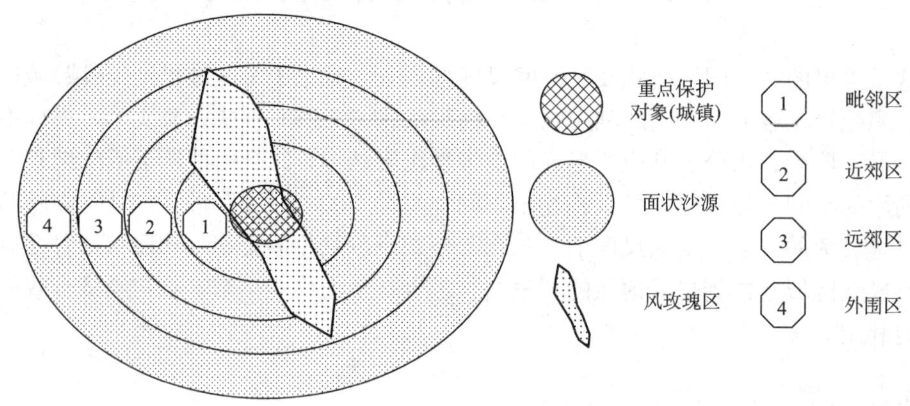

图 4-16　沙区生态安全条件下的土地利用结构与格局优化“三圈”模式一般形式

Fig. 4-16　Three-circle pattern of land use structure optimization under ecological security in sandy area

“三圈”模式的基本结构是：以城镇建成区(或水源地、交通线等)等面状(或线状)保护对象为核心，按照沙源距离保护对象的远近和风沙输移的距离构建的三圈区域为主体，以常年风向频率为依据的风玫瑰区为辅助，形成环绕重点保护对象的毗邻区、近郊区和远郊区 3 个核心区和外围区，同时 3 个核心区根据位于风玫瑰区与否又区分为重点区和次要区。在这一模式下，对不同的区域采取不同的土地利用结构优化策略，并落实到图斑优化上去，就能够实现区域与局地相结合。这一模式构建以城镇等重点保护对象为核心的三圈土地利用格局，并突出防治常年主风向风沙源灾害性侵扰的目的，通过实施宏观格局控制下减轻风蚀的土地利用结构优化，以点带面，在保障城镇人居环境安全和水源安全的基础上，最终实现区域生态安全的土地利用，体现以人为本的和谐土地利用的理念。这样，就形成了重点保护对象周边面状沙源减轻土壤风蚀的土地利用结构与格局优化“三圈”模式，作为沙区土地利用宏观格局优化模式构建的理论基础。构建这一模式时，从防治土壤风蚀的角度，需要三圈区划和风玫瑰区划方法的支持。

4.4　数量结构优化方法

土地利用数量结构优化，除了要满足生态安全的需求外，还需要把满足社会与人类的发展和舒适放在重要的位置。因此，区域社会经济发展对土地的需求，就成为制定合理土地利用结构优化方案的重要依据。土地利用数量结构优化方案的制订，需建立在对社会经济数据分析和预测的基础上。

4.4.1　研究进展

土地利用数量结构优化，其实质是依据已有数据和社会经济与生态建设对土地资源的需求，预测一定时期内各土地利用类型的数量比例，作为空间布局的基本依据。土地利用数量预测的方法可以分为定性与定量两类，前者主要有特尔菲(Delphi)法；后者主要有回归预测法，马尔可夫预测方法，灰色预测模型、线性规划模型，多目标规划模型，动态规划模型和系统动态学模型等。

回归预测法一般是基于研究区域已有数据，通过回归分析得到拟合函数，然后设定不同满足水平的人口-粮食需求方案，进行人口-粮食-耕地预测，从而得到未来一定时段耕地等土地利用类型的需求量，用以指导土地利用结构优化。如刘彦随(2000)在绥德着眼于人地系统的优化调控，按照人口-粮食-林草的逻辑序列，对农业土地利用配置方案进行了优化设计。刘彦随和方创琳(2001)综合考虑三峡库区社会经济发展与生态环境建设的目标要求，运用线性规划模型方法，提出了库区土地利用优化配置的方案。何书金等(2001)在东营市对耕地变化与人口和经济发展关系进行了多元回归分析，并按土地利用类型应用多目标规划模型进行了土地持续利用约束分析，提出了土地持续利用结构优化配置方案。安萍莉等(2002)以武川县为例，应用回归分析方法，预测了未来人口数量，并设定不同粮食需求满足水平，提出了土地利用结构重建——退耕还草的具体方案。上述案例证明，回归预测方法基于已有数据进行分析，比较容易实施，且预测结果能够比较真实地反映实际情况。

线性规划是一种优化资源配置的有效方法，是一种确定的静态模型。它要求目标函数中的效益系数、约束条件中的技术系数及其他限制量都固定下来。国内学者应用这种方法进行土地利用数量结构的预测很多。如刘彦随(1999c，1999d)运用系统科学的理论与方法，对土地利用优化原理与目标进行了研究，并以乐清市为例，运用线性规划的理论与方法，开展了土地利用系统结构优化的实证研究。张耀光(2001)应用线性规划方法，建立了辽河三角洲土地资源合理利用结构优化模型。徐学选等(2002)利用线性规划方法对黄土丘陵区农林牧用地结构进行优化模式设计，以最大收入为目标函数，在生态、社会效益需求的约束下优化用地结构。闫丽娟和张恩和(2007)以北方农牧交错带定西县土地利用结构的经济效益作为目标函数，以人口和自然条件作为约束条件，用线性规划方法对土地利用结构进行优化了分析。由于土地利用系统的多变性及系统因素之间的复杂性，所求出的解往往与实际不符，甚至无解。而灰色线性规划是在技术系数为可变的灰数、约束值为发展的情况下进行的，是一种动态的线性规划，它弥补了一般线性规划的不足，不仅可以知道既定条件下的最优结构，而且可以知道最优结构的发展变化情况。耿红和王泽民(2000)针对土地利用总体规划编制中土地利用结构优化方法的不足，探讨了用灰色线性规划方法优化土地利用结构，并以广西田阳县为例验证了它的合理性、科学性。但承龙等(2001)应用灰色线性规划模型和层次分析法对启东市土地利用结构的优化和方案决策进行探讨。线性规划模型擅长数量结构优化，如与空间模型综合起来会得到更好的应用结果，如张红旗等(2003)在红壤丘陵区典型区江西省泰和县千烟洲，在分析当前土地利用结构并进行土地适宜性评价的基础上，将GIS技术与线性规划模型有效地耦合起来，探讨实现农用土地资源在空间上最优配置的方法与技术。苏伟等(2006)以中国北方农牧交错带为例开展了生态安全条件下的土地利用格局优化模拟研究，通过灰色线性规划方法得出总量控制优化方案，利用具有复杂空间演变能力的CA模型完成土地空间分配，实现了数量与空间结构双优化。

但线性规划无论如何改进，也只能解决单一目标下的土地利用数量结构预测，而现实中土地利用往往需满足多种目标，如生态目标、社会日标和经济目标等。多目标规划主要研究在某种意义下多个目标的同时最优化问题，比线性规划具有更大的灵活性。因此，近年来的土地利用结构优化中，多目标规划得到了广泛应用。倪九派等(2002)提出了土地资源优化利用的多目标优化理论框架，以开县芋子沟小流域为例，探讨了三峡库区小流域土地资源优化利用模式。在长川流域，高清竹等(2006)借助景观生态学理论，运用多目标规划方法和GIS手段，得出优化后的长川流域土地利用结构。肖庆文等(2005)选择具有黄土丘陵沟壑区典型特征的杏子河流域为研究区域，将累积土壤水分补给量模型、土壤侵蚀模型和多目标非线性优化模型结合起来，建立了黄土丘陵沟壑区土地利用空间优化模型。针对我国东部受矿山影响的复垦土地利用结构优化，胡振琪和赵淑芹(2006)在SPSS软件的支持下，利用复垦前后不同土地利用类型的生态足迹、景观多样性、产值等指标，运用多目标规划法进行了优化分析，结果表明较常用的单目标规划方法优越得多。在区域水平上，郑新奇等(2001)将系统动态学模型和多目标规划模型相结合，研究了济南市各用地类型的面积优化和空间配置。刘艳芳等(2002)应用系统思想和生态学原理，探讨了土地利用结构优化的生态标准，构建了区域土地利用结构多目标线性规划模型，进行了海南省琼海市生态优化实例分析。赵云龙等(2006)以河北怀来县为例，构建了怀来山盆系统“山间盆地-低山丘陵-中山山地”生态-生产范式，应用多目标线性规划模型进行了优化。上述研究表明，多目标规划因能解决多个目标同时最优化的问题，得到了广泛应用(刘荣霞等，2005)。

与上述方法相比，动态规划法(郑阳明和贾全昌，1995)、系统动态学模型(王良健等，1997；郑新奇等，2001)和马尔可夫预测方法(刘耀林等，2004)的应用相对较少。由于土地利用结构优化从属和服务于土地规划，其数量结构预测多采用诸如线性规划、灰色线性规划，多目标规划和多目标线性规划一类的规划模型。而回归分析方法由于不需要太多的逻辑与推理模型，在数据完备的情况下，也不失为一种有效而快捷的方法。

4.4.2　指导思想

根据生态安全和经济有效的优化指导思想，结合土地功能优化原则，各土地利用类型的数量结构优化方案主要考虑三个方面的约束：一是满足生态安全条件的强制性约束，即林地、草地、水域具有较高生态服务功能与价值的土地面积只能增加，不能减少，这些用地的调整要以增加它们的面积，提高它们的生态服务功能为前提；二是满足人民生活与区域发展需求的保障性约束，即耕地、建设用地等生产、生活用地面积要符合预测需求，保障供给，但不宜扩大，如果这些土地利用处于不安全水平或超出了需求量，则应当按照“大面积搞生态，小面积搞生产的原则”进行调整和减少；三是满足减轻土壤风蚀的弹性约束，即灵活设定减轻土壤风蚀的不同预期水平，确定裸沙地治理面积比例，以及易蚀土地的调整比例。

考虑到生产用地和生活用地的需求具有不可替代性，任何区域性土地利用结构优化都应先满足这两个方面的基本需求。对生产用地来说，主要是保证满足区域粮食需求的耕地数量。生活用地则主要是满足城市化对城镇建成区、区域发展对基础设施用地的需求。上述两类用地可以通过预测方法获取。然后，基于弹性约束对易蚀土地治理的预期水平和强制性约束对生态用地的需求，根据优化原则对土地调整与转换的规定，合理分配各类用地的数量，就可以制定出减轻土壤风蚀的土地利用数量结构优化控制方案。

4.4.3　数量结构优化方法

基于上述分析，数量结构优化的一个重要任务是对保障性约束的用地需求进行预测。对于生产用地来说，主要是保证满足区域粮食需求的耕地数量，这取决于区域粮食需求量、复种指数与粮食单产。而区域粮食需求量包括口粮、饲用粮需求，它们受区域人口数量、人均口粮消费量、人均肉类消费量等因素制约。生活用地则主要是满足城市化对城镇建成区、区域发展对基础设施用地的需求，它一方面受经济发展水平制约；另一方面又受到区域发展规划和产业政策的强烈影响。对于弹性约束涉及的易蚀土地治理数量与强制性约束包括的林地、草地增长数量则基于对现状数量结构的评价，按照优化原则进行情景假设来制定。

归纳起来，数量结构优化的方法大致有实地调查、趋势预测、规划预测和基于转移规则的情景假设等几类。数量结构优化涉及的指标与方法可以用图 4-17 来概括。

1. 人口预测

人口预测的主要目的是为粮食需求和建设需求预测提供基础数据。目前，对人口预测的常用方法有因素解析法和趋势预测法(李永浮等，2006)。趋势预测法就是只分析以往流动人口的总量数据资料，运用数学方法揭示其数量变化规律，进而外推出未来一段时期的变化趋势。例如，数学函数拟合法[线性函数、指数函数和逻节斯特(Logistic)曲线等](汤江龙和赵小敏，2005；李永浮等，2006)、GM(1,1)模型、神经网络预测法，等等。对于直线趋势较明显的问题，用一元线性回归法效果较好。

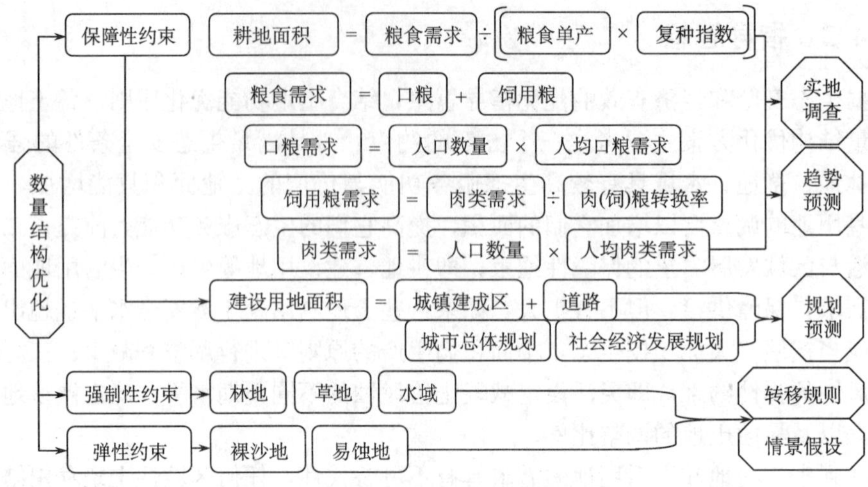

图 4-17　数量结构优化指标与方法体系

Fig. 4-17　Index and method system for quantify structure optimization

2. 粮食需求预测

目前，对粮食需求预测的方法主要有模型法和推算法。如果研究的主要目的是实际应用和提供决策参考，首选推算法(姜风和孙瑾，2007)。鉴于统计年鉴数据比较容易获取，采用推算法预测粮食需求是可行的。根据前人研究，粮食需求主要由两部分组成：口粮和饲用粮。口粮是直接用于饮食消费的粮食；饲用粮是为生产动物性食品(主要是肉类)而消耗的粮食。要想准确预测粮食需求，需要从人均口粮消费量与肉类消费量两方面入手。需要注意的是，随着社会经济发展，人均口粮与肉类的消费水平是变化的。

1) 人均口粮需求预测

关于人均口粮年消费量，不少学者进行了研究，给出的预测数字各不相同(史培军等，1999)。黄季琨和 Rozelle(1996)预测 2000～2030 年全国人均口粮消费量从 1991 年的 225 kg 下降到 2000 年的 223 kg，2010 年的 214 kg，并进一步下降到 2020 年的 203 kg。对具体研究区域人均口粮消费量的预测，可以参考这一结果。另外，还需注意的是城镇人口与农村人口在口粮消费量上存在较大差异。黄季琨和 Rozelle(1996)的研究表明，一个居民从农村转移到一个中小城市，他的粮食年消费量将减少 58.3 kg。黎东升(2005)的研究表明城乡人口对口粮的消费量差距有增大趋势，达到了 89.4 kg。这些影响粮食需求的因素，都需要综合考虑进来，才能对粮食需求有一个比较全面的认识。

2) 饲用粮需求预测

对饲用粮的预测，要从肉类生产对饲料的需求入手，一个基础工作就是对人均肉类消费量与区域肉类生产量进行合理估计。黄季琨和 Rozelle(1996)预测 2000～2030 年全国人均肉类消费量从 1991 年的 17 kg 增长到 2000 年的 23 kg、2010 年的 32 kg 和 2020 年的 43 kg。另外，他们的研究还表明，一个居民从农村转移到一个中小城市，他的畜产品的年消费量增加 4.2 kg。黎东升(2005)的研究表明城乡人口对肉类的消费量差距已达 26.7 kg。上述已有对人均肉类消费量的预测以及城乡人口在肉类消费方面的差异，可以作为具体区域人均肉类消费量预测的参考。对于沙区和农牧交错区来说，畜牧业所占比重较大，肉类生产不仅仅是为了满足当地需求，这样对肉类产量的预测就不能只考虑人均消费量，还要从肉类产量的历史数据入手来进行推算。此外，要预测肉类生产对饲用粮的需求，还要剔除草地和秸秆的动物性食品生产力。草地和秸秆的动物性食品生产能力可以通过实地调查，或者参考有关研究文献来进行预测。

动物性食物的生产需要消耗粮食，这就存在一个动物性食物与饲料(粮食)之间的转化率问题。由于我国的动物性食物生产既包括工厂化饲养，还包括农户散养，所以肉饲转化率的确定非常困难，不同的研究采用的转化率也不同。表 4-2 列出了不同学者经过调查提出的肉饲比。

表 4-2　动物性食品的饲料转化率

Tab. 4-2　Feed conversion rate of animality food

动物性食品	肉饲比	参考文献
猪肉	1∶4	郜若素和马南国，1993；徐翔，1997；曹甲伟，2003
	1∶3.5	程国强等，1997
	1∶3.9～1∶4.2	王秀清和李德发，1998；赵占峰和孙剑，2005
	1∶3.24～1∶3.47	张晓辉，1998
牛羊肉	1∶3.4	郜若素和马南国，1993
	1∶3.2	程国强等，1997
	1∶3.5	徐翔，1997
	1∶2.5	曹甲伟，2003

也有学者从食物热当量的角度提出动物性食品与植被性食品的当量转化率为1∶8～1∶10(张新时等，1998；任继周和侯扶江，1999)，即 1 t 肉相当于 8～10 t 粮食提供的热量，但这个转换率不能代表饲料(粮食)与肉类的交换率。在具体区域肉类生产饲用粮的预测中，可以参考表 4-2 列出的饲料转化率。

3. 耕地需求预测

在对区域口粮需求量和肉类生产饲用粮需求量预测的基础上，就可以得到区域粮食需求量的预测结果。据此，结合

耕地面积=(口粮需求量+饲用粮需求量)/(粮食单产×复种指数)

就可以预测出耕地的需求量。需要注意的是，不同区域粮食单产和复种指数年是不同的，需要通过实地调查获得或者依据统计数据推算来预测。

4. 建设用地需求预测

对建设用地需求的预测，主要包括以下两个方面：一是城镇建成区面积扩展占用土地；二是道路等基础设施建设占用的土地。由于建设用地的变动和区域经济发展速度、

方向及规划目标有着极密切的关系，因此对该类用地的需求预测宜在统计数据的基础上，结合区域社会经济发展中长期规划、城市总体规划与交通建设规划来进行。

5. 生态用地需求预测

对生态用地的需求预测，主要是从两个方面来考虑：一是从生态安全的角度，保护并增大林地、草地、水域具有较高生态服务功能与价值的土地面积；二是从减轻土壤风蚀的角度，治理裸沙地，减少其他易蚀土地面积。至于两者增减的幅度，则在查清现状数量的基础上，依据数量结构优化概念模型和优化原则所规定的土地转移规则，通过情景假设确定。另外，对于生态用地具体类型及其数量的构建，一定要注意适应实地的生物气候条件，尊重自然地带性规律，否则所构建的生态用地就难以持续。因此，对生态用地需求的预测，要根据实地情况，具体问题具体分析。

4.5 土地利用结构与格局优化流程

土地利用结构优化的方法体系如图 4-18 所示。我们要研究的是，如何在这些方法体系的指导下，结合沙区独特的生态问题，从生态安全和经济有效的角度提出适用的土地利用数量和空间结构优化的方法。本节已经从空间结构和数量结构两方面就沙区生态安全条件下的土地利用结构优化方法进行了阐述，但这些方法的实施还有很多具体的问题，详见第 5 章。

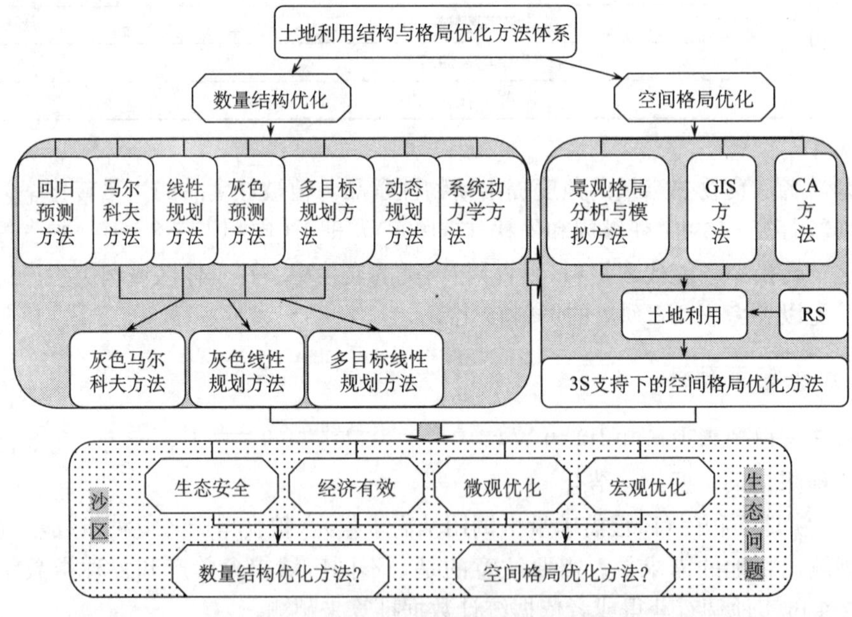

图 4-18 土地利用结构与格局优化方法体系

Fig. 4-18 Land use structure optimization methods system

至此，在研究框架的指导下(图 1-14)，相继研究了基于影像分区分类方法的沙区土地利用检测方法，基于地表实测与遥感反演相结合的沙区生态安全评价方法体系和减轻土壤风蚀的土地利用结构与格局优化理论、方法体系，从而完成了生态安全条件下沙区土地利用结构与格局优化的工作基础、方法依据和理论支撑研究。在以上研究的基础上，梳理出生态安全条件下的沙区土地利用结构与格局优化的流程(图 4-19)。在这一优化流程的指导下，从第 5 章起，将重点阐述应用以上理论、方法和技术体系在榆阳典型区开展土地利用检测与变化分析、土地利用风蚀危险性评价和土地利用结构与格局优化的研究案例，并对有关研究结果进行分析。

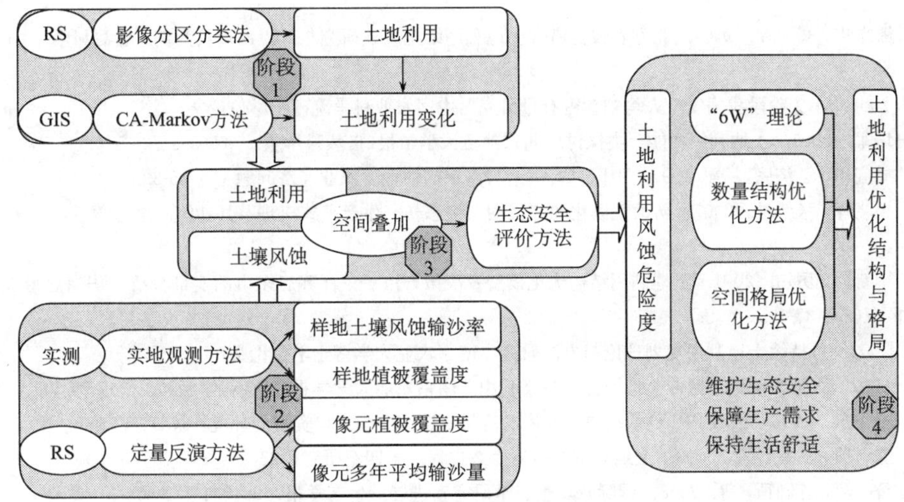

图 4-19　生态安全条件下的沙区土地利用结构与格局优化流程

Fig. 4-19　Technological flow of land use structure optimization under ecological security in sandy area

本 章 小 结

本章重点对减轻土壤风蚀的土地利用结构与格局优化的理论与方法进行探讨，主要进展是：①构建了“6W”理论与方法体系，包括确定土地利用结构优化目标的 S-E-H 模式；确定优化对象的 P-Le-Hr 模式；确定优化数量的“小面积搞生产，大面积搞生态”分阶段实现模式；确定优化布局的图斑优化模式与宏观格局“三圈”模式；确定优化方向的 F-Hp-Lr 模式；确定优化布局的微观图斑模式和宏观“三圈”模式。②构建了空间结构与格局优化的宏观“三圈”模式，阐述了“三圈”模式的结构、依据、形式和构建方法。③提出了数量结构优化的方法体系，从生态建设和社会经济发展的角度，构建了以人口、粮食、耕地、建设用地和生态用地为指标体系的土地利用预测方法。通过上述研究，形成了生态安全条件下(减轻土壤风蚀)的土地利用结构与格局优化的理论、方法与技术体系。在第 2、3、4 章研究基础上，提出了生态安全条件下沙区土地利用结构与格局优化的流程。

“6W”理论与“三圈”模式和数量结构优化方法体系重点从解决沙区土壤风蚀这一

生态问题角度来构建土地利用结构与格局优化的原则、依据、方法和技术，因此能够为生态安全条件下的沙区土地利用结构与格局优化提供有力的支持。同时，这一理论与方法体系还阐述了土地利用结构与格局优化的一般原理和方法论，也可以为其他区域土地利用结构与格局优化提供思路借鉴。

参考文献

安萍莉，潘志华，郑大玮. 2002. 北方农牧交错带土地利用结构重建研究——以武川县为例. 资源科学，24(1)：35-39.

曹甲伟. 2003. 小康阶段我国安全人均粮食占有量研究. 中国农业科学院硕士学位论文.

陈婧，史培军. 2005. 土地利用功能分类探讨. 北京师范大学学报(自然科学版)，41(5)：536-540.

程国强，周应华，王济民，等. 1997. 中国饲料供给与需求的估计. 农业经济问题，5：25-29.

慈龙骏，杨晓晖，张新时. 2007. 防治荒漠化的“三圈”生态——生产范式机理及其功能. 生态学报，27(4)：1450-1460.

但承龙，雍新琴，厉伟. 2001. 土地利用结构优化模型及决策方法——江苏启东市的实证分析. 华南热带农业大学学报，7(3)：38-40.

但承龙. 2002. 可持续土地利用规划理论与方法研究. 南京农业大学博士学位论文.

冯年华. 2002. 人地协调论与区域土地资源可持续利用. 南京农业大学学报(社会科学版)，2(2)：29-34.

冯玉广，王华东. 1996. 区域PRED系统协调发展的定量描述. 中国人口资源与环境，6(2)：42-46.

傅伯杰，陈利顶，王军，等. 2003. 土地利用结构与生态过程. 第四纪研究，23(3)：247-255.

傅伯杰，吕一河，陈利顶，等. 2008. 国际景观生态学研究新进展. 生态学报，28(2)：798-804.

傅伯杰. 1991. 土地评价的基本理论问题初探. 地域研究与开发，10(1)：1-4.

高清竹，许红梅，江源，等. 2006. 黄河中游砒砂岩地区长川流域土地利用/覆盖安全格局初探. 农业工程学报，22(3)：51-56.

郜若素，马国男. 1993. 中国粮食研究报告. 蔡肪，李周译. 北京：北京农业大学出版社.

耿红，王泽民. 2000. 基于灰色线性规划的土地利用结构优化研究. 武汉测绘科技大学学报，25(2)：167-171.

韩文权，常禹，胡远满，等. 2005. 景观格局优化研究进展. 生态学杂志，24(12)：1487-1492.

何书金，李秀彬，朱会义，等. 2001. 黄河三角洲土地持续利用优化分析. 地理科学进展，20(4)：313-323.

胡茂桂，傅晓阳，张树青，等. 2007. 基于元胞自动机的莫莫格湿地土地覆被预测模拟. 资源科学，29(2)：142-148.

胡业翠，刘彦随，邓旭升. 2004. 土地利用/覆被变化与土地资源优化配置的相关分析. 地理科学进展，23(2)：51-57.

胡振琪，赵淑芹. 2006. 中国东部丘陵矿区复垦土地利用结构优化研究. 农业工程学报，22(5)：78-81.

黄天元，张殿发. 2004. 土地可持续利用的生态经济规划. 经济地理，24(4)：525-527.

黄季琨，Rozelle S. 1996. 迈向二十一世纪的中国粮食：回顾和展望. 农业经济问题，(1)：17-24

姜风，孙瑾. 2007. 对我国粮食需求的中长期预测方法研究. 经济与管理研究，(9)：46-50.

黎东升. 2005. 城乡居民食物消费需求的实证研究. 浙江大学博士学位论文.

李利锋，郑度. 2002. 区域可持续发展评价：进展与展望. 地理科学进展，21(3)：237-248.

李永浮，鲁奇，周成虎. 2006. 2010年北京市流动人口预测. 地理研究，25(1)：131-140.

刘荣霞，薛安，韩鹏，等. 2005. 土地利用结构优化方法述评. 北京大学学报(自然科学版)，41(4)：655-662.

刘彦随，Gao J. 2002. 陕北长城沿线地区土地退化态势分析. 地理学报，57(4)：443-450.

刘彦随，方创琳. 2001. 区域土地利用类型的胁迫转换与优化配置——以三峡库区为例. 自然资源学报，16(4)：334-340.

刘彦随. 1999a. 山地土地结构格局与土地利用优化配置. 地理科学，19(6)：504-509.

刘彦随. 1999b. 区域土地利用优化配置. 北京：学苑出版社.

刘彦随. 1999c. 区域土地利用系统优化调控的机理与模式. 资源科学，21(4)：60-65.

刘彦随. 1999d. 土地利用优化配置中系列模型的应用——以乐清市为例. 地理科学进展，18(1)：26-31.

刘彦随. 2000. 西部地区县域农业土地利用优化设计——以绥德县为例. 中国农业资源与区域，21(6)：10-13.

刘艳芳，明冬萍，杨建宇. 2002. 基于生态绿当量的土地利用结构优化. 武汉大学学报(信息科学版)，27(5)：493-515.

刘耀林，刘艳芳，张玉梅. 2004. 基于灰色-马尔可夫链预测模型的耕地需求量预测研究. 武汉大学学报(信息科学版)，29(7)：575-579.

刘永清，张光宇. 1997. 论土地利用系统工程原理、方法和体系. 系统工程，15(2)：8-12.

毛汉英. 1991. 县域经济和社会与人口、资源、环境协调发展研究. 地理学报，46(4)：385-395.

倪九派，傅涛，何丙辉，等. 2002. 三峡库区小流域土地资源优化利用模式的研究. 农业工程学报，18(6)：182-185.

倪绍祥. 2003. 近 10 年来中国土地评价研究的进展. 自然资源学报，18(6)：672-683.

任继周，侯扶江. 1998. 改变传统粮食观，试行食物当量. 草业科学，8(专辑)：55-75.

史培军，宋长青，景贵飞. 2002. 加强我国土地利用/覆盖变化及其对生态环境安全影响的研究——从荷兰"全球变化开放科学会议"看人地系统动力学研究的发展趋势. 地球科学进展，17(2)：161-168.

史培军，严平，高尚玉，等. 2000. 我国沙尘暴灾害及其研究进展与展望. 自然灾害学报，9(3)：71-77.

史培军，杨明川，陈世敏. 1999. 中国粮食自给率水平与安全性研究. 北京师范大学学报(社会科学版)，(6)：74-80.

苏伟，陈云浩，武永峰，等. 2006. 生态安全条件下的土地利用格局优化模拟研究——以中国北方农牧交错带为例. 自然科学进展，16(2)：207-214.

孙武，李森. 2000. 土地退化评价与检测技术路线的研究. 地理科学，1：92-96.

汤江龙，赵小敏. 2005. 土地利用规划中人口预测模型的比较研究. 中国土地科学，2005，19(2)：14-20.

王道平，梁爱华，李树丞. 2002. 区域 PRED 系统可持续发展状况的综合评价方法. 管理工程学报，16(1)：8-11.

王良健，何洪林，彭补拙. 1997. 干旱区土地利用结构调整的 SD 模型研究——以新疆吐鲁番市为例. 经济地理，17(4)：43-48.

王万茂，韩桐魁. 2002. 土地利用规划学. 北京：中国农业出版社.

王万茂. 2000. 土地利用规划学. 北京：中国农业出版社.

王秀红，申元村，张镱锂，等. 2004. 我国北方沙漠化地区的土地利用结构优化研究. 自然资源学报，19(4)：447-454.

王秀清，李德发. 1998. 生猪生产的国际环境与竞争力研究. 中国农村经济，8：48-55.

温熙胜，丁德蓉. 2003. RS 和 GIS 支持的城市土地资源优化配置模型. 水土保持科技情报，(3)：29，30.

吴传钧. 1991. 论地理学的研究核心——人地关系地域系统. 经济地理，11(3)：1-6.

肖庆文，倪晋仁，李天宏. 2005. 基于土壤水分分布的土地利用空间优化方法——以黄土高原杏子河流域为例. 自然资源学报，20(3)：317-325.

徐翔. 1997. 我国人均食物热值构成特点、发展趋势及其对粮食需求的影响. 农业经济问题，(8)：26- 29.

徐学选，高鹏，王炜. 2002. 延安农林牧土地结构阶段优化模式研究. 中国生态农业学报，10(3)：112-115.

徐勇，Roy C S. 2001. 黄土丘陵区燕沟流域土地利用变化与优化调控. 地理学报，56(6)：657-666.

闫丽娟，张恩和. 2007. 北方农牧交错带土地利用结构的线性规划——以定西县为例. 草业科学，24(8)：40-42.

杨国清，刘耀林，吴志峰. 2007. 基于 CA-Markov 模型的土地利用格局变化研究. 武汉大学学报(信息科学版)，32(5)：414-418.

榆林市城乡建设委员会. 2002. 关于榆林市城市人口规模和用地规模专题报告.

榆林市发展与改革委员会. 2006. 榆林市国民经济和社会发展第十一个五年规划纲要.

榆林市志编纂委员会. 1996. 榆林市志. 西安：三秦出版社.

榆林市榆阳区发展与改革委员会. 2006. 榆林市榆阳区国民经济和社会发展第十一个五年规划纲要.

榆阳市榆阳区统计局. 2002. 榆阳区统计年鉴(2001).

岳耀杰，王静爱，邹学勇，等. 2008. 中国北方沙区湖泊(水库)风沙灾害危险度评价与安全对策——以内蒙古沙区为例. 干旱区研究，25(4)：574-582.

岳耀杰，周洪建，王静爱，等. 2006. 生态安全条件下亚洲沙区土地利用结构研究. 地球科学进展，21(2)：131-137.

岳耀杰. 2005. 生态安全条件下的沙区土地利用结构优化研究——以奈曼旗为例. 北京师范大学硕士学位论文.

张光宇. 1998. 土地资源优化配置原理分析. 中国土地，6：33-34.

张红旗，李家永，牛栋. 2003. 典型红壤丘陵区土地利用空间优化配置. 地理学报，58(5)：668-676.

张惠远，王仰麟. 2000. 土地资源利用的景观生态优化方法. 地学前缘，7(增刊)：112-120.

张晓辉. 1998. 中国农户生猪生产状况及效益分析. 中国农村观察，1：53-61.

张新时，李博，史培军. 1998. 南方草地资源开发利用对策研究. 自然资源学报，13(1)：1-7.

张新时，史培军. 2003. 边际生态系统管理的理论与实践——我国北方草原与农牧交错带“优化生态-生产范式”构建. 植物学报，45(10)：1135-1138.

张新时. 2001. 天山北部山地-绿洲-过渡带-荒漠系统的生态建设与可持续农业范式. 植物学报，43(12)：1294-1299

张耀光. 2001. 辽河三角洲土地资源利用结构优化与持续利用对策. 自然资源学报，16(2)：115-120.

赵延治. 2006. 基于土壤风蚀控制的背景是土地利用优化模式. 北京师范大学博士学位论文.

赵云龙，唐海萍，李新宇，等. 2006. 怀来山盆系统优化生态-生产范式. 生态学报，26(12)：4234-4243.

赵占峰，孙剑. 2005. 我国猪肉产品国际竞争力影响因素分析及对策. 农村经济，10：43-44.

郑新奇，阎弘文，赵涛. 2001. RS和GIS支持的城市土地优化配置——以济南市为例. 国土资源遥感，47：15-18.

郑阳明，贾全昌. 1985. 动态规划在农业土地利用结构优化中的应用. 河北师范大学学报，19(3)：21-24.

中国城市规划设计研究院. 2007. 榆林市城市总体规划(2006～2020). 北京：中国城市规划设计研究院.

周成虎，孙战利，谢一春. 1999. 元胞自动机研究. 北京：科学出版社.

Adam S. 1776. The Wealth of Nations，London：W. Strahan and T. Cadell.

Bertalanffy L V. 1968. General System Theory：Foundations，Development，Applications. New York：George Braziller.

David R. 1817. On the Principles of Political Economy and Taxation. 3rd ed. London：John Murray.

Grabum R，Meyer B C. 1998. Muticriteria optimization of landscape using GIS based functional assessments. Landscape Urban Planning，43：21-34.

Haeckel E. 1866. Generelle Morphologie der Organismen. Berlin：Georg Reimer.

Li T H，Ni J R，Ju W X. 2004. Land use adjustment with a modified soil loss evaluation method supported by GIS. Future Generation Computer Systems，20：1185-1195.

Marx Capital K. 1967. Frederick Engels. Vols. 2，3，1887. Rev. ed. New York：International Publishers.

Peterson L K，Bergen K M，Brown D G，et al. 2009. Forested land-cover patterns and trends over changing forest management eras in the Siberian Baikal region. Forest Ecology and Management，257：911-922.

Ralf S，Alexey V. 2003. Optimization methodology for land use patterns-evaluation based on multiscale habitat pattern comparison. Ecological Modelling，168：17-231.

Schuller D，Brunken-Winklerc H，Buscha P，et al. 2000. Sustainable land use in an agriculturally misused landscape in northwest Germany through ecotechnical restoration by a ‘Patch-Network-Concept’. Ecological Engineering，16：99-117.

Seppelt R，Voinov A. 2002. Optimization methodology for land use patterns using spatially explicit landscape models. Ecological Modelling，151：125-142.

Syphard A D，Clarke K C，Franklin J. 2005. Using a cellular automaton model to forecast the effects of urban growth on habitat pattern in southern California. Ecological Complexity，2：185-203.

Tang H P，Zhang X S. 2003. Establishment of optimized eco-productive paradigm in the farming-pastoral zone of northern China. Acta Botanica Sinica，45(10)：1166-1173.

Troll C，1971. Landscape ecology (geo-ecology) and biogeocenology —A Terminological Study(E. M. Yates，Trans.). Geo-Forum，8：43-46.

Tsoar H，Pye K. 1987. Dust transport and the question of desert loess formation. Sedimentology. 34(1)：139-153.

Von Thünen J H，1826. Der Isolierte Staaat in Beziehung auf Landtschaft und Nationalokonomie，Hamburg. English translation by C. M. Wartenburg. 1966. Oxford：von Thünen's Isolated State，Pergamon Press.

Wang X H，Yu S，Huang G. H. 2004. Land allocation based on integrated GIS optimization modeling at a watershed level. Landscape and Urban Planning，66：61-74.

WCED (World Commission on Environment and Development). 1987. Our Common Future. New York：Oxford University Press.

William P. 1662. A treatise of taxes and contributions. *In*：Hall C H. The Economic Writings of Sir William Petty. Vol. I. Cambridge：Cambridge University Press.

Yue Yaojie，Wang Jing'ai，Lü Hongfeng，et al. 2005. Land use optimization at ecological security level in desert regions—a case study of Horqin sandy land. *In*：Li Shengcai，Wang Yajun，Huang Ping. Progress in Safety Science and Technology Vol. V(Part B). Beijing：Science Press.，2111-2116.

第 5 章　沙区土地利用结构与格局优化
——毛乌素沙地榆阳区案例

5.1　研究区概况

5.1.1　榆阳区地理位置

榆阳区地处 108°58′～110°24′E、37°49′～38°58′N。陕西省北部，榆林市中部，毛乌素沙地东南缘；西北接内蒙古自治区，西南与横山县、米脂县相连，东南与米脂县、佳县相邻，东北与神木县、佳县接壤(图 5-1)；榆阳区境内东西最宽 128 km，南北最长 124 km，呈不规则四边形，总土地面积 7053 km^2，在陕西省县域面积中居第二位。全区以明长城为界，以北属风沙草滩区，以南属黄土丘陵区。

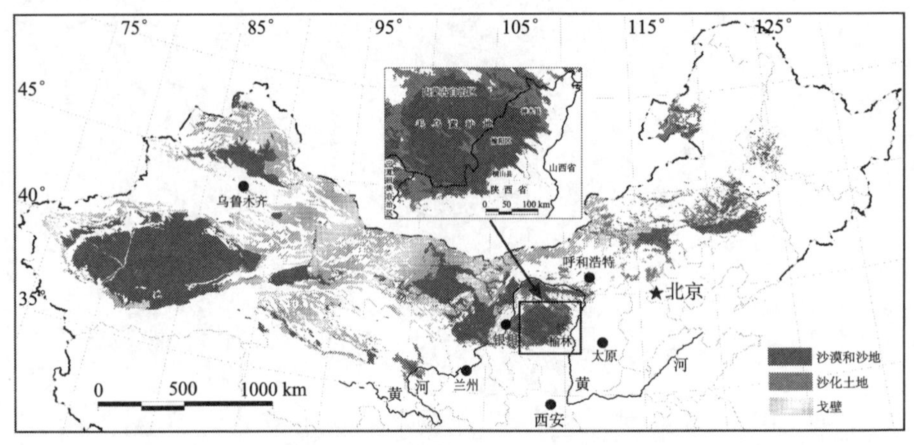

图 5-1　榆阳区在中国北方的位置

Fig. 5-1　Location of Yuyang County in northern China

新中国成立以来，榆阳区一直是榆林市的政治、经济、文化中心，榆林市是山西、陕西、内蒙古接壤地区的中心城市和国家级历史文化名城。根据 2008 年统计资料，全区共辖 24 个乡镇、487 个行政区、7 个街道办事处、45 个社区。全区总人口为 49.8 万，其中农业人口 32.1 万，占 64.5%。

榆阳区的区位在地貌上处于风沙草滩地貌向黄土高原丘陵沟壑区地貌过渡带；降水上处于从半干旱向亚湿润过渡带；土壤上处于风沙土壤向黄土性土壤过渡带；植被上处于沙生植被向干草原过渡带；水资源分布上处于风沙区相对富水区向黄土高原丘陵沟壑贫水区过渡；经济上处于从农牧交错向农牧工矿交错发展的过渡期。正是由于这种多层生态过渡带的属性，使得榆阳区的生态环境具有脆弱性、多样性和波动性。

5.1.2　榆阳区自然地理条件

1. 地貌

榆阳区地势东北高，中部、南部低，最高海拔 1413 m(位于麻黄梁乡)，最低海拔 870 m(位于镇川镇)。以古长城为界，西北部为沙漠草滩区地貌(占全区总面积的 60.5%)，东南部为黄土高原丘陵沟壑区(占全区总面积的 35.6%)，还有榆溪河贯穿境中部南北所形成的中南部河川区地貌(占全区总面积的 3.9%)(图 5-2)。当地人用“七沙二山一分田”来描述当地的地貌。

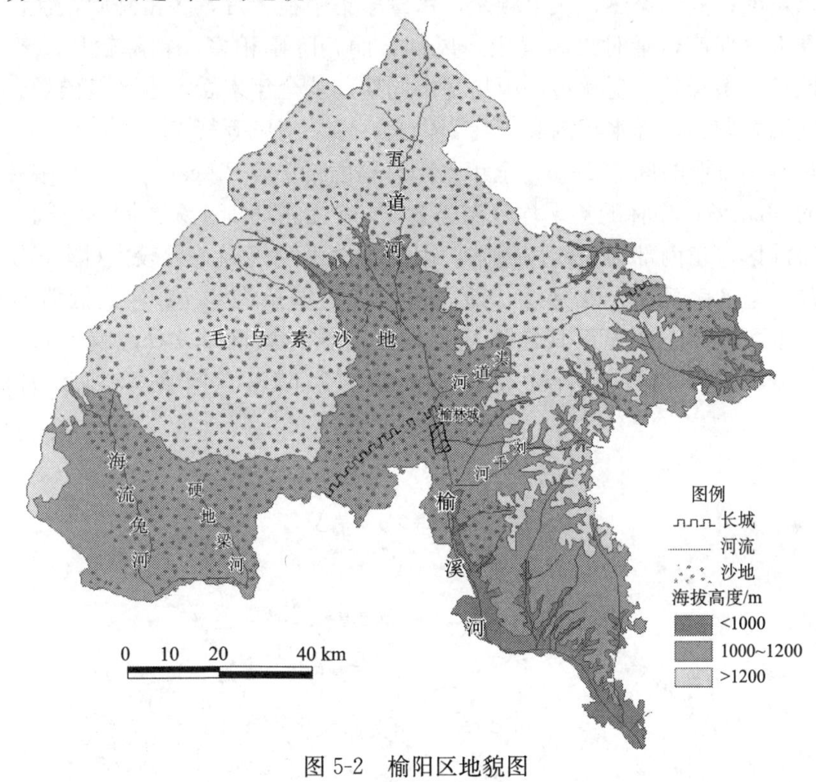

图 5-2　榆阳区地貌图

Fig. 5-2　Landform of Yuyang County

西北部的风沙草滩区地貌和东南部的黄土高原丘陵沟壑区地貌是本区的主要地貌类型。前者属毛乌素沙地东南缘地带，包括古长城以北的红石桥乡、补浪河乡、巴拉素镇、小纪汗乡、马合镇、岔河则乡、小壕兔乡、孟家湾乡和金鸡滩镇 9 个乡镇的全部以及长城沿线的芹河乡、牛家梁镇、麻黄梁乡和大河塔乡的北部地区，面积 4168.30 km^2。区内沙丘、草滩、海子(小湖泊)交错分布，沙海之中分布有大小不等的 619 块碟形洼地，为农牧活动的主要场所，这里地下水埋藏浅，水质好，储量丰富，易开采。经过治理，林带、沟网、水井建设已初具规模，沙区出现 52 块万亩以上的绿洲，生态环境得到改善。黄土高原丘陵沟壑区地貌包括安崖镇、刘千河乡、青云乡、古塔乡、余兴庄乡和清泉镇 6 个乡镇的全部以及大河塔乡、麻黄梁乡、榆阳镇和上盐湾镇的一部分，面积 2454.19 km^2。

该区地形起伏，沟壑纵横，水土流失严重，地表支离破碎，是水土流失的重点治理区。

另外，榆溪河贯穿境内中部南北，在境南鱼河镇汇入无定河，在中南部形成较宽的河川阶地，范围相对较小，包括鱼河镇和镇川镇两个乡镇的全部、榆阳镇的大部分和上盐湾镇的一部分，面积 269.22 km^2。这里地势较为平坦，土壤肥沃，水利骨干工程设施配套，林网田园化已初具规模，是以水稻为主的粮蔬作物高产区。

2. 气候

榆阳区属中温带半干旱大陆性季风气候，春季干旱多风，回温明显，变化不稳定，常伴有春寒霜冻；夏季炎热，伏旱频繁，水量多集中在 7 月，多雷阵雨，常伴有大风和冰雹；秋季天气偏凉，晴时天高气爽，风和日丽，降雨稍多，霜降较早；冬季干燥寒冷，冰封期长。冬春长，夏秋短，雨热基本同期。从全年来看，本区气候具有日照条件充足，季度温差较大，降水年内和年际变化大，春季多风等特点。

本区年平均日照时间 2829 h，全年太阳总辐射量 145.2 kcal/cm^2。其中春夏辐射量占年总量的 63.4%。榆林的年平均气温为 8.1℃，无霜期 154 天。同一时间，由于境内西北部为盖沙区，东南部为丘陵沟壑区，因而各地平均气温差异较大(图 5-3)，一般温差 2℃左右；全境南部高，北部低，最高值出现在桐条沟 8.7℃，最低值出现在小壕兔 7.2℃。东西差异不明显。其他地区年均温有榆林城区 8.1℃，镇川 8.4℃，大河塌 8.5℃，金鸡滩 7.8℃，红石桥 8.2℃，补浪河 7.6℃，刘千河 8.3℃，芹河 7.8℃。

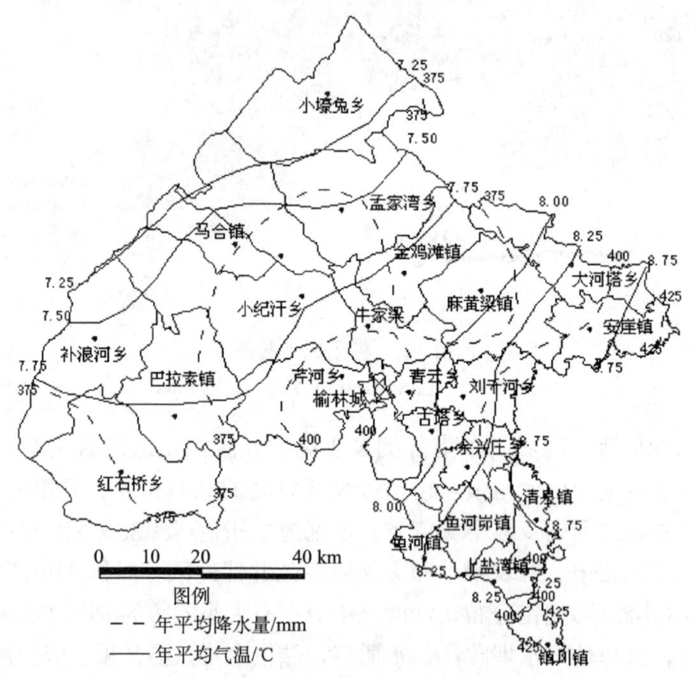

图 5-3 榆阳区降水与气温分布

Fig. 5-3 Precipitation and temperature distribution in Yuyang County

榆阳区降水量不足，年平均降水量 413.9 mm，时空分布不均，且多旱易涝，不稳定性明显。其空间变化由南向北递减，榆林城至安崖一线以南是相对多雨区，年降水 375～420 mm，芹河至麻黄梁一线的西北部为相对少雨区，年降水 350～375 mm，年相差 40～50 mm。其中，榆林城区，董家湾、清泉各有一个年降水 400 mm 以上的降雨较高中心。降水时间冬春少，夏季多，秋季次之，7～9 月集中了 62.9%的全年降水。

根据 1951～2009 年榆林市气温逐年变化图分析，1954～1996 年榆林市平均气温为 7.9～8.1℃，1997～2008 年平均气温上升至 9.0～10.0℃。近 10 年来年气温升高 1～2℃。榆林市降水年际变化较大，但近 58 年总体趋势无明显变化。1951～1967 年为相对较多期，平均降水量为 436 mm；1968～2000 年相对较少，平均降水量为 372 mm；2001～2009 年，又处于相对较多期，平均降水量为 425 mm。榆阳区春季多风，具有阵性特点，加剧湿蒸发量，尤以 3～5 月多见，风速大于其他季节，年均风速 2.3 m/s，最大风速 20.7 m/s，多西北风，东南风次之，其他风向较少。据统计，1952～2000 年年大风日数平均为 8～9 天。

3. 水文

境内河流属黄河水系。境北、西及东南部分为无定河流域，面积 5904 km^2，占全区的 86.4%。东北小部分为秃尾河、佳芦河流域，面积分别为 720 km^2 和 429 km^2，分别占全区面积的 9.1%和 4.5%。境内有大小河流 837 条，其中常年流水河 570 条，季节性流水支沟 261 条。流域面积 10 km^2 以上的沟道 53 条，100 km^2 以上的河流 23 条。最大的河流是过境无定河，流经区内 75 km，在镇川红柳滩村入米脂县境。榆溪河流经区境 98 km，在本区鱼河王沙洼入无定河；还有峁沟河，源于本区刘千河乡新寨村南沟，全长 40 km，在鱼河峁西注入无定河。全区年均径流总量 4.5×10^8 m^3。

4. 土壤与植被

榆阳区土壤的成土母质主要有黄土、风积沙、冲积物、风水堆积物、湖积物和坡积物等。在生物、地貌发育侵蚀和人类活动等因素的作用下，发展形成风沙土、栗钙土、黑垆土、黄土性土和硬红土等共 13 个土类、24 个亚类、36 个土属、115 个土种。土壤总面积为 6647.2 km^2，主要为风沙土壤和黄土性土壤。其中，风沙土壤主要分布在榆溪河以西、青云沟和古长城沿线以北的西北区，面积 4773.3 km^2，占全区土壤总面积的 71.8%；黄土性土壤主要分布在榆溪河以东、青云沟和古长城东南的梁峁区，面积 1255.3 km^2，占全区土壤总面积的 18.9%。

榆阳区地处温带草原地带，具有森林草原向典型草原过渡的性质。在植被地理上，也表现了植被区系成分的过渡性。植被的分布有明显的水平地带性；黄土丘陵区由于梁峁沟等地形部位水湿条件的差异，也有垂直分布的特征。全区主要植被类型为沙生植被和干草原植被。沙生植被主要分布在长城以北的流动、半固定、固定沙丘沙地。干草原广泛分布于黄土丘陵沟壑地区的梁峁顶、沟坡及少量覆沙的沙区黄土梁。

5.1.3 榆阳区人口与经济

1. 人口及增长

榆阳区总人口 49.83 万(2008 年公安年报)，与 1949 年相比，年均净增近 6000 人。自然增长率由 1949 年的 17.2‰下降到 2008 年的 5.72‰。非农人口由 1949 年的 1.89 万增加到 17.71 万，人口增加了两倍(图 5-4)。尤其是 2000 年以来，随着陕北能源重化工基地建设的兴起，加快了农业人口转移为非农人口的速率。

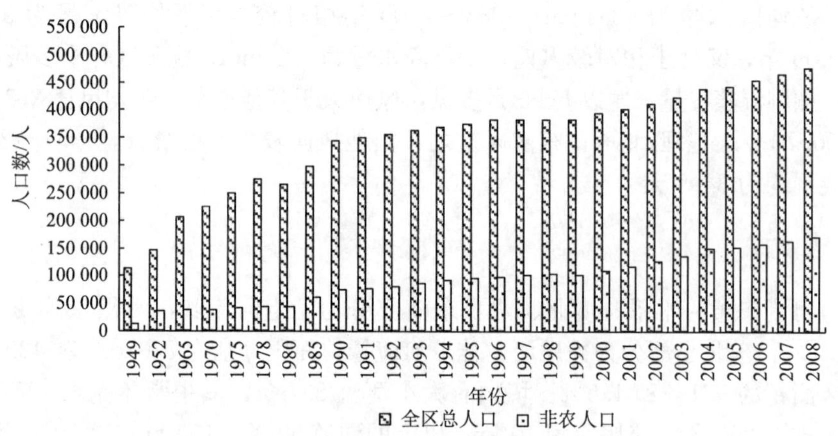

图 5-4 榆阳区人口数量变化

Fig. 5-4 Population change in Yuyang County

2. GDP 与产业结构

榆阳区一直是中国最贫困的地区之一。1978 年，全区生产总值仅 5925 万元。此后的 30 年间，全区经济快速发展(表 5-1)，分别于 1984 年、1988 年、1994 年、1996 年、2003 年和 2007 年实现了 6 个翻番。榆阳区逐渐成为重要的区域性工业城市和第三产业集聚中心，城市辐射范围进一步扩大，县域经济实力跻身榆林市前三位和陕西省十强之列。截至 2008 年，榆阳区实现地区生产总值 113.79 亿元，其中第一产业实现增加值 11.01 亿元，第二产业实现增加值 60.52 亿元，第三产业实现增加值 42.26 亿元，产业结构从 1978 年的 57.2∶20.0∶22.8 转变为 2008 年的 9.7∶53.2∶37.1。1997～2008 年 12 年间的三产产值变化中可以看出，榆阳区的三产产值都有了极大的增加，尤其是第二产业，2005 年以来正在以每年 40%的增长率发展。2008 年财政总收入和社会消费品零售总额，分别达到了 21.5 亿元和 20.8 亿元，比上一年增长 25.5%和 49.9%。城镇居民人均可支配收入达到了 12 210 元，增长 36%；农民人均纯收入达到 4185 元，比上一年增长 36.6%。

表 5-1　榆阳区经济发展与产业结构变化

Tab. 5-1　Economic development and in Yuyang County industrial structure change

年份	GDP/万元	人均 GDP/(元/人)	产业结构比例
1990	33 506	932	27.0∶32.0∶41.0
1995	89 576	2 289	27.2∶33.5∶39.3
2000	151 315	3 690	20.0∶38.2∶41.8
2005	522 100	11 383	9.1∶41.1∶49.7
2008	1 137 900	22 838	9.7∶53.2∶37.1

榆阳区在 20 世纪 90 年代以前，是一个传统的农牧交错，以农为主的农牧业大县。自 20 世纪 80 年代末煤、天然气资源开发以来，特别是“十五”和“十一五”以来，榆林市能源重化工基地开发、建设与发展速度加快，区域经济结构已经发生了极大的变化。据统计分析，粮食总产量由 1985 年的 1.75 亿斤增加到 2008 年的 4.4 亿斤，农业总产值占国民经济的比例呈下降趋势，2008 年达到 16.7%。改革开放以来榆阳区种植业结构也发生了翻天覆地的变化。粮经作物比例由 1978 年的 88.2∶11.8 调整为 2007 年的 56.3∶43.7。种植业内部结构逐步由粮经二元结构向粮、经、饲三元结构转变，初步形成了以南部小杂粮、大扁杏，北部制种、畜牧业，川道瓜菜、鸡的特色产业格局。畜牧业在农业中的比重逐步增加(图 5-5)，2008 年实现产值 11.96 亿元，占农业总产值比重的 62.9%。榆阳区现已成为陕西省第一养羊大县和养猪大县，全国陕北白绒山羊繁育基地。

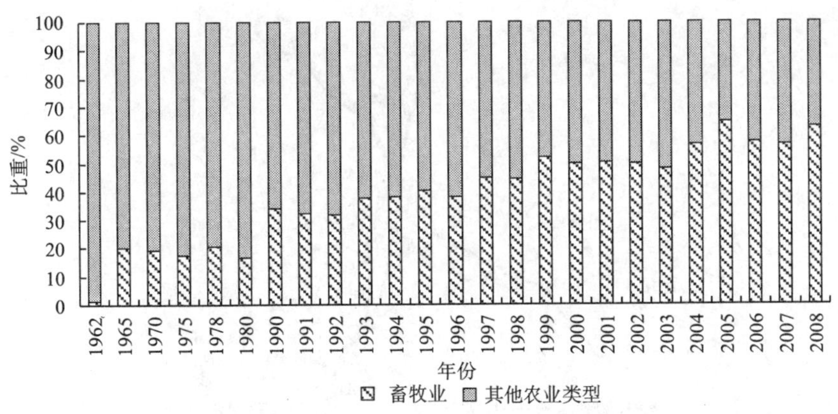

图 5-5　榆阳区畜牧业比重变化

Fig. 5-5　Percentage of animal husbandry in Yuyang County

工矿区已经成为榆阳区经济发展的龙头，以小城镇和工矿区为依托的第三产业是发展农村经济新的增长点。随着一大批煤、天然气矿业的兴起以及工业园区开发，榆阳区土地利用发生了显著变化，正由农牧交错向农牧工矿交错发展。

5.1.4 榆阳区城市与交通

榆林城始建于明正统二年(1437 年)，其城东依驼峰山，西临榆溪河，南带榆阳水，北镇红石峡，故明代列为九边重镇之一的延绥镇驻地，当时“城廛不过百矩”。成化二十二年(1486 年)，弘治五年(1492 年)以及正德十年(1515 年)曾 3 次拓展城廓，史称“三拓榆城”，后经历代加固修整，至 1949 年还保存着城廓面积2.1 km^2。20 世纪 60 年代，榆林城区还局限于老城廓内；70 年代前期，老城南郊厂矿、企事业等单位越来越密集，逐渐形成南郊工业城区；70 年代后期，辟东沙新城区。1980～1983 年相继开辟西沙新城区、红山新城区。至 1994 年，榆林城区城建规模发展到 16 km^2。“十五”期间，榆阳区基本形成了榆林城内“七横七纵”，城外连接 24 个乡镇、内外连通的交通框架(图 5-6)。2008 年底，榆林的中心城区面积扩展到 43 km^2，人口增加到 42 万。根据《榆林城市总体规划第四版(2006 年)》的指导，榆林城将成为陕北国家能源化工基地的核心城市、陕甘宁蒙晋(陕西、甘肃、宁夏、内蒙古、山西)接壤区域的中心城市、国家历史文化名城、沙漠绿洲宜居城市，远期规划(2020 年)城市规模将达到 80 万人，确定 2214 km^2 城市规划区、400 km^2 中心城区和 80 km^2 城市建设用地。

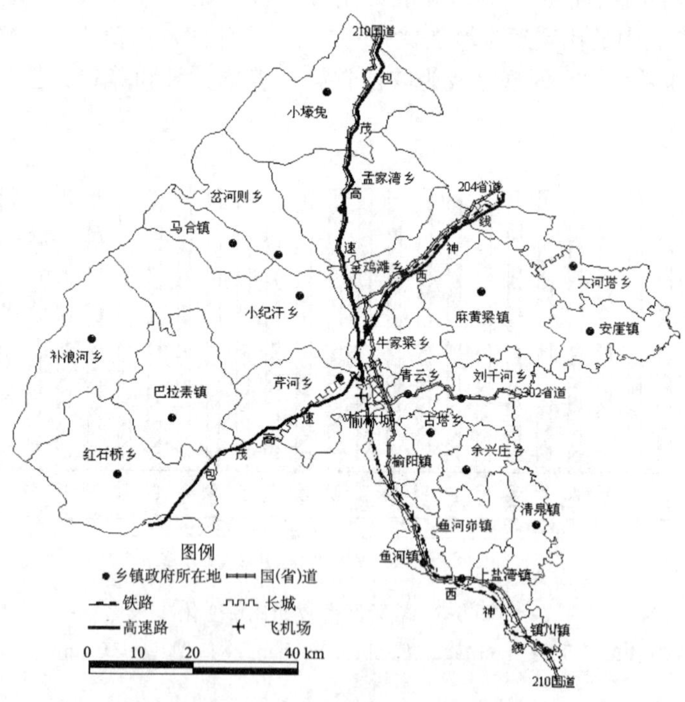

图 5-6 榆阳区城镇与交通体系

Fig. 5-6 Towns and transportation systems in Yuyang County

5.1.5　榆阳区风沙灾害

1. 榆林古城与风沙

榆林城地处河套之南黄土高原与草原的接壤区，是农耕民族防御蒙古游牧部族南侵构筑工事的最佳选择。在明初修建长城之前，这里还只是一个小居民点，叫做榆林庄。在建城之初，也只是沿着长城所建诸堡中的一个，没有什么特殊地位。直到成化八年(1472年)升级为榆林卫，成为长城线上的一个军事重镇，榆林城人口急骤增多。据史研究，榆林城在建城之初毛乌素沙地相对固定，自然条件较为优越，林草茂密，动物繁衍。然而100多年后榆林城外风沙壅积却十分严重。《明史》记载，万历二十九年(1601年)榆林城外就有大量积沙堆积甚至进入城内，为此延绥镇巡抚孙维城率领军士清除这些积沙。到了清同治年间，流沙则完全埋没了北城垣，在此影响下最终促使了榆林城北城墙的南缩改筑。为了阻止北部的蒙古族南下入犯边地，明朝一直沿用延绥边地“燎荒”焚烧草木，以绝鞑靼人“孽牧”的做法。同时，从那时开始在榆林城周边地区大兴屯垦，招募山西商人以及“贫民”进行商屯和民屯。到了清朝，随着榆林城由历史上的边地变为内地，又有大批境内汉民迁移到长城以北同蒙古族牧民合伙垦种。这些频繁的征战和过度的垦殖使覆盖在土地上的植被遭到严重破坏，再加上15世纪以来气候的趋寒转干因素，草地的面积大为减少，当地的风沙灾害加剧。

2. 城市化与风沙

近10年，榆阳区城市快速扩展，中心城区面积由2000年的15km^{2}增加到2008年的43km^2，全区城镇化率由2000年的20%增加到2008年的39.6%。从榆林城市周边情况来看，整个城市坐落在榆溪河分割所形成的狭长形河谷阶地上，剖面呈“U”形，属于黄土高原“川谷形”滨河城市；周围红山、驼山、黑山环绕，从东西两个方向围合谷地，限制了城市向东、西方向的延伸，同时引导城市沿着河谷方向(南北向)呈带状发展，在河谷耕地和建筑用地的矛盾尖锐的背景下，榆林城周边的风沙滩地为城市化进程提供了得天独厚的条件。然而，由于毛乌素沙地位于城区上风向，作为榆林城市化的生态屏障和重要水源地，当地的人类活动以及对植被覆盖的影响关系到城区的生态/环境安全(图5-7)。适当的人类活动和植被覆盖的增加能够使之充当过滤器的功能，消减沙尘保持水土，最终保障城区的生态/环境安全；反之，不当的人类活动和较低的植被覆盖则可能放大灾情，使沙尘增多，水土流失加剧，造成城区生态/环境的恶化。

3. 能源化工基地与风沙

榆阳区能源矿产资源富集。近年来，榆阳区不断加快能源化工基地建设的步伐，随着一批重点项目上马，“北煤电、南岩盐，东载能、西化工”的格局初具雏形，煤、电、盐、气以及化工五大工业支柱产业基本形成。随着资源的开发，环境负荷不断增加，生态退化的问题很快暴露出来。当地人们为了解决温饱问题，及早脱贫，个别地方采取乱采、乱挖等小规模、低水平、无秩序、粗放式的资源开发方式，造成植被的严重破坏。

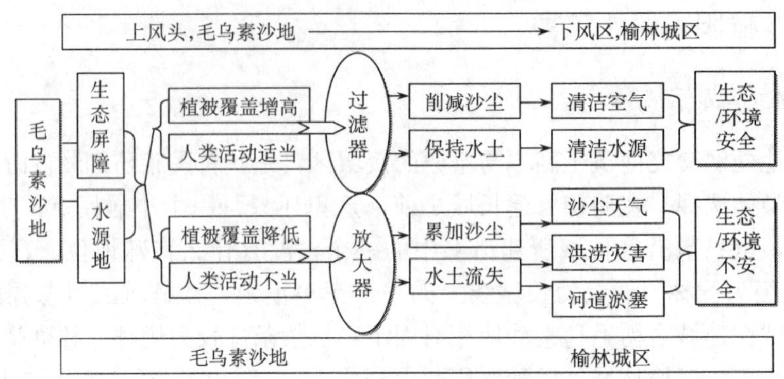

图 5-7　毛乌素沙地与榆林城区生态环境相互作用

Fig. 5-7　The interaction between Mu Us sandy area and Eco-environment in Yulin City

20 多年来榆阳区道路设施条件的不断改善在有力地支持当地资源开发的同时大量占用土地，也使所经地区的植被遭到严重破坏，据研究道路对植被的影响宽度可达 50～100 m。由于榆林的煤炭开采主要在地下含水层之下，这就必然穿透隔水岩层，破坏地下含水层结构，造成区域性地表水渗漏，同时矿坑需要向外排水，造成当地地下水位的下降，地下水储存量减少又进一步引起地面下沉和植被退化。地表植被的破坏加剧了毛乌素沙地原本就脆弱的生态环境，加快了沙漠化进程。

4. 土地利用与可持续发展

榆阳区作为典型的农林牧交错区，土地利用以耕地、牧草地和林地为主。长期以来，当地的农业采取广种薄收、粗放经营的生产模式，土地产出率低下，人民生活贫困。历史上 3 种用地的比例长期失衡，曾出现过人为超载放牧，战争、樵柴、围篱等长期垦伐，造成大片繁茂的沙蒿受到毁灭性的破坏，导致生态失调，草场退化；也出现过片面强调“以粮为纲”，在一些地区毁林开荒耕种，造成沙漠化加剧的惨痛教训。十一届三中全会以来，在宏观部署和实际措施上坚持农林牧相结合，以农养牧，以牧促农，大力种草种树，林木相应发展的方针，取得了良好的经济效益和生态效益。这些经验和教训告诉我们，建立合理的农林牧土地利用结构是维持榆阳区经济、社会、生态可持续发展的关键所在。

5.2　榆阳区土地利用变化检测

5.2.1　数据和方法

1. 数据源及处理

遥感数据源是轨道号为 127/33 的 Landsat 5 专题制图仪 7 波段夏季影像，空间分辨率为 30 m。其他数据源包括土地利用现状图、土地利用规划图以及地形图(表 5-2)。

表 5-2　数据来源

Tab. 5-2　Data resources

数据名	数据源	数据时相	数据分辨率
TM 影像	中国科学院遥感卫星地面站	1986 年 8 月 2 日，1996 年 8 月 13 日，2005 年 9 月 7 日	30m
土地利用现状图	榆林市国土资源局	1996 年	1∶10 万
土地利用规划图	榆林市国土资源局	2005 年	1∶10 万
地形图	国家基础地理信息中心	1969～1979 年	1∶5 万

我们于 2006 年和 2007 年春、夏对榆阳区进行了野外实地考察(图 5-8)。主要是考察地形地貌、土地利用的宏观格局，为制定遥感影像分区方案提供基础依据，建立土地利用解译标志，进行分类精度实地检验。

榆阳区西北部风沙滩地区土地利用以草地、林地为主，滩耕地量小但相对集中。中南部盖沙黄土河谷川道区以林地、草地和耕地为主，耕地主要分布于河谷川道区，水分条件好，是粮食主产区。东南部黄土丘陵沟壑区以林地、草地和旱耕地为主，水土侵蚀严重，农业生产力低。从土地覆盖来看，榆阳区属于沙生植被和干草原植被地带。沙生植被主要分布在长城以北的流动、半固定、固定沙丘沙地，主要有白沙蒿、黑沙蒿、沙蓬、沙竹、臭柏、踏郎等半灌丛和草群。干草原植被广泛分布于黄土丘陵沟壑地区的梁卯顶、沟坡及少量覆沙的沙区黄土梁，主要群系有长芒草草原、冷蒿草原、甘草草原、铁杆高草原和艾蒿草原。境内落叶阔叶灌木近 30 种，有的连片，有的散生。灌丛有柠条、沙樱桃、酸枣、紫穗槐等 10 余种群系，分布广泛。境内大面积乔木林大多是人工栽植，杨树、柳树、榆树、刺槐、油松、沙枣、侧柏等林木混杂交植，同柠条、沙柳、白沙蒿、黑沙蒿等灌丛、半灌丛混交营造，林地伴生蒿类、禾草类、茨黎等草本植物。

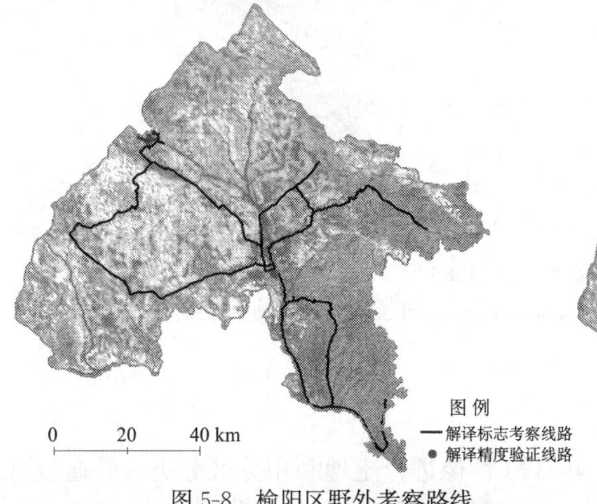

图 5-8　榆阳区野外考察路线
(背景影像为 TM4、3、2 合成影像)
Fig. 5-8　Field investigation roads in Yuyang County (background is a TM 4、3、2 synthesised image)

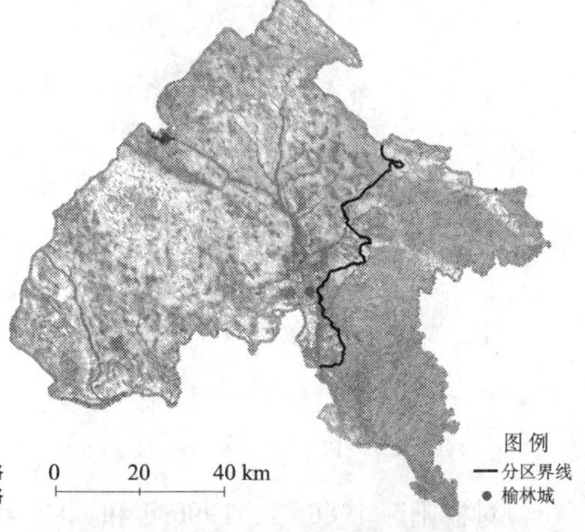

图 5-9　榆阳区遥感影像分区界线
(背景影像为 TM4、3、2 合成影像)
Fig. 5-9　Boundary for remote sensing image division in Yuyang County (background is a TM 4、3、2 synthesised image)

根据实地考察结果，基于遥感影像分区模型与技术流程，以地形图为依据，并考虑乡镇行政区划的完整性，将榆阳区 TM 影像划为两个子区，即风沙草滩区和黄土丘陵区(图 5-9)。据此得到榆阳区 1986 年、1996 年和 2005 年 TM 影像子区(图 5-10)，依据沙区土地利用变化遥感检测方法，建立了土地利用分类系统与解译标志，进行了土地利用分类，并基于分类结果分析了榆阳区土地利用变化。

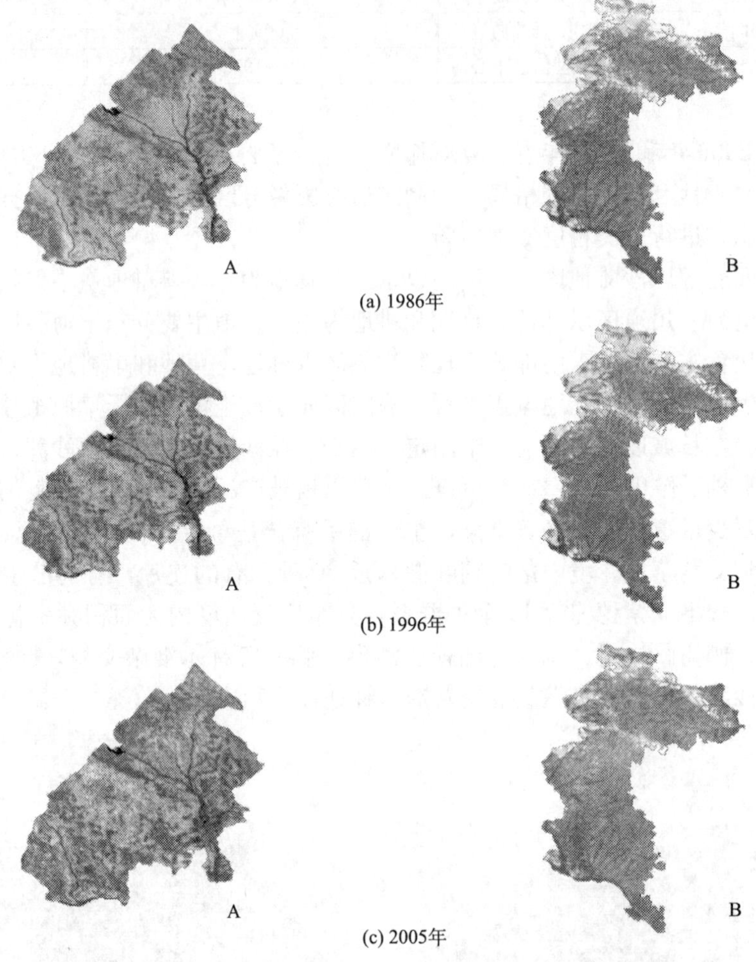

图 5-10 榆阳区 TM 4、3、2影像子区(1986 年、1996 年、2005 年)

Fig. 5-10 Sub-regional TM images in Yuyang County in the years of 1986, 1996 and 2005

2. 精度分析

对榆阳区 1986 年、1996 年和 2005 年 TM 影像进行土地利用分区分类，并通过野外调查，采集了具有 GPS 定位信息的土地利用景观照片作为检验样本，比较实测点与解译结果，计算 R 和 K 进行精度检验。于 2006 年、2007 年夏季分两次进行调查，每种利用类型采集不少于 10 个样点。七种土地利用类型(1 级)共计调查定点 211 个，获得照片 370 余张。对比调查点与解译结果，构建误差矩阵，计算出 R 和 K。结果表明，解译总精度为 86%，Kappa 指数为 0.88，总体精度较高，地类判对率与空间一致性都能够满足中观尺度的土地利用及其变化研究对数据的精度要求。应用分区分类方法的训练样区，对未分区影像进行监督分类，解译精度只有 74.9%。结果表明，即使采用相同的监督分类方法与训练样区，由于分区分类将不同土地利用区域划分开来，减少了不同土地利用类型间波谱的干扰，避免了异质同谱对分类精度的影响，显著提高了遥感影像土地利用分类的精度。

但是，受限于 TM 影像空间分辨率，榆阳区土地利用结构检测精度还不够理想，如通过调查发现农村居民点多呈散居而非聚居，在 TM 影像上很难识别，另外就是城乡结合部多类用地和耕地混淆，影响了总体分类精度。因此，更高空间与时相分辨率的遥感资料将有利于高精度与高动态的掌握区域土地利用结构的变化规律与趋势。

3. 检测结果

在分类结果的基础上，制作了榆阳区土地利用图(彩图 5-1 至彩图 5-3)。统计了不同土地利用类型的面积，计算出面积比例(表 5-3 和图 5-11)。

表 5-3　榆阳区土地利用类型面积及其比例(1986、1996 和 2005 年)

Tab. 5-3　Area and its proportion of land use in Yuyang County in the year of 1986, 1996 and 2005

土地利用类型		1986 年		1996 年		2005 年	
一级类型	二级类型	面积/km²	比例/%	面积/km²	比例/%	面积/km²	比例/%
	水浇地(A1)	267.31	3.82	383.14	5.48	511.44	7.32
耕地(A)	旱地(A1)	990.19	14.17	778.84	11.14	791.17	11.32
	水田(A3)	25.43	0.36	64.40	0.92	24.43	0.35
	水滩地(A4)	15.03	0.22	7.28	0.10	5.47	0.08
	乔木林地(F1)	303.67	4.34	485.65	6.95	407.59	5.83
林地(F)	灌木林地(F2)	1280.18	18.32	1392.27	19.92	1362.07	19.49
	农田防护林(F3)	31.43	0.45	9.36	0.13	72.96	1.04
	高覆盖度草地(G1)	1698.77	24.31	1521.49	21.77	1681.66	24.06
草地(G)	中覆盖度草地(G2)	991.65	14.19	1172.38	16.77	801.91	11.47
	低覆盖度草地(G3)	492.46	7.05	639.55	9.15	883.02	12.63
	河流(W1)	83.31	1.19	17.41	0.25	21.99	0.31
水域(W)	湖泊水库坑塘(W2)	24.48	0.35	43.38	0.62	22.07	0.32
	滩地(W3)	4.74	0.07	0.95	0.01	0.63	0.01
	城镇用地(C1)	14.83	0.21	18.57	0.27	27.15	0.39
建设用地(C)	农村居民地(C2)	16.87	0.24	18.90	0.27	20.15	0.29
	铁路(C3)	0.00	0.00	0.00	0.00	2.32	0.03
裸沙地(S)	公路(C4)	1.79	0.03	2.54	0.04	6.31	0.09
	裸沙地(S1)	442.24	6.33	242.48	3.47	199.21	2.85
其他未利用地(R)	盐碱地(R1)	47.94	0.68	21.53	0.32	8.44	0.13
	裸土地(R2)	256.90	3.67	169.10	2.42	139.27	1.99

注：水滩地系指分布于河滩有自流灌溉或引水灌溉条件的耕地，此类型系沿用当地土地利用分类系统。

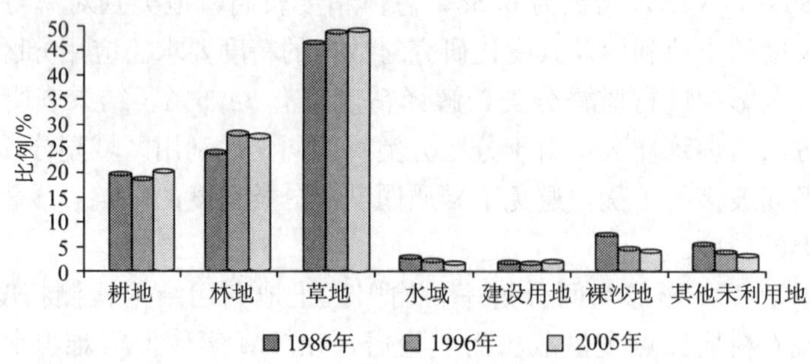

图 5-11　榆阳区各土地利用类型面积比例变化

Fig. 5-11　Land use area ratio and its change in Yuyang County in the year of 1986, 1996 and 2005

据统计可知，榆阳区 1986 年、1996 年和 2005 年 3 个时期的土地利用均以耕地、林地、草地和未利用地为主，占土地总面积的 95%以上，其中林、草地就占 70%以上，这一土地利用数量结构的特点与榆阳区农牧交错的区域特色相符。

5.2.2　榆阳区土地利用变化分析

土地利用变化主要体现在土地利用类型变化、土地利用类型数量结构变化、土地利用变化的幅度与速度和土地利用变化的空间格局形式差异等方面。利用 ArcGIS 空间分析功能，将榆阳区三期土地利用空间数据进行两两叠加，构建了土地利用结构变化数据库。在此基础上，通过数据统计制表与制图以及模型计算对榆阳区 1986～2005 年土地利用变化的类型变化、数量结构变化和土地利用结构变化的空间格局进行了分析。

1. 数量结构变化(按一级类分析)

榆阳区 1986～2005 年土地利用变化剧烈，利用类型发生变化的土地占研究区面积比例，1986～1996 年为 41.49%，1996～2005 年为 37.99%，2005 年对比 1986 年为 45.82%。总体上，属于变化比较剧烈的区域。在此基础上，主要分析两个变化：一是统计各类用地转出的面积与转移前该类总面积的比例，可以弄清各类用地转移的方向；二是统计各类用地转入面积占转移后该类总面积的比例，可以看出其他各类用地转入的贡献率。

1986～1996 年，耕地主要转移为林地、草地，转出面积分别占耕地面积的 22.62%和 18.89%；林地主要转移为草地和耕地，两者合计占林地面积的 46.11%；草地主要转移为林地、裸沙地和耕地，分别占草地面积的 11.55%、8.52%和 6.29%；水域主要转移为林地、耕地和未利用地，合计占水域面积的 46.71%；建设用地主要转移为林地、草地和耕地，分别占建设用地总面积的 24.91%、20.70%和 18.88%；有 41.25%的裸沙地转移为草地；其他未利用地则主要转移为林地、耕地和草地，三者合计占 63.98%(图 5-12)。

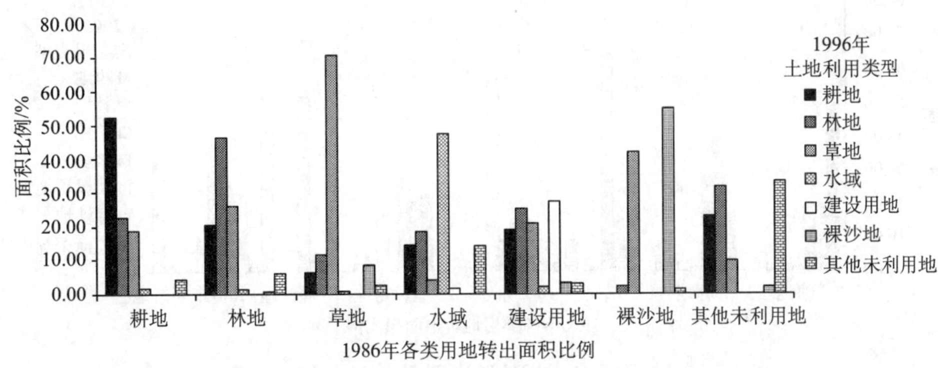

图 5-12　榆阳区各类用地转出面积比例(1986～1996 年)

Fig. 5-12　Transfer out area ratio of land use in Yuyang County from 1986 to 1996

1996 年耕地转入的面积中主要由林地和草地贡献，分别占 29.60%和 16.15%；林地转入的面积主要来自草地和耕地，分别占 28.83%和 17.28%；草地转入的面积比例较小，主要是由林地和耕地转来；水域主要是由草地、林地和耕地转来，三者合计占 73.12%；建设用地转入的面积主要由草地、林地和耕地而来；裸沙地转入的面积主要由草地贡献，占 64.22%；其他未利用地转入的面积主要由林地、草地和耕地贡献(图 5-13)。

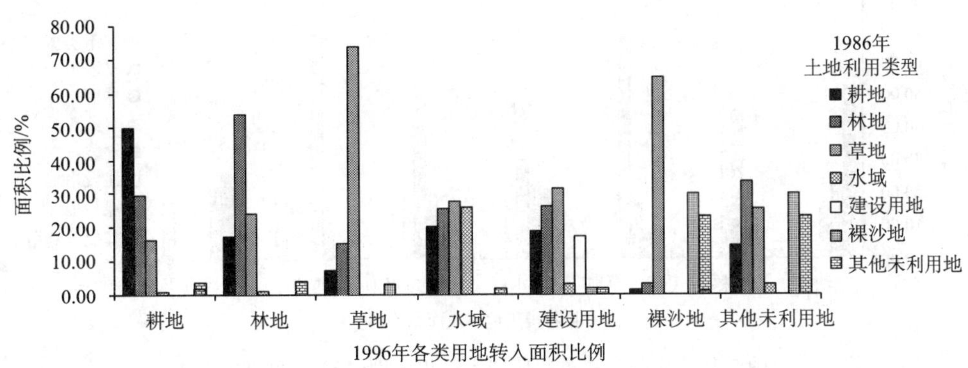

图 5-13　榆阳区各类用地转入面积比例(1986～1996 年)

Fig. 5-13　Transfer in area ratio of land use in Yuyang County from 1986 to 1996

1996～2005 年，1996 年转出的各类用地中，耕地主要转移为林地和草地，两者合计占耕地面积的 40%；林地主要转移为草地和耕地，两者分别占林地面积的 33.09%和 17.73%；草地转出的面积不大，主要转移为林地、裸沙地和耕地，分别为草地面积的 15.82%、9.11%和 6.61%；水域主要是转移为耕地、林地和草地；建设用地主要转移为草地、耕地和林地；裸沙地主要转移为草地，占裸沙地面积的 51.62%；其他未利用地主要转移为林地和耕地(图 5-14)。

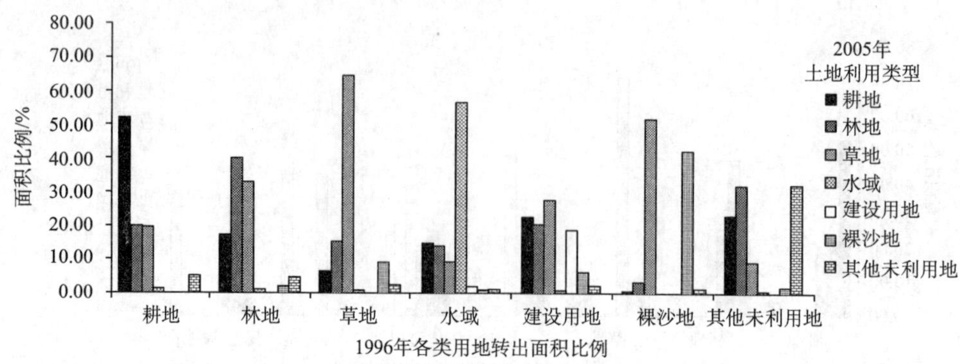

图 5-14　榆阳区各类用地转出面积比例(1996～2005 年)

Fig. 5-14　Transfer out area ratio of land use in Yuyang County from 1996 to 2005

从 2005 年来看，耕地主要由林地和草地转入，分别占 2005 年耕地面积的 25.17％和 17.16％；林地转入的面积中，以草地和耕地为主，分别为林地面积的 32.98％和 16.64％；草地转入的面积相对较少，主要由林地和耕地转入，分别占草地面积的 19.15％和 8.30％；水域则主要由草地、林地和耕地转入；建设用地中，草地、林地和耕地转入较多；裸沙地中，有 69.37％由草地转入；其他未利用地则主要由林地、草地和耕地转入(图 5-15)。

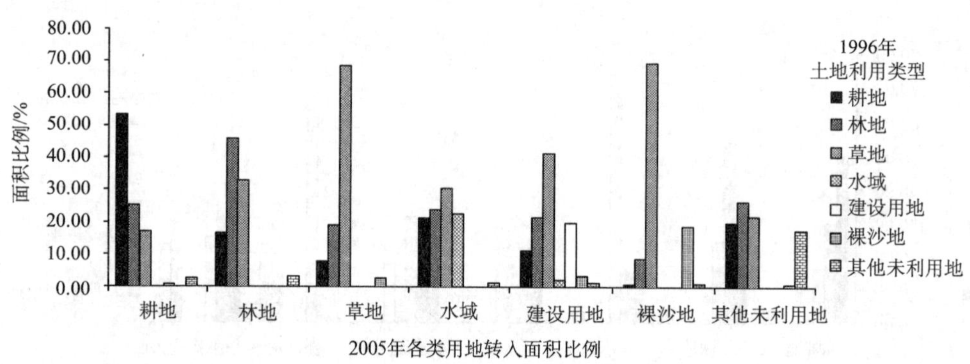

图 5-15　榆阳区各类用地转入面积比例(1996～2005 年)

Fig. 5-15　Transfer in area ratio of land use in Yuyang County from 1996 to 2005

从 1986～2005 年总体情况来看，以耕地转为林地和草地；林地转为草地和耕地；草地转为林地和耕地以及草地和裸沙地之间相互转移最多(图 5-16 和图 5-17)。这一方面是因为这几类土地利用在榆阳区分布最广，数量最多，相互转换频繁；另一方面，这和榆阳区农牧交错的特点相符，即有一部分土地时农时牧，因此造成农、林、牧土地利用系统之间转移频繁。裸沙地和草地之间的转移比例也很高，说明裸沙地和草地是相对不稳定的利用方式，在降水增加的背景下，裸沙地可能发展成为草地，相反草地也有退化成裸沙地的可能，使两者之间的转移频繁而大量。这些变化中，建设用地转移为林地、草地的现象可能和城市建成区中的林地、草地覆盖增加造成混合像元解译错误有关；而建设用地转移为耕地和现实不太一致，复垦为耕地的可能性极小，之所以出现建设用地转移为耕地，这和城市近郊区的一些零散建设用地和大面积耕地混杂在一起，在 TM 影像分类时受耕地波谱影响，误判为耕地有关。

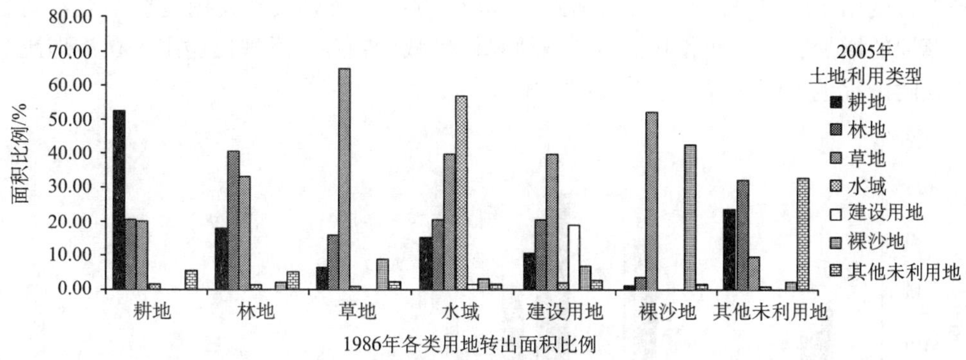

图 5-16　榆阳区各类用地转出面积比(1986～2005 年)

Fig. 5-16　Transfer out area ratio of land use in Yuyang County from 1986 to 2005

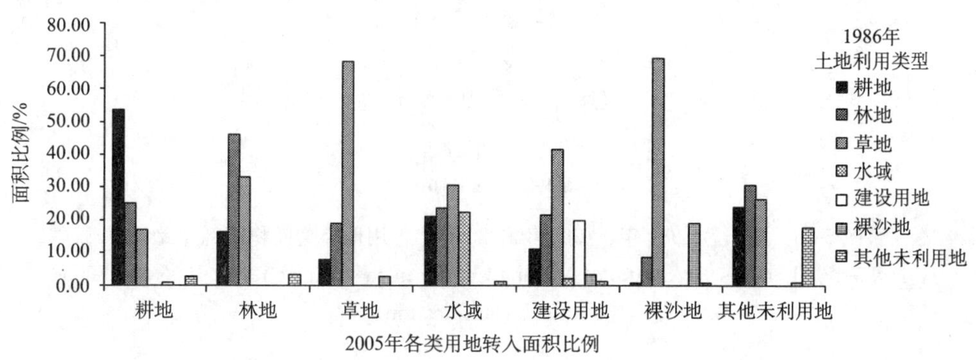

图 5-17　榆阳区各类用地转入面积比例(1986～2005 年)

Fig. 5-17　Transfer in area ratio of land use in Yuyang County from 1986 to 2005

2. 榆阳区土地利用数量结构变化(按二级类分析)

上文对榆阳区土地利用结构变化的分析反映了各大类用地总量的变化，侧重表达了土地利用功能的变化。但每大类用地内部在使用属性相同的情况下，又因为自然条件与利用方向的不同，表现出不同的利用强度。因此，有必要在各用地门类内部再分析其结构变化，更深入地揭示区域土地利用变化的机制。

1986～2005 年，耕地总面积变化不大(图 5-18)，但水浇地和旱地所占的比重变化明显(表 5-3)。与 1986 年相比，榆阳区 2005 年水浇地面积比例由 3.8%增加到 7.3%，旱地则减少了近 3%。水浇地面积的增大，旱地面积的减小，反映了区域土地利用集约度的升高，水土资源的利用效率越来越高。林地总量增加，但以乔、灌木林的增加为主，灌木林地的面积占林地的绝大多数。这反映出自“退耕还林(草)”政策实施以来，加上 20 世纪 80 年代以来榆阳区大力进行以乔、灌木种植为主的植被建设显现出效益。同时，这种以灌木为主体的林地结构也符合榆阳区半干旱区的自然条件。草地总量稳定增加，但高、中覆盖度草地略有减少，低覆盖度草地增长迅速。反映出榆阳区草地面积增加的同时，草地功能存在退化现象。总体来看，20 年来，榆阳区植被建设成绩很大，植被覆盖度由 1979 年的 21.1%增加到 2000 年的 47.2%，表现在用地类型上，则是林地、草地的增加。裸沙地和其他未利用地总体呈减少趋势，反映出榆阳区在治理流沙和黄土丘陵区荒地上面取得了一定成绩。

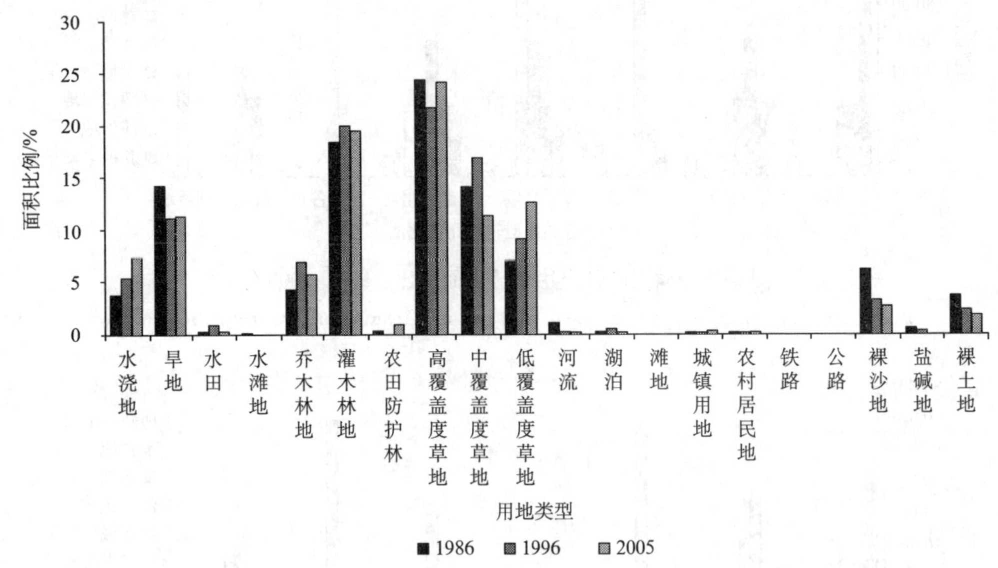

图 5-18 榆阳区 1986 年、1996 年和 2005 年各用地类型面积比例(二级类)

Fig. 5-18 Land use area ratio of Yuyang County in the year of 1986, 1996 and 2005 (in sub-classificaiton)

耕地资源的高效利用和林地、草地面积的持续增大，均显示该地区的土地利用结构正朝“大面积搞生态，小面积集约高效搞生产”的方向转变。可见，近 30 年来伴随着“三北防护林”的建设，“退耕还林(草)”政策的实施和“再造秀美山川”口号的提出，榆阳区土地利用结构整体有所好转，但局部恶化，尤其是草地退化的现象还比较严重，亟需实施针对性的土地利用结构优化措施。

3. 榆阳区土地利用动态度分析结果

根据榆阳区 1986～1996 年和 1996～2005 年土地利用变化数据和行政区划，选用式(2-7)计算并分析了各乡镇两个时段的综合土地利用动态度的时空变化。

1986～1996 年，榆阳区综合土地利用动态度的区域差异不明显(图 5-19)。动态度在 10%～20%的乡镇有 11 个，分别为芹河乡、小纪汗乡、巴拉素镇、青云乡、榆阳镇、马合镇、鱼河镇、金鸡滩镇、余兴庄乡、补浪河乡、上盐湾镇；20%～30%的有 12 个，分别是红石桥乡、古塔乡、大河塔乡、刘千河乡、鱼河峁镇、牛家梁镇、孟家湾乡、岔河则乡、清泉镇、镇川镇、小壕兔乡和麻黄梁镇；大于 30%的乡镇有

1 个，为安崖镇。其中，安崖镇、红石桥乡、古塔乡、大河塔乡、刘千河乡、牛家梁镇、鱼河峁镇、孟家湾乡的综合土地利用动态度相对较大，是榆阳区土地利用变化程度比较剧烈的区域。从空间分布上看，上述区域有 5 个分布在黄土丘陵区，另外 3 个分布在风沙草滩区。动态度最低的乡镇是芹河乡和小纪汗乡，均属于风沙草滩地区。说明这一时期内，榆阳区黄土高原地区土地利用的变化较比风沙草滩地区要强烈一些。

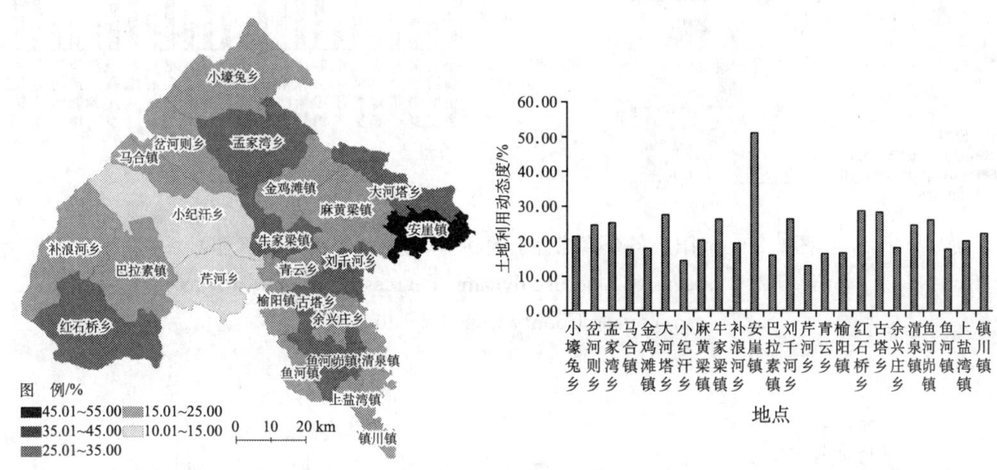

图 5-19　榆阳区各乡镇综合土地利用动态度(1986～1996 年)

Fig. 5-19　Integrated land use dynamic degrees of different towns in Yuyang County from 1986 to 1996

1996～2005 年，榆阳区综合土地利用动态度出现明显区域差异(图 5-20)。动态度降低且在 0～10%的乡镇有 7 个，包括孟家湾乡、鱼河峁镇、岔河则乡、清泉镇、巴拉素镇、马合镇和小纪汗乡，原来土地利用变化动态度较大的孟家湾乡、鱼河峁镇土地利用变化的剧烈程度较比 1986～1996 年下降幅度显著，由 1986～1996 年土地利用变化的热点区域转为变化趋缓的区域(图 5-21)。动态度在 10%～20%的乡镇有 7 个，它们是榆阳镇、牛家梁镇、补浪河乡、余兴庄乡、芹河乡、青云乡、红石桥乡，总数比 1986～1996 年减少 5 个，牛家梁镇、补浪河乡、余兴庄乡、青云乡、红石桥乡的综合土地利用动态度均出现较大幅度的下降。动态度在 20%～30%的乡镇有 3 个，它们是上盐湾镇、金鸡滩镇和镇川镇，总数比 1986～1996 年减少了 9 个。而动态度在 30%～40%间的乡镇有 5 个，它们是鱼河镇、刘千河乡、小壕兔乡、大河塔乡、麻黄梁镇。动态度大于 40%的有 2 个，动态度最大的是安崖镇，其次是古塔乡。总体来看，大于 30%的乡镇增加到了 7 个，比 1986～1996 年增加了 6 个。其中，麻黄梁镇、小壕兔乡和鱼河镇综合土地利用动态度增长幅度较大，成为新的土地利用变化热点区域。从空间分布上看，动态度较小的区域集中分布于北部风沙草滩地区，而动态度较大的乡镇除小壕兔乡以外，其他都分布在风沙草滩区和黄土高原丘陵区的过渡带，表明榆阳区土地利用变化的热点区域主要分布在这一过渡带。

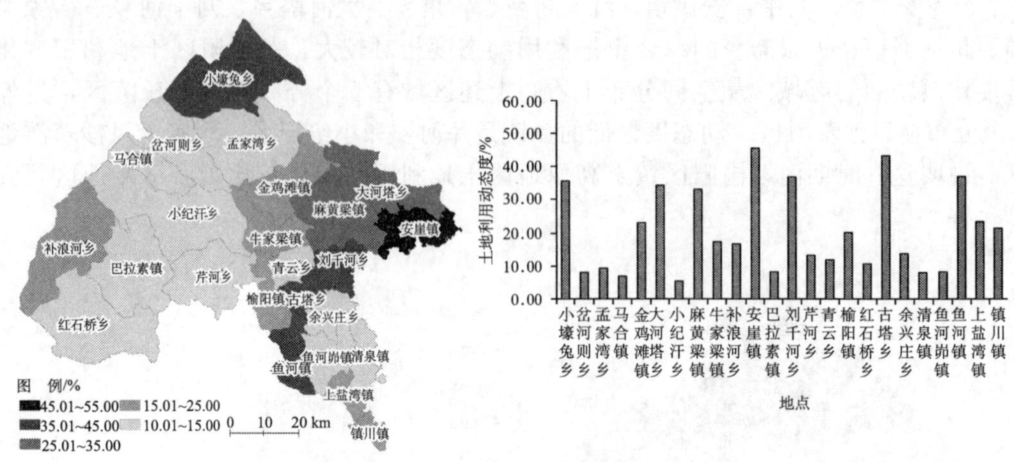

图 5-20　榆阳区各乡镇综合土地利用动态度(1996～2005 年)

Fig. 5-20　Integrated land use dynamic degrees of different towns in Yuyang County from 1996 to 2005

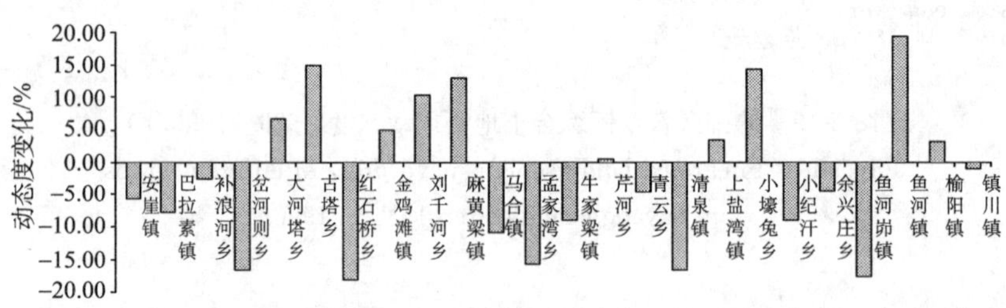

图 5-21　榆阳区各乡镇综合土地利用动态度变化($L_{c1996\sim2005}-L_{c1986\sim1996}$)

Fig. 5-21　Change of integrated land use dynamic degrees in different towns of Yuyang County during the time periods of 1986 to 1996 and 1996 to 2005

综合以上分析，榆阳区土地利用动态度高值区主要位于风沙草滩区向黄土高原区过渡带以及黄土高原区，是 1986～2005 年土地利用变化较为剧烈的区域。

4. 榆阳区土地利用相对变化率分析结果

采用式(2-10)计算了榆阳区各乡镇不同土地利用类型相对变化率。分析结果表明：

1）1986～1996 年

见图 5-22，耕地相对变化率比较大的乡镇有红石桥乡、大河塔乡和安崖镇。这 3 个乡镇也是土地利用动态度较高的乡镇，表明这 3 个乡镇不仅是土地利用变化比较剧烈的区域，而且是耕地变化比较显著的区域。其他乡镇耕地相对变化率均较小，和土地利用

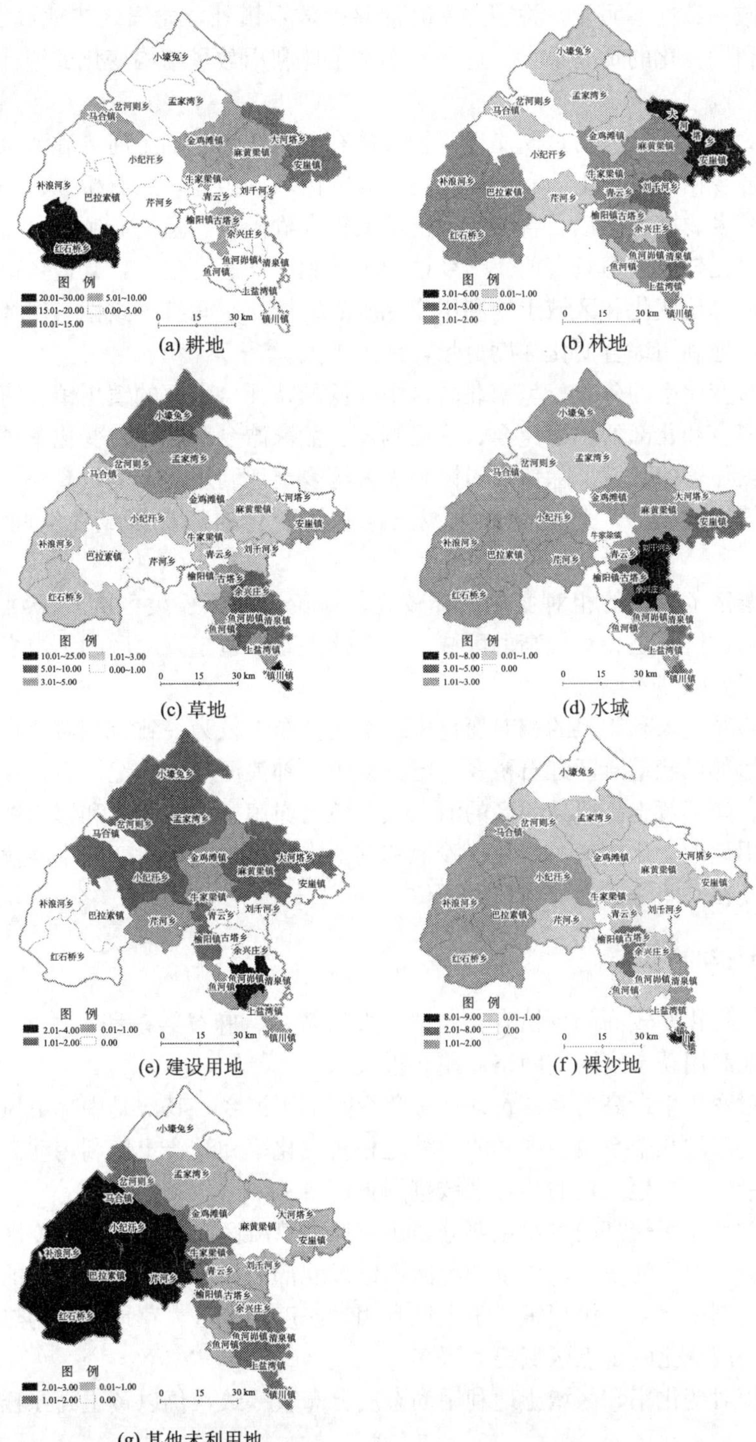

图 5-22　榆阳区各乡镇土地利用相对变化率(1986～1996 年)

Fig. 5-22　Relative change rate of classified land-use in different towns of Yuyang County from 1986 to 1996

动态度的区域一致性不明显，说明这一时期除少数乡镇外，榆阳区耕地数量变化不大，对区域土地利用变化的贡献不大。这和榆阳区土地利用数量结构变化的统计数据是一致的(表 5-3 和图 5-11)。

林地相对变化率最大的是安崖镇，较大的有大河塔乡、刘千河乡和清泉镇，除清泉镇外，其他各乡镇均属于土地利用动态度较高的区域。另外，红石桥乡、补浪河乡、牛家梁镇、古塔乡、麻黄梁镇、青云乡、巴拉素镇、榆阳镇、鱼河峁镇和上盐湾镇的林地相对变化率也比较大，但只有前 4 个乡镇的土地利用动态度较大，其他乡镇均较小。上述情况说明，林地变化和区域土地利用变化剧烈区域在空间有一致性，但林地变化幅度显然比区域土地利用综合变化强度更强，范围更大。

草地相对变化率的分布，呈南北高，中间低的特征。南部的镇川镇、清泉镇、鱼河峁镇、余兴庄乡和北部的小壕兔乡、岔河侧乡、孟家湾乡草地相对变化率较大，是草地数量变化比较显著的区域。除鱼河峁镇和孟家湾乡土地利用动态度较高外，其他乡镇均较小。这一情况表明，草地变化和区域土地利用变化的热点区域在空间上存在较大错位。

水域在全区范围内的相对变化率都较高，但黄土高原丘陵区的刘千河乡、余兴庄乡、清泉镇和古塔乡是相对较高的区域，从总体上看，黄土高原区的水域变化要比北部风沙草滩地区要强烈一些。

裸沙地和其他未利用地的相对变化率在空间分布上较为一致，相对变化率较高的主要是西、西南部风沙草滩区红石桥乡、巴拉素镇、补浪河乡、小纪汗乡、芹河乡和马合镇，还有中、南部黄土高原丘陵区的清泉镇、鱼河峁镇、上盐湾镇和镇川镇，反映出这些乡镇未利用地的变化较大。但是裸沙地和其他未利用地的相对变化率与榆阳区综合土地利用动态度在空间分布上存在较大错位。

2）1996～2005 年

耕地相对变化率较高的乡镇有安崖镇、大河塔乡、麻黄梁镇和古塔乡，见图 5-23，这和同期土地利用动态度的空间格局差异很大。

林地相对变化率最高的乡镇包括小壕兔乡、刘千河乡，其次是中部由风沙草滩区向黄土丘陵区过渡的几个乡镇。同样的，林地相对变化率和综合土地利用动态度的空间分布格局存在错位，林地变化的热点区域范围更广。

草地相对变化率较高的乡镇主要分布于由风沙草滩区向黄土高原丘陵区过渡的安崖镇、麻黄梁镇、刘千河乡、古塔乡和鱼河镇以及北部的小壕兔乡和最南端的镇川镇。其中麻黄梁镇、刘千河乡、镇川镇位于土地利用动态度高值区，草地变化的热点区域明显比区域土地利用变化的重点区域要大得多。

水域的相对变化率和区域土地利用动态度分布较一致，仍以黄土高原丘陵区变化最为显著。

建设用地、裸沙地和其他未利用地的相对变化率则和区域土地利用动态度的分布存在明显空间错位，裸沙地的相对变化率以南部的镇川镇、清泉镇和上盐湾镇最高，其他未利用地的相对变化率以位于风沙草滩区的小纪汗乡和金鸡滩乡最高。

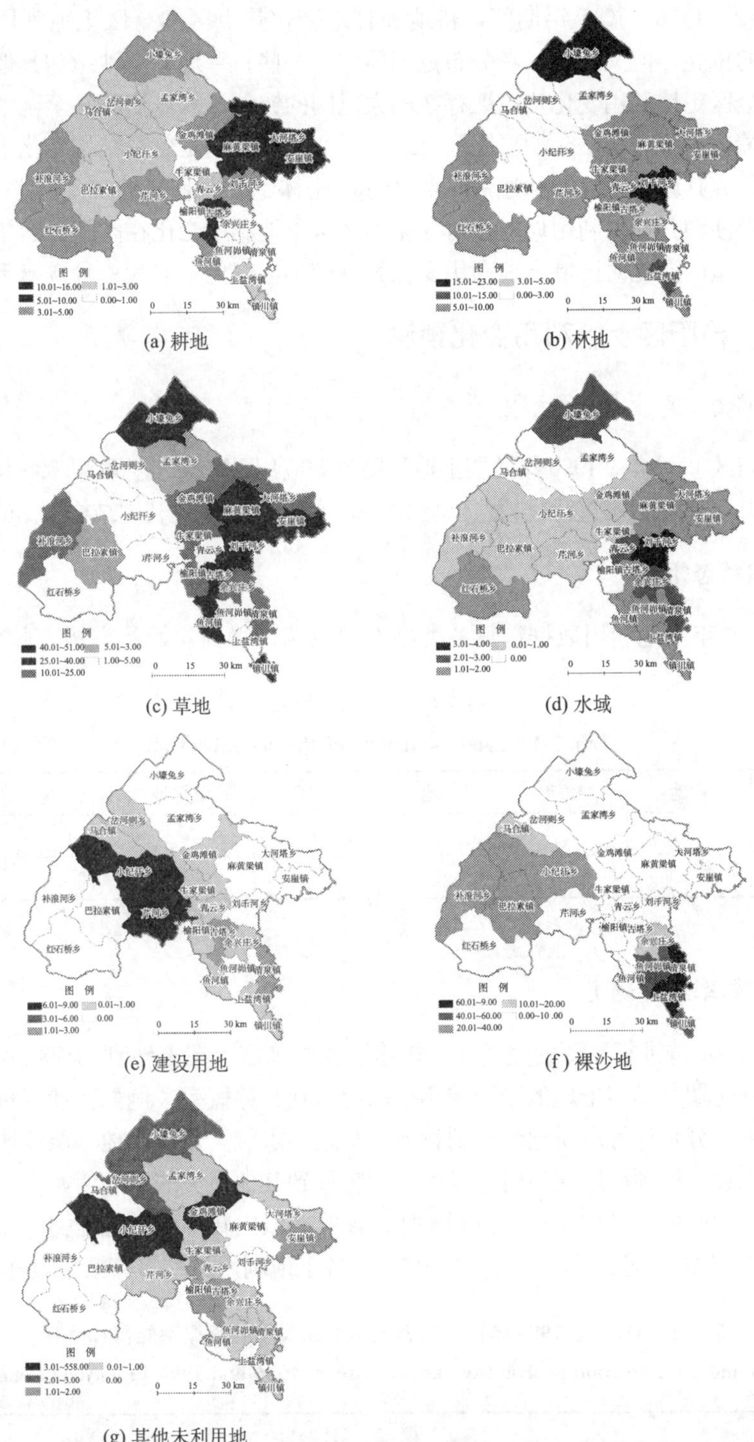

图 5-23　榆阳区各乡镇土地利用相对变化率(1996～2005年)

Fig. 5-23　Relative change rate of classified land use in different towns of Yuyang County from 1996 to 2005

总体来看，1986～2005 年期间，耕地和林地变化热点区和全区土地利用变化热点区有较大范围的重叠，但又均比后者分布范围要宽广一些；草地、裸沙地和其他未利用地变化热点区与全区土地利用变化热点区存在较大范围的错位；水域变化在全区范围内都比较显著。上述情况表明，这一时期榆阳区土地利用变化，特别是数量结构变化主要是耕地和林地的变化。究其原因，可能和这一时期“退耕还林(草)”政策的实施有关系。而草地、建设用地、裸沙和其他未利用地的相对变化和区域土地利用变化在空间上的错位，表明这些土地利用类型的变化对区域土地利用变化影响较小，但仍不失为一种普遍现象。

5.2.3 榆阳区土地利用变化预测

1. Markov 链应用与检验

根据榆阳区 1986 年、1996 年两期土地利用数据应用 Markov 链预测 2005 年土地利用结构，并与 2005 年现状数据进行比较，检验 Markov 链应用于土地利用结构预测的有效性。

1）初始状态矩阵

基于 1996 年土地利用数据计算各类型面积比例，得到初始状态矩阵(表 5-4)。

表 5-4 初始状态矩阵

Tab. 5-4 Land use matrix of the primitive state ［单位(Unit)：%］

土地利用类型	耕地	林地	草地	水域	建设用地	裸沙地	其他未利用地
编号	1	2	3	4	5	6	7
A0	17.66	27.01	47.7	0.88	0.29	3.47	3

2）转移概率矩阵确定

运用 Markov 链进行预测的关键在于转移概率的确定。在土地利用现状变更表的基础上，计算这一时期各类型土地的平均转移率从而得到转移概率。例如，计算耕地转移到其他地类的概率：分别计算出耕地转移到林地、草地、水域、建设用地、裸沙地和其他未利用地的数量之和，得到耕地在该时间段内分别转移到其他地类的平均值，将这些平均值除以耕地在该时间段内的平均面积，得到耕地在该时间段内转移到其他地类的概率，这些概率之和等于 1。以此类推，得到 1986 至 1996 年各土地利用类型转移概率矩阵(表 5-5)。

表 5-5 1986 至 1996 年榆阳区各土地利用类型转移概率矩阵(n=10)

Tab. 5-5 Land use transition probability matrix between 1986 and 1996 in Yuyang County(n=10)

1986 年	1996 年						
	耕地	林地	草地	水域	建设用地	裸沙地	其他未利用地
耕地	0.49	0.30	0.16	0.01	0.00	0.00	0.04
林地	0.17	0.54	0.24	0.01	0.00	0.00	0.04

续表

1986 年	1996 年						
	耕地	林地	草地	水域	建设用地	裸沙地	其他未利用地
草地	0.07	0.15	0.73	0.00	0.00	0.03	0.01
水域	0.20	0.26	0.27	0.26	0.00	0.00	0.01
建设用地	0.19	0.27	0.31	0.03	0.16	0.02	0.02
裸沙地	0.01	0.03	0.64	0.00	0.00	0.30	0.01
其他未利用地	0.15	0.33	0.25	0.03	0.00	0.01	0.23

3）应用与检验结果

应用 Markov 链预测了 2005 年土地利用结构，并将预测结果与现状进行了比较分析(表 5-6)。

表 5-6　榆阳区土地利用 Markov 链预测结果与现状比较(2005 年)

Tab. 5-6　Predicted land use using Markov chain compared with present situation in Yuyang County(2005)

比较项目 \ 土地利用类型		耕地	林地	草地	水域	建设用地	裸沙地	其他未利用地
现状	面积/km^2	1332.51	1842.62	3366.59	44.69	55.93	199.21	147.71
	比例/%	19.07	26.36	48.17	0.64	0.80	2.85	2.11
预测	面积/km^2	1333.26	1844.26	3369.29	45.33	29.05	200.02	168.01
	比例/%	19.08	26.39	48.21	0.65	0.42	2.86	2.40
类型内相对误差/%		0.06	0.09	0.08	1.43	48.06	0.41	13.74
区域内相对误差/%		0.01	0.03	0.04	0.01	0.38	0.01	0.29

结果表明，预测结果与现状数据比较，类型内相对误差除建设用地和其他未利用地较大以外，其他各类用地均极低，类型内平均预测精度达到 90.88%，预测结果可以接受。尽管建设用地和其他未利用地预测结果相对误差较大，但从区域土地利用结构来看，两者面积比例极小。从区域总体来看，各土地利用类型预测结果相对误差均不超过 1%，特别是对占区域土地面积达 99.2%的耕地、林地、草地、水域、裸沙地和其他未利用地的预测精度达到了极高的水平，表明预测结果能够精确描述区域土地利用的数量结构。从预测结果与现状数据的关系来看，预测结果与现状数据差异不明显，两者具有显著的一致性(斜率接近于 1，$r^2=0.999$)(图 5-24)。上述分析说明，采用土地利用类型之间的转移矩阵确定的转移概率，通过 Markov 链预测当地未来土地利用数量结构的变化是可行的。

4）CA 模型的应用与检验

Markov 链尽管可以准确预测土地利用数量结构，却不具备空间配置的能力。而

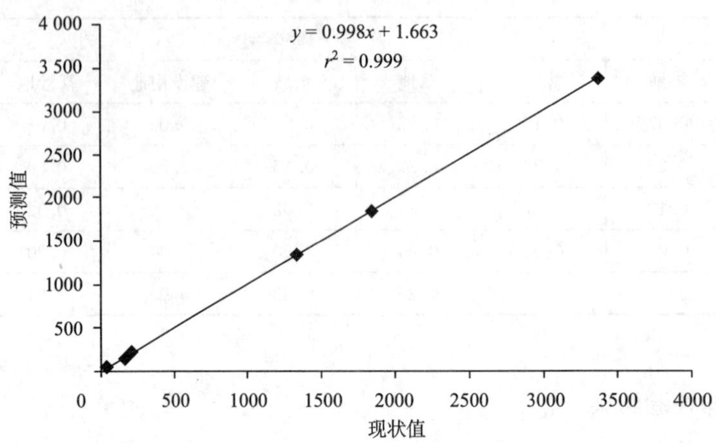

图 5-24　2005 年榆阳区土地利用预测结果与现状关系分析

Fig. 5-24　Relationship of land use predicted using Markov chain with present situation in Yuyang County(2005)

CA 模型可以很好地基于转变规则进行土地利用空间预测。CA-Markov 模型的结合点在于 Markov 链可以为 CA 模型提供土地利用转移概率作为土地利用转变的规则，从而使 CA 根据元胞邻域关系和转变规则对土地利用在未来的空间配置进行模拟。

在应用 Markov 链对 2005 年土地利用数量结构预测并检验的基础上，运用 CA-Markov 模型模拟了 2005 年土地利用空间格局(彩图 5-4)，并与 2005 年土地利用现状(彩图 5-3)进行土地类型空间分布一致性检验。结果表明，预测结果和现状土地利用在类型与空间格局上一致性系数 Kappa＝0.75。根据统计学原理，当 Kappa≥0.75 时，表明两者一致性较好。对比预测结果图与现状图可以发现，预测图中榆林市建成区面积偏小，这就可以解释利用 Markov 链预测 2005 年土地利用数量结构时，建设用地相对误差较大的现象。除此之外，其他各类用地预测图与现状图未出现显著空间格局差异。模拟结果证明，应用 CA-Markov 模型进行区域土地利用结构预测与配置，可以达到较高的数量结构精度与空间位置一致性。因此应用该模型进行未来土地利用变化预测是可行的、可靠的。

表 5-7　初始状态矩阵(2005 年)

Tab. 5-7　Land use matrix of the primitive state(2005)

土地利用类型	编号	A_0/%
耕地	1	17.66
林地	2	27.01
草地	3	47.70
水域	4	0.88
建设用地	5	0.29
裸沙地	6	3.47
其他未利用地	7	3.00

2. 榆阳区土地利用变化预测

以 2005 年为初始状态(表 5-7)，以 1996～2005 年土地利用转移概率构建转移概率矩阵(表 5-8)，以土地利用转移面积矩阵作为转移规则，运用 CA-Markov 模型预测榆阳区 2010 年、2015 年和 2020 年土地利用结构。

表 5-8　1996～2005 年各土地利用类型转移概率矩阵($n=9$)

Tab. 5-8　Land use transition probability matrix between 1996 and 2005 in Yuyang County($n=9$)

1996	2005						
	耕地	林地	草地	水域	建设用地	裸沙地	其他未利用地
耕地	0.58	0.22	0.17	0.01	0.00	0.00	0.01
林地	0.18	0.52	0.27	0.00	0.00	0.00	0.03
草地	0.07	0.15	0.74	0.00	0.00	0.03	0.01
水域	0.17	0.18	0.08	0.43	0.01	0.00	0.13
建设用地	0.10	0.15	0.18	0.04	0.51	0.01	0.01
裸沙地	0.02	0.03	0.62	0.00	0.01	0.32	0.01
其他未利用地	0.20	0.35	0.18	0.00	0.00	0.01	0.26

对榆阳区 2005 年现状(彩图 5-3)及 2010 年(彩图 5-5)、2015 年(彩图 5-6)和 2020 年(彩图 5-7)预测的土地利用格局和数量结构(表 5-9)进行分析。在此基础上，利用 IDRISI 时间序列分析模型(time series analysis，TSA)对未来土地利用变化进行了分析。TSA 模型输出两种分析结果：一是反映空间变化模式的标准主成分图像(standardized principal component images)(图 5-25)；二是反映时间变化规律的载荷矩阵(表 5-10)。根据 TSA 分析结果，进一步对土地利用变化的空间格局与数量结构进行分析。

表 5-9　榆阳区土地利用结构预测

Tab. 5-9　Results of land use structure prediction in Yuyang County

年份 \ 比较项目 \ 土地利用类型		耕地	林地	草地	水域	建设用地	裸沙地	其他未利用地
2005	面积/km²	1332.51	1842.62	3366.59	44.69	55.93	199.21	147.71
	比例/%	19.07	26.36	48.17	0.64	0.80	2.85	2.11
2010	面积/km²	1377.71	1996.66	3111.98	41.35	33.69	250.05	180.36
	比例/%	19.7	28.56	44.51	0.59	0.48	3.58	2.58
2015	面积/km²	1417.75	1963.79	3132.68	39.58	36.5	225.02	173.99
	比例/%	20.28	28.1	44.82	0.57	0.52	3.22	2.49
2020	面积/km²	1437.96	1944.14	3143.55	39.15	37.94	215.76	170.73
	比例/%	20.57	27.82	44.98	0.56	0.54	3.09	2.44

表 5-10　时间序列分析因子载荷矩阵

Tab. 5-10　Factor loading matrix of time series analysis

时间 \ 载荷 \ 组分	CMP1	CMP2	CMP3	CMP4
现状	0.97	−0.22	0.06	−0.01
近期	0.99	−0.01	−0.15	0.05
中期	0.99	0.11	0.00	−0.12
远期	0.98	0.12	0.09	0.09

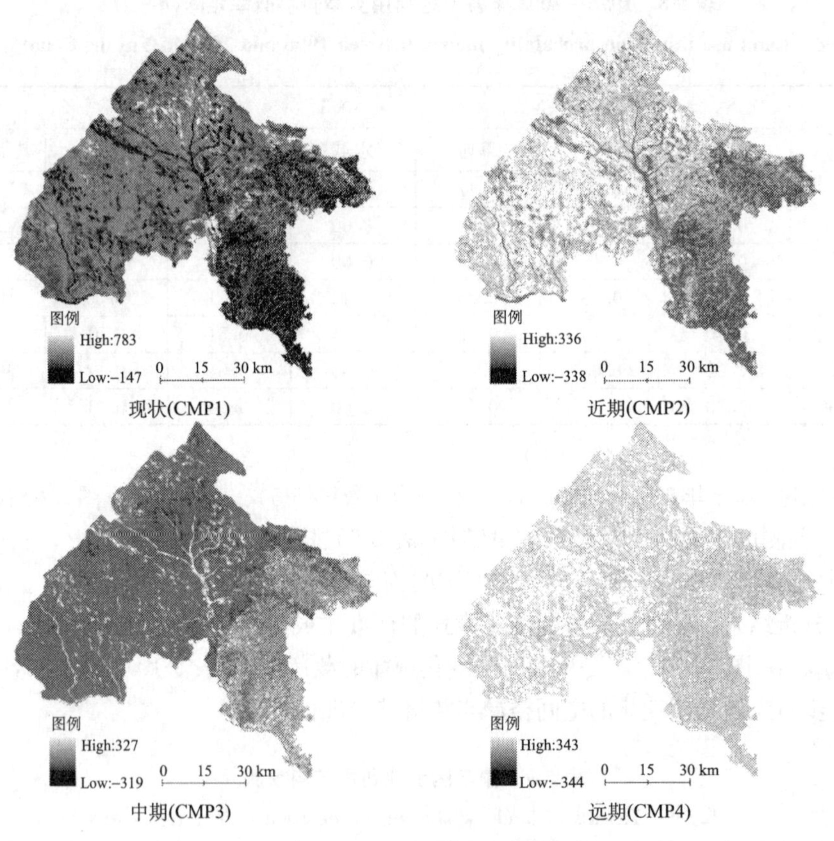

图 5-25　土地利用时间变率组分图像

Fig. 5-25　Component images of land-use time variability

预测结果表明，在预测期内，榆阳区土地利用结构总体保持平稳，略有变化。主要变化规律是耕地、林地持续小幅增加，草地面积减少较多但趋于稳定，水域面积持续减少，建设用地持续增加，裸沙地和其他未利用地均呈小幅度增加。这一变化呈现出生产和生活用地增加、生态用地减少、未利用地增加的趋势，表明榆阳区生产和生活用地需求比较旺盛，有可能引起生态用地的破坏。因此，未来榆阳区经济发展与生态建设争地的矛盾还是比较突出的。

图 5-25 表明，2005～2020 年，土地利用类型时间变化率逐步减小，空间格局渐趋稳定；表 5-10 也表明，各预测年份土地利用与现状具有极高的相关性，表明土地利用结构变化不大。图 5-25 和表 5-10 都表明，应用 2005 年土地利用现状数据，结合土地利用时间变率及其空间分布(CMP1 图像)，可以较好地解释未来土地利用变化的规律。将 CMP1 与 2005 年土地利用现状图空间叠加，对不同土地利用变率的土地利用类型面积进行统计(图 5-26)，得出如下结论，即耕地的变率最小、林地和草地的总体变率较小、水域和建设用地的变率居中、裸沙地和其他未利用地的变率最大。结果表明在国家基本农田保护政策和人口增长压力下，榆阳区耕地未来将受到高度保护，极少转变为其他用地；而林地、草地是榆阳区主要的土地利用类型，随着防沙治沙与退耕还林、还草政策

的实施，榆阳区未来林地面积将继续增加，但在北方暖干趋势下，林地退化现象严重，林地转变为其他用地比例在上升；草地面积持续减少，草地转变为其他用地的比例也在增加，反映出这类用地存在潜在不稳定性；水域与建设用地变率居中，前者受降水等自然条件影响，后者突出反映了人类活动的影响，在气候变化与经济发展的背景下，两者变率较大是正常的；裸沙地和其他未利用地变率最大，这类用地在自然降水增加时，有转变为林、草地的潜力，但在降水减少时，又会发生严重退化；加上近年当地政府与群众加大了对这类用地的治理力度，也使得它们成为变化最为剧烈的一类用地。

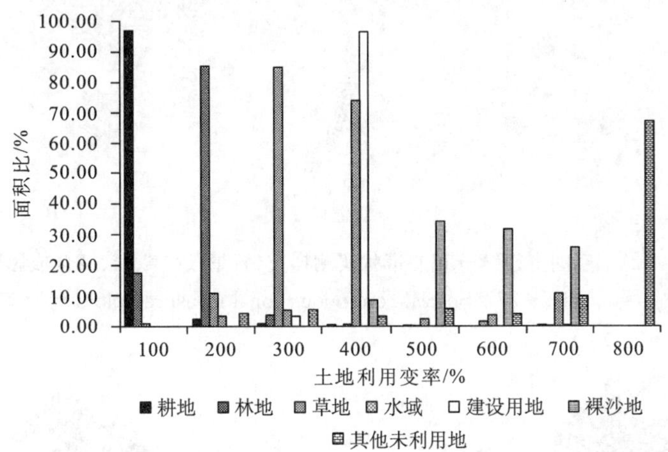

图 5-26　榆阳区基于时间序列分析的不同土地利用变率下各类土地面积比

Fig. 5-26　Land area ratio under various land use change-rates based on time series analysis in Yuyang County

5.3　榆阳区生态安全评价

5.3.1　植被覆盖度实测与估算

应用第 3 章提出的基于数字摄影的样方植被覆盖度测算方法和区域植被覆盖度测算建模方法在榆阳区小纪汗乡、牛家梁镇、孟家湾乡、小壕兔乡、耳林乡、岔河则乡开展了样方植被覆盖度实地观测，共测得样方 200 余个，照片近 2500 张(图 5-27 为部分实测样方)。在此基础上，构建模型测算了全区在 1986 年、1996 年和 2005 年植被覆盖度，并分析了植被覆盖度变化的规律。

1. 遥感反演过程

1) NDVI 计算

根据式(3-10)计算得到榆阳区 1986 年、1996 年、2005 年 3 期 TM 影像 NDVI 图像(图 5-28～图 5-30)。

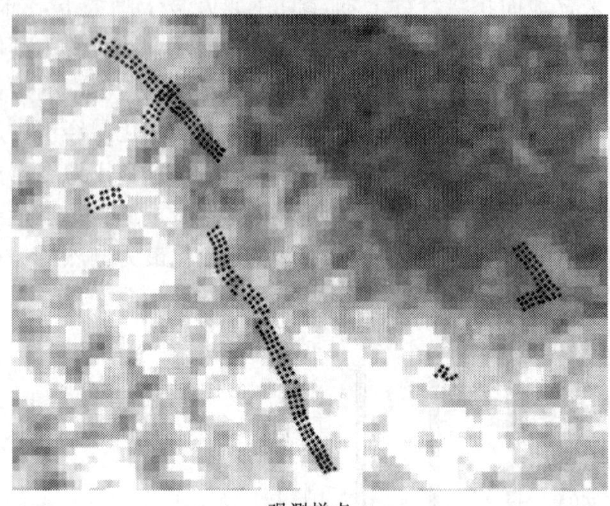

图 5-27 空间上连续分布的带状实测样方(背景 TM 4、3、2合成影像)

Fig. 5-27 Spacial continuous zonal measured plots

图 5-28 榆阳区 NDVI 影像(1986 年)

Fig. 5-28 NDVI image of Yuyang County in 1986

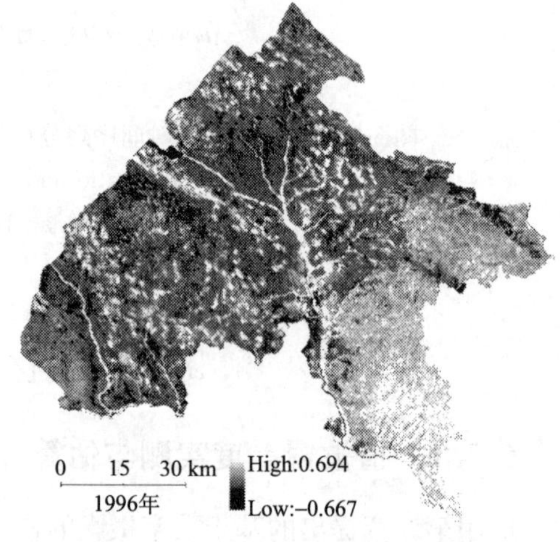

图 5-29 榆阳区 NDVI 影像(1996 年)

Fig. 5-29 NDVI image of Yuyang County in 1996

2) 植被覆盖度估算经验模型

对榆阳区 2005 年 NDVI 与实测样方植被覆盖度进行回归分析,运用三次多项式模型拟合,构建了榆阳区植被覆盖度反演模型:

$$VC_{2005} = 14.406 + 304.427 \times NDVI + 1297.265 \times NDVI^2 - 4727.312 NDVI^3 \quad (R^2 = 0.672) \tag{5-1}$$

对榆阳区 1986 年、1996 年和 2005 年 3 期 NDVI 影像进行相关分析,建立了 NDVI 之

图 5-30　榆阳区 NDVI 影像(2005 年)

Fig. 5-30　NDVI image of Yuyang County in 2005

间的线性关系式[式(5-2)和式(5-3)]，进而得到每一期影像植被覆盖度估算的模型[式(5-4)和式(5-5)]。

$$\mathrm{NDVI}_{2005} = 0.787 \times \mathrm{NDVI}_{1996} + 0.047\ (R^2 = 0.983) \tag{5-2}$$

$$\mathrm{NDVI}_{2005} = 0.818 \times \mathrm{NDVI}_{1986} + 0.055\ (R^2 = 0.992) \tag{5-3}$$

$$\begin{aligned}\mathrm{VC}_{1996} = {} & 14.406 + 304.427 \times (0.787 \times \mathrm{NDVI}_{1996} + 0.047) + 1297.265 \\ & \times (0.787 \times \mathrm{NDVI}_{1996} + 0.047)^2 - 4727.312 \times (0.787 \\ & \times \mathrm{NDVI}_{1996} + 0.047)^3\end{aligned} \tag{5-4}$$

$$\begin{aligned}\mathrm{VC}_{1986} = {} & 14.406 + 304.427 \times (0.818 \times \mathrm{NDVI}_{1986} + 0.055) + 1297.265 \times (0.818 \\ & \times \mathrm{NDVI}_{1986} + 0.055)^2 - 4727.312 \times (0.818 \times \mathrm{NDVI}_{1986} + 0.055)^3\end{aligned} \tag{5-5}$$

2. 实测与估算结果分析

1)榆阳区植被覆盖度

基于 3 期 NDVI 影像，运用植被覆盖度估算模型，得到榆阳区 3 期植被覆盖度(彩图 5-8 至彩图 5-10)。选取 130 个像元对测算结果进行验证，平均绝对误差为 1.78，总体精度为 85.5%。根据实地调查，估算结果较好地解决了 NDVI 反演植被覆盖度的两极效应，即高密度植被反演结果偏低和低密度植被反演结果偏高的现象。通过对 3 期遥感影像的反演和数据统计，得到榆阳区 1986 年、1996 年和 2005 年各覆盖度等级的土地面积和比例(表 5-11 和图 5-31)。

表 5-11 榆阳区不同植被覆盖度等级土地面积及其比例

Tab. 5-11 Area ratio under different vegetation coverage grades in Yuyang County

植被覆盖等级/%	1986 年		1996 年		2005 年	
	面积/km²	比例/%	面积/km²	比例/%	面积/km²	比例/%
0～5	99.74	1.43	250.53	3.58	217.20	3.11
5～10	10.90	0.16	12.88	0.18	63.17	0.90
10～20	435.43	6.23	185.85	2.66	569.32	8.15
20～30	1686.50	24.13	1015.40	14.53	981.45	14.04
30～40	1094.20	15.66	1414.70	20.24	915.72	13.10
40～50	888.22	12.71	947.44	13.56	817.23	11.69
50～60	792.98	11.35	698.10	9.99	737.53	10.55
60～70	641.21	9.17	578.88	8.28	680.49	9.74
70～80	489.57	7.00	536.87	7.68	641.25	9.17
80～90	418.27	5.98	561.62	8.04	630.07	9.01
90～100	432.20	6.18	786.95	11.26	735.79	10.53

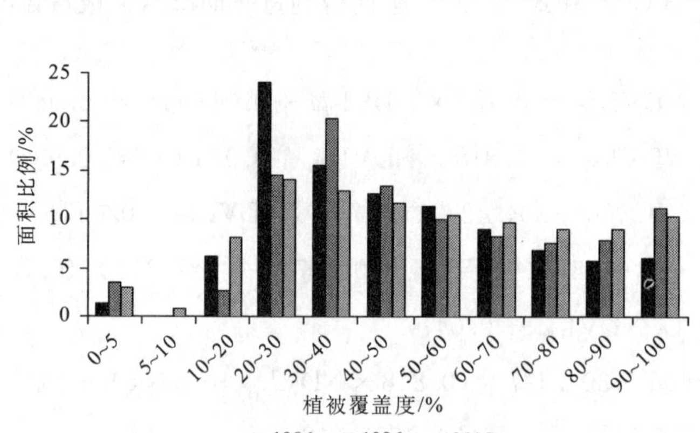

图 5-31 榆阳区不同植被覆盖度等级土地面积比例及其变化

Fig. 5-31 Area ratio change of different vegetation coverage grades in Yuyang County in 1986, 1996 and 2005

统计可得，榆阳区植被覆盖度为 0～20%的流动和半流动沙地面积不大，约占总面积的 10%以下；植被覆盖度为 20%～40%的土地约占土地总面积的 30%左右；植被覆盖度大于 40%的土地约占土地总面积的 50%～60%。这些数据表明，榆阳区有近 40%的土地为流动、半流动和半固定沙地，这些土地是土壤风蚀与风沙活动的活跃区域。基于统计表，利用面积权重计算得到 3 期平均植被覆盖度，1986 年为 48.12%，1996 年为 54.82%，2005 年为 54.21%，表明区域植被覆盖度总体变化不大。

不同覆盖度级别对风蚀过程的影响不同，下面对综合植被覆盖度与风蚀强度的关系进行分析。依据植被覆盖状况，在区域尺度上可将风蚀区划分为不同侵蚀强度等级。而各侵蚀强度等级的面积变化则是区域风蚀环境或风蚀危险度评价的基础。水利部《土壤侵蚀强度分级标准》中依据植被盖度、风蚀厚度和侵蚀模数的高低，将风蚀强度分为剧烈、极强度、强度、中度、轻度和微度 6 个等级(表 3-8)。将水利部的土壤侵蚀标准引入沙地植被覆盖等级的划分中来，结合朱震达(1984)的研究，归纳了沙地类型的划分标准(表 5-12)。

表 5-12　沙地类型划分

Tab. 5-12　Classification of sand lands

沙地类型	植被覆盖特征和土壤性状
固定沙地	植被覆盖度大于 50%，土壤为风砂土，存在较薄的有机质层，地表结皮发育较好
半固定沙地	植被覆盖度大于 30%，小于 50%，土壤为风砂土，有机质层不连续，部分地表发育结皮
半流动沙地	植被覆盖度大于 5%，小于 30%，土壤为风砂土
流动沙地	植被覆盖度小于 5%，土壤为风砂土

不同等级植被覆盖的变化反映了风蚀区地表景观的更替，影响着对应地表的风蚀危险度。根据上述分级标准，分析了不同风蚀强度级别对应的 3 期植被覆盖的变化(图 5-32)。在 20 世纪 80 年代、90 年代及 21 世纪初期，由于国家农业政策的变更和区域农牧业生产的发展，榆阳区的区域植被覆盖存在较明显的变化。与 80 年代中期比较，90 年代中期和 2005 年植被覆盖度低于 10%，风蚀强度为剧烈和极强度的风蚀区的面积比例增大，由总土地面积的 1.6%增至 4%；植被覆盖度为 10%～30%的强度侵蚀区的面积呈先迅速降低后有所增大，总体呈降低的趋势，在 90 年代中期面积最小；植被覆盖度在 30%～50%的中度侵蚀区在 90 年代中期由总土地面积的 28.4%增至 33.8%，在 2005 年又降至 24.8%；植被覆盖度为 50%～70%的轻度侵蚀面积变化较小，而植被覆盖度高于 70% 的微度侵蚀土地面积持续增大，1986～2005 年占总土地面积的比例增大 9.6%。

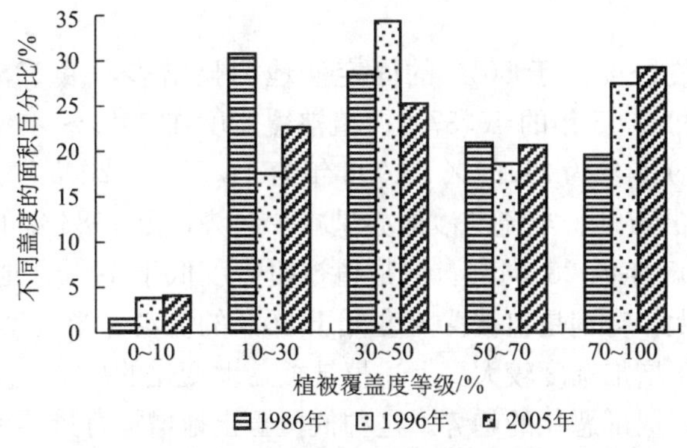

图 5-32　榆阳区不同等级植被覆盖度的面积百分比

Fig. 5-32　Area ratio of different vegetation coverage in Yuyang County in 1986, 1996 and 2005

由以上分析可见，1986～2005 年间榆阳区生态环境整体上逐步得到改善，植被覆盖度大于 70%的微度侵蚀土地面积明显增大，植被覆盖度在 10%～30%的强度侵蚀面积呈减小趋势。但是局部地区的生态环境仍有恶化趋势，植被覆盖度低于10%的剧烈和极强度风蚀区面积仍在小幅增加，地表景观为流动沙丘或沙地的面积仍在扩大。因此，保持区域整体生态环境发展趋势，对风蚀危险度较大的剧烈侵蚀和极强度侵蚀流动沙丘与沙地进行重点治理是未来榆阳区土地整理和风蚀防治的方向。

2）榆阳沙区植被覆盖度变化

在上文对榆阳区植被覆盖度及其变化分析的基础上，从防沙治沙和减轻土壤风蚀的角度，重点对榆阳沙区植被覆盖度变化进行了分析(图5-33)。榆阳沙区1986年、1996年和2005年平均植被覆盖度分别为42.39%、48.07%和48.03%，反映出植被覆盖度逐渐提高，生态环境逆转的趋势。尽管区域植被覆盖度呈增加趋势，但仍处于较低水平，表明榆阳沙区从总体上仍面临土壤风蚀的巨大威胁。

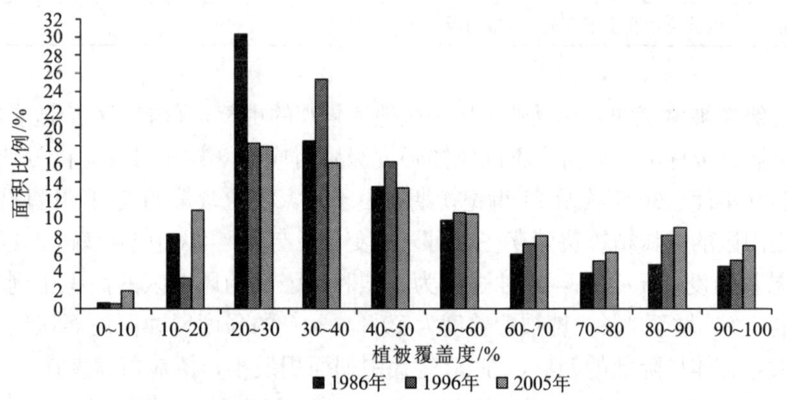

图5-33 榆阳沙区各植被覆盖度级别面积比例及其变化

Fig. 5-33 Area ratio of different vegetation coverage grades in Yuyang County in 1986, 1996 and 2005

榆阳沙区植被覆盖度大于50%的固定沙地明显增多，由1986年的28.9%增至1996年的36.34%和2005年的40.37%；植被覆盖度在30%～50%的半固定沙地先增后减，总体减少，1986年为31.91%、1996年为41.56%、2005年为29.42%；植被覆盖度在10%～30%的流动、半流动沙地亦呈减少趋势，由1986年的38.68%减至1996年的21.57%和2005年的28.34%。但是植被覆盖度低于10%、地表景观为流动沙丘的沙地面积仍在扩大，特别是植被覆盖度低于20%的流动、半流动沙地面积，2005年较1986年和1996年增加幅度较大。上述植被覆盖度变化的规律，反映出榆阳沙区土壤风蚀环境总体改善，局部恶化的趋势。这种低覆盖土地增加背景下区域植被覆盖度的提高，并不一定带来区域土壤风蚀量的减少，甚至还有可能上升。

5.3.2 土壤风蚀量实测与反演

依据风蚀观测样地选取原则，在榆阳区小纪汗乡昌汗界村建立了风蚀观测场，根据土壤风蚀观测的观测方法进行了不同下垫面的土壤风蚀实测(2006年3～6月和2007年

3～6月)，并根据实测数据，推导出不同土地利用的平均风蚀输沙率公式，结合多年气象资料，计算出多年平均输沙量和多年平均输沙通量。

1. 土壤风蚀实测过程与结果

1) 土壤风蚀实测过程

土壤风蚀实测在榆阳区小纪汗乡昌汗界村风蚀观测场开展。

2) 实测结果

A. 平均输沙率

根据风蚀地面实测数据分析方法，分析了输沙率与风速的关系，推导出主要土地利用类型平均输沙率经验公式[图5-34～图5-37，式(5-6)～式(5-9)]。

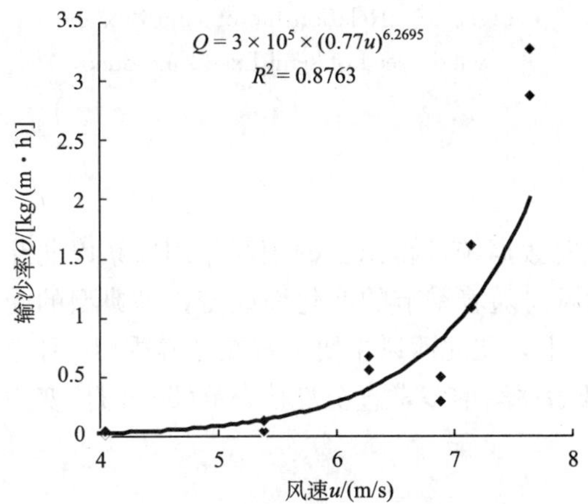

图5-34　农田输沙率与风速关系

Fig. 5-34　Relationship of sand flux and wind speed of arable land

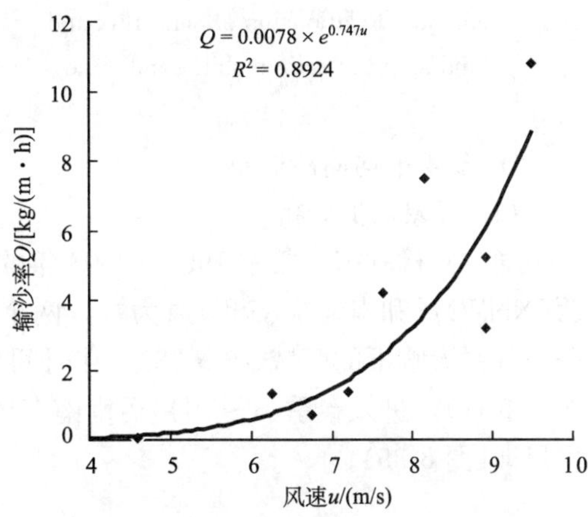

图5-35　流动沙丘输沙率与风速关系

Fig. 5-35　Relationship of sand flux and wind speed of mobile sand dune

耕地(裸露农田)：

$$Q_1 = 3 \times 10^5 \times (0.77u_{10})^{6.2695} \quad (R^2 = 0.88, u_{10} \geqslant 5\ \text{m/s}) \tag{5-6}$$

流动沙丘：

$$Q_2 = 7.8 \times 10^{-3} \times e^{0.747u_{10}} \quad (R^2 = 0.89, u_{10} \geqslant 5\ \text{m/s}) \tag{5-7}$$

低覆盖度草地(半流动沙丘)：

$$Q_3 = 1.2 \times 10^{-9} \times (0.77u_{10})^{10.874} (R^2 = 0.73, u_{10} \geqslant 6\ \text{m/s}) \tag{5-8}$$

灌木林地和中覆盖度草地(半固定沙丘)：

$$Q_4 = 3.67 \times 10^{-5} \times (0.77u_{10})^{4.8481} \quad (R^2 = 0.73, u_{10} \geqslant 7\ \text{m/s}) \tag{5-9}$$

式中，Q_i 为平均输沙率[kg/(m·h)]；u_{10}为10 m标高上大于起沙风的测量风速(m/s)。

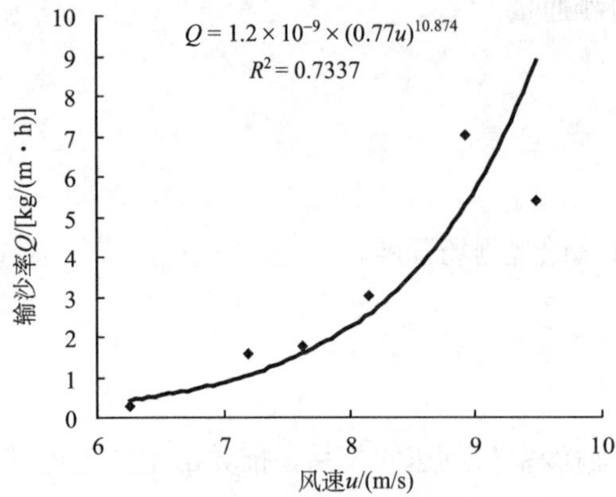

图 5-36　半流动沙丘输沙率与风速关系

Fig. 5-36　Relationship of sand flux and wind speed of semi-mobile sand dune

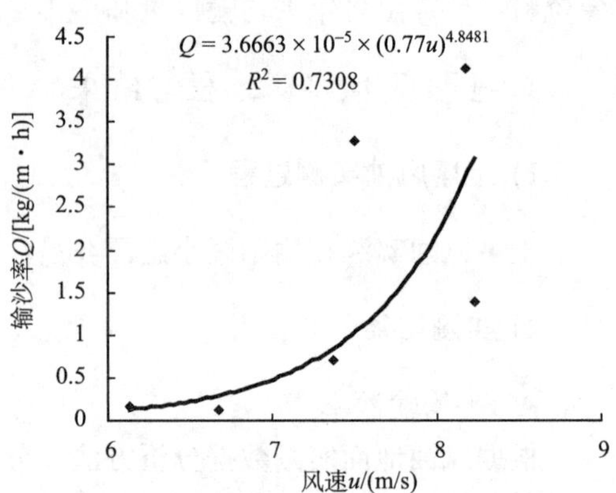

图 5-37　半固定沙丘输沙率与风速关系

Fig. 5-37　Relationship of sand flux and wind speed of semi-fixed sand dune

B. 多年平均输沙通量

(1) 气象数据分析

通过对榆林市气象站 1951～2003 年的风向数据统计得出：榆阳区作用风系以北北西(NNW)风和南南东(SSE)风为主，两个主风向随着季节的变化而改变，是典型的受季风气候影响下的区域(图 5-38)。在时间分布上，北北西风主要出现在冬春季(10 月至次年 5 月)，进入春季(3～5 月)后南南东风开始逐渐增多，直至夏秋季节(5～9 月)变为主风向(图 5-39)。

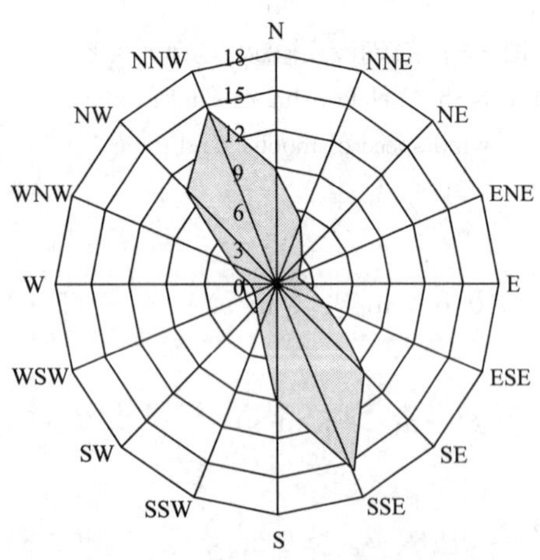

图 5-38　榆阳区多年平均风向玫瑰图

Fig. 5-38　Rose graph of wind direction in Yuyang County

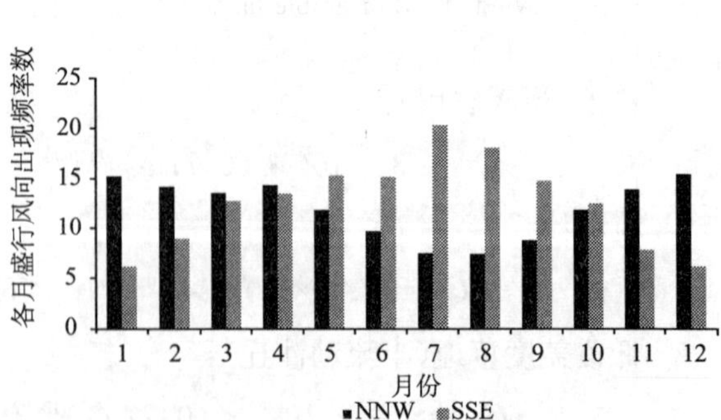

图 5-39　榆阳区盛行风向出现频数

Fig. 5-39　Frequency of prevailing wind direction in Yuyang County

从榆林市气象站的风速资料中挑选出大于起沙风(5 m/s)的风速数据，统计出 16 个风向风速大于起沙风的风力作用年均持续时间 T(表 5-13)。对 T 的进一步分析发现：随着风速的增大，大于起沙风的风力作用持续时间逐渐减小。在风速段上，5～6 m/s 的持续时间最长，占到了总作用时间的 42.07%；在风向上，东东南风与北北西风所占比例最大，分别为 21.12%与 18.29%。这说明榆阳区大于起沙风的风速以 5～6 m/s为主，北北西风与东东南风的贡献率较大。

表 5-13　榆阳区不同风向大于起沙风的风速年均持续时间(小时)

Tab. 5-13　Duration of wind (speed ≥5 m/s) per year in different directions at Yuyang County(h)

风向	大于起沙风的风速/(m/s)													合计
	5～6	6～7	7～8	8～9	9～10	10～11	11～12	12～13	13～14	14～15	15～16	16～17	≥17	
N	32.92	20.70	11.65	5.66	2.15	1.47	0.23	1.13	0.11	0.11	0.11	0.00	0.00	76.25
NNE	18.10	11.43	5.54	1.92	0.91	1.13	0.23	0.11	0.00	0.00	0.11	0.00	0.00	39.48
NE	7.01	4.41	1.92	0.79	0.34	0.57	0.00	0.11	0.00	0.11	0.00	0.11	0.00	15.39
ENE	4.98	2.94	1.13	0.91	0.00	0.00	0.00	0.11	0.00	0.00	0.00	0.00	0.00	10.07
E	4.86	2.60	0.57	0.79	0.11	0.00	0.11	0.00	0.00	0.00	0.00	0.00	0.00	9.05
ESE	15.61	6.22	1.70	1.02	0.11	0.34	0.00	0.00	0.00	0.00	0.00	0.00	0.00	25.00
SE	57.24	26.13	12.22	7.35	1.24	1.47	0.34	0.00	0.11	0.00	0.00	0.00	0.11	106.23
SSE	113.58	61.66	37.11	16.52	5.88	2.38	0.91	0.57	0.11	0.00	0.00	0.00	0.00	238.71
S	38.92	23.53	11.54	6.22	2.49	1.92	0.11	0.23	0.00	0.00	0.00	0.00	0.00	84.96
SSW	14.82	4.30	2.38	0.91	0.34	0.00	0.11	0.11	0.00	0.00	0.00	0.00	0.00	22.97
SW	7.58	3.05	1.36	0.57	0.00	0.11	0.00	0.00	0.11	0.00	0.00	0.00	0.00	12.78
WSW	9.28	5.54	3.05	1.70	0.91	0.91	0.11	0.23	0.00	0.00	0.00	0.00	0.00	21.72
W	10.07	8.03	3.73	2.49	1.02	1.24	0.34	0.45	0.34	0.23	0.00	0.00	0.11	28.06
WNW	23.76	15.27	13.24	9.84	6.45	5.54	0.91	1.70	0.79	0.45	0.45	0.34	0.34	79.08
NW	46.72	36.77	24.32	19.35	9.05	8.94	1.58	4.07	0.79	0.91	0.91	0.11	0.34	153.86
NNW	70.14	45.59	38.01	23.53	11.77	9.62	2.04	2.94	1.02	0.91	0.45	0.34	0.45	206.80
合计	475.60	278.19	169.47	99.56	42.76	35.64	7.01	11.77	3.39	2.72	2.04	0.91	1.36	1130.41

(2)多年平均输沙通量

根据式(5-6)、式(5-7)和起沙风统计，计算出主要土地利用/下垫面类型的多年平均输沙量与输沙通量(表 5-14)。计算结果表明，流动沙丘多年平均输沙通量为 9643.0 kg/(m·a)，低覆盖度草地(半流动沙丘)为 6394.0 kg/(m·a)，耕地(裸露农田)为 2634.5 kg/(m·a)，灌木林地和中覆盖度草地(半固定沙丘)为 127.7 kg/(m·a)。

在风速大于起沙风的不同风向中，由西北(含 WNW、NW 和 NNW)向东南(含 ES、ESE 和 SSE)输沙量平均值明显高于由东南向西北输沙量平均值。这反映出榆阳区单位宽度由西北向东南的年均输沙量要大于由东南向西北方向。从上文对榆林市气象站的风向分析中，已知西北风主要出现在冬春季节，此时降雨稀少，地表植被覆盖度低，风沙活动强烈；而东南风主要出现在夏秋季节，此时恰逢雨季，土壤水分较好，地表植被覆盖度高，风沙活动较弱。这些都是导致由西北向东南输沙量远大于由东南向西北方向的重要原因。不同下垫面输沙量中，流动沙丘最大，半流动沙丘次之，耕地居第三位，而半固定沙丘最小。这表明榆阳区土壤风蚀主要发生于裸露和低植被覆盖度地表(表 5-14)。

表 5-14 榆阳区主要下垫面多年平均输沙量与输沙通量

Tab. 5-14 Sand transported in different wind directions and sand flux per year at mostly land surface in Yuyang (County) [单位(Unit)：kg/(m · a)]

风向	下垫面类型			
	农田	流动沙丘	半流动沙丘	半固定沙丘
N	199.23	401.07	216.35	14.0
NNE	83.55	182.38	96.08	6.2
NE	67.19	276.38	180.17	3.6
ENE	13.82	21.50	7.77	1.2
E	10.97	15.30	3.96	1.0
ESE	21.41	29.59	5.08	2.2
SE	165.46	468.66	235.64	13.2
SSE	342.54	479.85	136.55	30.7
S	132.79	180.83	50.46	11.7
SSW	25.09	38.00	11.85	2.3
SW	18.26	34.83	17.06	1.5
WSW	52.00	75.65	29.64	4.0
W	162.69	555.47	351.97	8.9
WNW	680.02	2624.23	1705.29	34.9
NW	1021.95	3213.00	2052.67	56.5
NNW	1098.21	3584.04	2230.72	63.4
输沙通量	2634.50	9643.66	6394.52	127.70

2. 土壤风蚀反演过程与结果

1）反演过程

根据输沙通量与植被覆盖度的定量关系，运用回归分析方法得到土壤风蚀遥感定量反演经验模型[图 5-40 和式(5-10)]。

$$\Sigma Q = -3.1242 \times \ln(\mathrm{VC}) + 12.879 (R^2 = 0.92) \tag{5-10}$$

式中，ΣQ 为某一植被覆盖度(VC)下输沙通量[t/(m · a)]；VC≤风蚀-堆积临界植被覆盖度。据式(5-10)反算，当 VC 为 61.7%时土壤由风蚀转为堆积，这与前人在毛乌素沙地的研究结果是相近的(刘连友，1999；黄富祥等，2001)，野外调查也证实了这一点。结果表明风蚀地面实测数据是可靠的，基于植被覆盖度与输沙通量的风蚀反演经验模型是有效的。当然，植被覆盖度与输沙通量之间的定量关系，仍需要通过大量地面实测和风洞实验来深入研究。

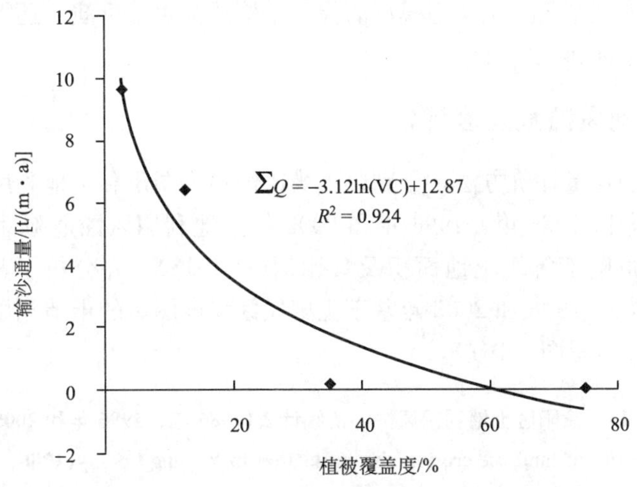

图 5-40　榆阳区输沙通量与植被覆盖度的关系

Fig. 5-40　Relationship of sand flux and vegetation coverage in Yuyang County

2）反演结果

运用式(5-10)和榆阳区植被覆盖度，反演出 1986 年、1996 年和 2005 年像元尺度上土壤风蚀输沙通量(彩图 5-11 至彩图 5-13)。在此基础上，提取了榆阳沙区部分，依据刘连友(1999)和董治宝(1998)采用的区域土壤风蚀量统计分析方法，得出榆阳沙区的土壤风蚀模数 1986 年为 1673.18 t/(km^2·a)，1996 年为 1568.10 t/(km^2·a)，2005 年为 1685.04 t/(km^2·a)。与刘连友(1999)在晋陕蒙接壤区通过实地观测和区域蚀积平衡算法得到的 1600 t/(km^2·a)的平均风蚀模数大致相等，略小于董治宝(1998)在神木县六道沟利用小流域土壤风蚀流失量经验估算模型得出的 1887.27 t/(km^2·a)。初步证明了基于地面实测与“3S”技术进行区域土壤风蚀定量反演的可行性与可靠性。反演结果也进一步证实了低植被覆盖土地增加背景下的区域植被覆盖度的提高，并不能带来风蚀量的减少，相反还有所增加。这表明，沙漠化地区以防沙治沙为目标的植被建设，应更重视植被结构的协调与搭配，而不是一味追求植被覆盖度的提高。

基于地面实测与 3S 的土壤风蚀定量反演方法仍有很多需要改进的地方。第一，土壤风蚀地面实测的下垫面类型还不全面，时间序列还不够长。第二，所采用的 4 个整点风速数据的时距较长，可能将其中的阵性高风速滤除，用其计算不同下垫面输沙通量会导致负偏差。第三，植被覆盖度实测与反演在植被旺盛期进行，风蚀发生期已经发生了很大变化，尚需研究两期植被覆盖度相关属性(垂直投影，风向投影)对输沙通量的影响，以对模型修正。第四，基于植被覆盖度与输沙通量的经验模型，限于风蚀实测下垫面类型数量的限制，只有 4 对参数。虽然模型可信度(R^2 = 0.92)与反演结果都证实了其有效性，但如果有更多实测与风洞实验数据来修正模型，无疑会提高定量反演的能力与精度。第五，本研究没有使用大气干燥度与土壤湿度等参数，而二者对土壤风蚀的影响是巨大的。尽管土壤风蚀地面实测数据反映了一定干燥度与土壤水分条件下的土壤风蚀状况，但要想实现基于遥感生态模型的像元土壤风蚀定量反演，还需要深入研究遥感或实测数据提供上述参数的方法。

5.3.3 土地风蚀危险度评价

根据土壤风蚀定量评价方法，分别以土壤风蚀强度图斑和土地利用类型图斑为评价单元，评价了榆阳区 1986 年、1996 年和 2005 年土地利用风蚀危险性，统计出榆阳区各土地利用风蚀危险度等级土地面积及其比例(表 5-15)，并分析了其变化(图 5-41)。制作了榆阳区 1986、1996 和 2005 年基于土壤风蚀强度图斑的土地利用(一级类型)风蚀评价图(彩图 5-14 至彩图 5-16)。

表 5-15 榆阳区土地利用风蚀评价统计表(1986 年、1996 年和 2005 年)

Tab. 5-15 Statistics of land use erosion risk evaluation in Yuyang County(1986, 1996 and 2005)

风蚀危险度	危险度等级	1986 年		1996 年		2005 年	
		面积/km²	比例/%	面积/km²	比例/%	面积/km²	比例/%
微度	1	179.19	2.56	202.98	2.90	199.69	2.86
轻度	2	2578.82	36.9	2975.76	42.58	2270.03	32.48
中度	3	1610.28	23.04	841.02	12.03	1117.99	16.00
强度	4	3.93	0.06	5.16	0.07	142.13	2.03
极强度	5	25.76	0.37	126.27	1.81	117.40	1.68
剧烈	6	0.00	0.00	0.00	0.00	0.00	0.00
合计		4397.99	62.93	4151.19	59.39	3847.24	55.05

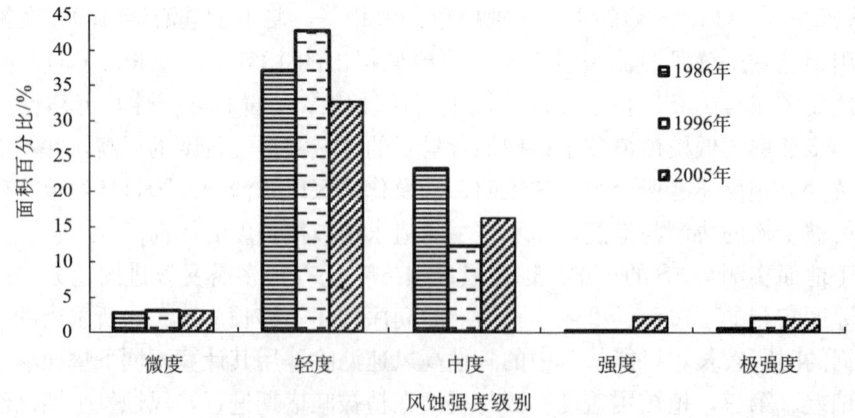

图 5-41 榆阳区不同土壤风蚀强度级别土地面积百分比变化(1986 年、1996 年和 2005 年)

Fig. 5-41 Area ratio and its change of different soil wind erosion grades in Yuyang County in the years of 1986, 1996 and 2005

1986～2005年，榆阳区发生土壤风蚀的土地总面积逐年递减；土壤风蚀以轻、中度为主，两者合计占榆阳区土地总面积的50%略高一些；强和极强度土壤风蚀土地尽管总量不大，但呈增加趋势(图5-41)。上述分析表明，尽管榆阳区土壤风蚀的总体程度在减轻，总面积在减少，但存在局部风蚀增强的趋势，且严重风蚀土地逐渐增加，反映出土壤风蚀总体减轻、局部恶化的发展规律。

5.4　榆阳区土地利用结构与格局优化

在减轻土壤风蚀的总目标下，依据榆阳区各类土地2010～2020年需求预测结果，制定了2010年和2020年土地利用数量结构优化控制方案。依据该控制方案，在ArcGIS支持下，以风玫瑰区划、风蚀相对最小土地利用和风蚀趋缓的土地利用变化信息为辅助，构建“三圈”模式制定出榆阳区2010年和2020年土地利用结构优化实施方案，并进行了情景模拟和结果分析。

5.4.1　优化目标

榆阳区土地利用结构优化的总目标就是以2005年土地利用现状为基础，围绕榆林市构建榆阳区2010年、2015年和2020年生态安全、生产有效、生活幸福的生态用地、生产用地和生活用地协调、稳定、高效的区域可持续土地利用格局。具体目标是逐步减轻土壤风蚀和防御风沙灾害，为人口增长与生活改善提供足够的粮食供应与耕地保障，满足社会发展和经济建设对建设用地的需求，构建中长期(2010～2020年)生态安全和人居环境安全的土地利用优化格局。

5.4.2　榆阳区土地利用数量优化方案

应用沙区土地利用结构与格局优化理论和方法，从制定减轻土壤风蚀的土地利用结构与格局优化方案的角度，预测了榆阳区近(2010年)、中(2015年)、远期(2020年)各类用地需求量，检验了数量结构预测方法体系的实用性与适用性，作为对方法论探讨的有益补充。

1. 榆阳区人口预测

人口预测采用趋势预测法(汤江龙和赵小敏，2005；李永浮等，2006)，并充分重视榆林市和榆阳区国民经济和社会发展对人口的规划目标。

1) 人口总数预测

基于榆阳区统计年鉴(1949～2005年)的人口数据，以年为自变量，年末人口数为因变量，作散点图可见直线趋势明显(图5-42)。用一元线性回归函数拟合，能较好地反映榆阳区人口变化的规律与趋势(R^2=0.981)。应用该方程外推，得出榆阳区2010年人口总数为59万，2015年为65万，2020年为73万。

2）城镇人口预测

城镇人口数量是影响城市建成区面积的重要因素。并且，城镇人口和农村人口对粮食消费的数量是不相同的，人口增长和城乡人口结构变动是影响食物消费水平和结构的重要因素（黄季焜和 Rozelle，1996）。因此，有必要在对榆阳区人口总数预测的基础上，进一步分析未来城镇和农村人口的组成情况。

自改革开放以来（1978～2005 年），榆阳区城镇人口开始快速增加，但城市化水平仍处于较低水平（2005 年全区人口为 46 万，城镇人口为 15 万）。采用榆阳区 1978～2005 年城镇人口统计数据进行回归分析，得到城镇人口增长的幂函数方程（$R^2=0.993$）（图 5-43）。求得榆阳区 2010 年城镇人口为 20 万，2015 年为 25 万，2020 年为 32 万。这一预测结果没有考虑外来务工人员等流动人口数量，但实际上，随着榆林煤炭重化工基地的建设，第二产业从业人员迅速增加，随之也带动相关产业及第三产业的迅猛发展，带来城市人口的增加，榆林城人口已于 2005 年突破 25 万。

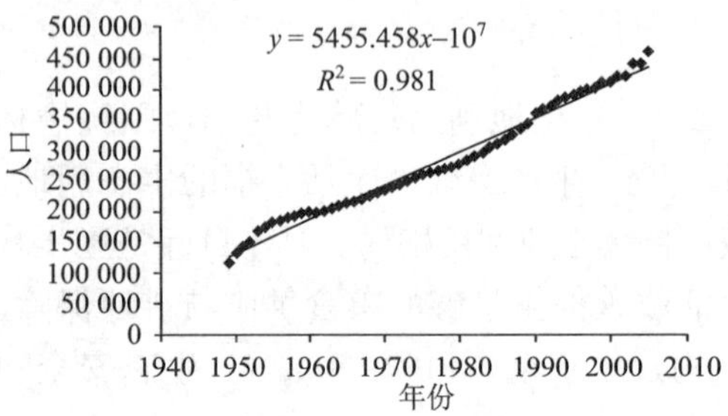

图 5-42 榆阳区人口增长一元线性函数拟合（1949～2005 年）

Fig. 5-42 Linear function of population trend in Yuyang County from 1949 to 2005

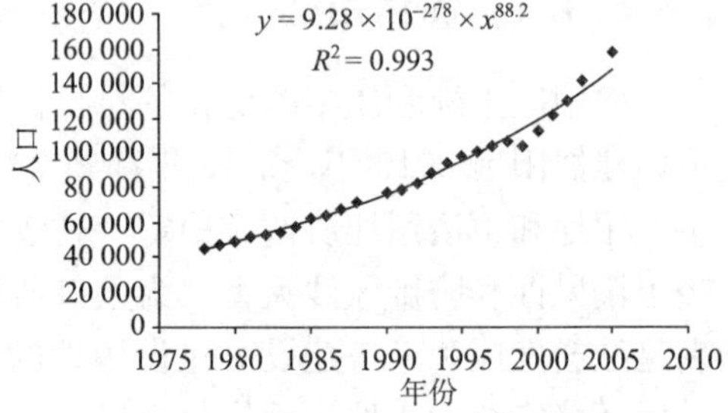

图 5-43 榆阳区城镇人口增长幂函数拟合（1978～2005 年）

Fig. 5-43 Power function of town population trend in Yuyang County from 1978 to 2005

榆林市为谋求区域经济跨越式发展，提出建设“晋陕蒙能源金三角中心城市”的城市发展规划，城市远期人口将达到 100 万（榆林市改革与发展委员会，2006；课题组，2007①）。榆阳区为配合跨越式发展的需求，提出“十一五”末（2010），榆林城区人口达到 40 万，比利用统计数据预测的值翻一番（陕西省榆林市榆阳区发展与改革委员会，2006）。上述预期指标已经落实在《榆林市城市总体规划》中（中国城市规划设计研究院，2007）。从保障与促进区域经济发展的角度考虑，本文依据榆林市、区两级国民经济和社会发展第十一个五年规划纲要和榆林市城市总体规划对城镇人口数量的规划目标，确定榆阳区城镇人口数量在 2010 年为 40 万，2015 年为 60 万，2020 年为 80 万。这里面自然增长部分 2010 年为 20 万，2015 年为 25 万，2020 年为 32 万，钢性增长部分（外来人口）2010 年为 20 万，2015 年为 35 万，2020 年为 48 万。

① 课题组．榆林市区域经济跨越式发展研究．2007.

2. 榆阳区粮食需求预测

1)口粮与肉类消费量预测

基于黄季琨和 Rozelle(1996)对 2000～2030 年全国人均口粮消费量和人均肉类消费量预测结果，预测榆阳区 2010 年、2015 年和 2020 年人均口粮消费量分别为 214 kg、208 kg 和 203 kg，人均肉类消费量分别为 32 kg、38 kg 和 43 kg。假定城乡人口对口粮与肉类的消费量差距不再扩大(黎东升，2005)，那么根据榆阳区 2010 年、2015 年和 2020 年人均口粮消费量、人均肉类消费量、城镇人口数量和农村人口数量，可以算出相应年份的粮食与肉类需求量(表 5-16)。

表 5-16　榆阳区口粮与肉类需求量(2010 年、2015 年、2020 年)

Tab. 5-16　Demands of rations and meat of Yuyang County in the year of 2010, 2015 and 2020

预测水平年	人口数量/万		平均需求量/kg		人均口粮需求量/kg		人均肉类需求量/kg		口粮总需求量/万 t	肉类总需求量/万 t
	城镇	农村	口粮	肉类	城镇	农村	城镇	农村		
2010	40.00	39.00	214.00	32.00	169.40	259.30	45.20	18.50	16.90	2.53
2015	60.00	40.00	208.00	38.00	172.30	261.70	54.00	27.30	20.80	3.80
2020	80.00	41.00	203.00	43.00	172.60	262.00	60.70	34.00	24.60	5.20

2) 饲用粮预测

中国的粮食问题很大程度上是饲料用粮问题，饲料用粮才是中国必须面对的真正压力，这已经成为事实(黄季琨和 Rozelle，1996；任继周等，2007)。

榆阳区属中国北方农牧交错带，近几年通过畜牧兴区和舍饲养羊政策的带动，畜牧业得到了快速发展。截至 2005 年，全区舍饲养羊达到 153.9 万只，较“九五”末增长 85.9%，年均增长 13.2%，成为陕西省第一养羊大县。生猪饲养量达到 80 万头，较“九五”末增长 88.4%，年均增长 13.5%。2005 年全区肉类总产达到 4.61 万 t，较 2000 年增加 2.04 万 t，年均增长 12.4%。随着榆阳区社会经济发展、城镇人口增加和农业产业结构调整，可以预见未来一段时间内，以羊、猪为主的养殖业将继续得到发展，肉类总产量还将继续增加。但是，榆阳区草地资源承载力有限，舍饲养殖必然要消耗大量粮食。因此，有必要从肉类总产量，草地承载力和饲用粮 3 个方面综合预测榆阳区饲用粮的需求。

A. 榆阳区肉类总产量预测

根据榆阳区 2000～2005 年(缺 2003 年)肉类总产量统计数据，经回归分析得到肉类总产量增长一元线性方程(图 5-44)。预测得到榆阳区 2010 年、2015 年和 2020 年肉类总产量分别为 7.12 万 t、9.39 万 t 和 11.67 万 t。如果按 1 个羊单位生产 30 kg 肉计算(孟庆香等，2007)，则折合 237.3 万羊单位、313.1 万羊单位和 389.0 万羊单位。以

2005 年为基期，则榆阳区 2010 年、2015 年和 2020 年新增肉类总产量为 2.51 万 t、4.78 万 t 和 7.06 万 t，折合新增 83.63 万羊单位、159.47 万羊单位和 235.30 万羊单位。这些新增的肉类产量，部分由草地及秸秆的动物性生产提供，绝大多数要由饲用粮养殖获得。

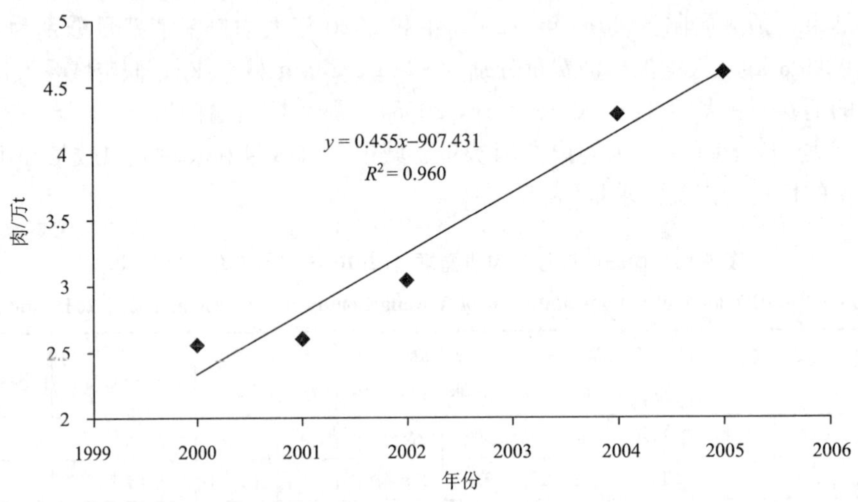

图 5-44 榆阳区肉类总产量增长趋势线(2000～2005 年)

Fig. 5-44 Trend line of total meat output in Yuyang County from the year of 2000 to 2005

B. 榆阳区草地及秸秆动物性产品量估算

孟庆香(2003)通过实地调查，结合统计数据，计算了榆阳区草地(天然草地和人工草地)和秸秆载畜量。她的计算依据是：草地载畜量＝可食鲜草总量/每羊单位年食鲜草量(每羊单位按 5 kg 日食量，1 年以 365 天计算)；秸秆载畜量＝可食秸秆总量/每羊单位年食秸秆量(每羊单位 1.5 kg 日食量，1 年以 365 天计算)，其中，作物秸秆总产＝粮食产量×1.02，秸秆的家畜实际饲用量为作物秸秆总量的 20%。

根据这一算法，榆阳区 2005 年草地与秸秆总载畜量为 43.11 万羊单位，折算动物性产品量为 1.3 万 t 肉类，而同期实际肉类总产量为 4.61 万 t，意味着有 3.31 万 t 肉类是通过饲用粮养殖生产出来的。孟庆香(2003)预测，如果考虑到草地生产力的提高与秸秆饲用率的上升，那么 2015 年草地和秸秆载畜量有望达到 55.40 万羊单位，2030 年为 71.17 万羊单位，呈线性增长趋势。相应地，2010 年、2015 年和 2020 年草地与秸秆总载畜量预测值为 49.54 万羊单位、55.13 万羊单位和 60.71 万羊单位，折算成肉类产量为 1.49 万 t、1.65 万 t 和 1.82 万 t。

C. 榆阳区饲用粮需求预测

根据上文肉类总产量预测和草地及秸秆动物性产品量的估算结果，榆阳区需要由饲养生产的肉类产量将在 2010 年、2015 年和 2020 年分别达到 5.63 万 t、7.74 万 t 和 9.85 万 t，从而消耗大量饲用粮。根据肉类产量预测饲用粮需求的关键是确定合适的肉饲比(表 5-16)。目前，猪肉 1∶4，牛羊肉 1∶3.4 的肉饲比使用率较高(郜若素和马南国，1993；徐翔，1997；曹甲伟，2003）。从榆阳区 2005 年的数据来看，羊和猪的数量比约为 2∶1，但据此很难预测未来猪和牛羊的数量比例。不过可以预见的是，根据榆阳区畜牧业发展规划，未来肉类生产仍将以羊肉为主，且随着养殖技术的发展，猪肉的饲料比将有望进一步降低。综合上述考虑，本文最终采用牛羊肉饲料比，即 1∶3.4 作为预测榆阳区未来肉类生产饲用粮的转化标准。根据隆国强的研究，现阶段饲料与粮食之间的转化率约为 0.74（隆国强，1999）。这样，每生产 1 kg 肉类，将消耗 2.52 kg 粮食，据此推算榆阳区 2010 年、2015 年和 2020 年饲料用粮分别为 14.19 万 t、19.50 万 t、24.82 万 t。

3. 榆阳区耕地需求预测

1）粮食单产预测

根据榆阳区 1985～2005 年粮食单产资料，通过回归分析得到了榆阳区每公顷粮食平均产量增长趋势线模型（R^2＝0.948）（图 5-45）。

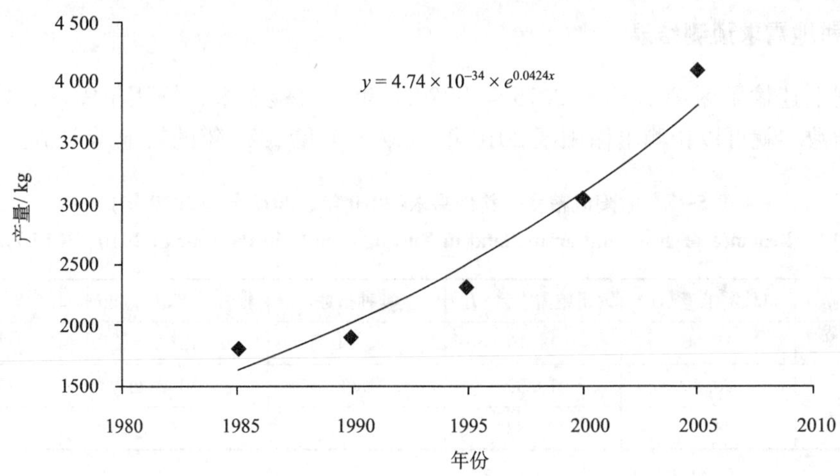

图 5-45　榆阳区粮食平均产量（hm^2）增长趋势线（1985～2005 年）

Fig. 5-45　Increasing trend line of average grain yield per ha in Yuyang County from the year of 1985 to 2005

预测得到榆阳区 2010 年、2015 年和 2020 年每公顷粮食产量分别为 4876.31 kg、6027.84 kg 和 7451.30 kg，每亩合 325.09 kg、401.86 kg 和 496.75 kg，以此作为耕地需求预测的一个重要依据。这一预测结果，接近全国作物在 2010 年、2020 年和 2030 年预测水平年 348 kg、394 kg 和 438 kg 的亩产水平，高于陕西省 2010 年、2020 年和 2030 年预测水平年分别为 235.45 kg/亩、274.73 kg/亩、297.91 kg/亩的粮食单产水平（卢布，2005）。究其原因，榆阳区历史上就是以农业为主，在榆林市 12 个区县中农业生产条件最好，生产力水平最高；另外，实施退耕还林（草）政策以来，低产农田已经退还无余，剩下的耕地具备较高的地力，投入水平也高，因而能够获得较高的单产水平。

2）复种指数预测

农作物的种植面积不仅取决于耕地面积，而且取决于复种指数。根据自然条件，积极提高复种指数是扩大作物播种面积、挖掘耕地利用潜力、提高农产品总量的一种极为重要而有效的途径。

榆阳区全年气温偏低，水热条件欠佳，作物生长季节短。根据统计数据，榆阳区1985～2005年平均复种指数为0.99，2000年最高指数为1.11，2005年最低指数仅为0.82。尽管随着农业生产条件的改善及农业技术的提高和推广，通过合理的作物配置，采用轮作套种等种植方式，充分利用光热资源，提高耕地利用率，未来复种指数有望提高。但受限于榆阳区的水热条件匹配，在预测期内复种指数大幅度上升的空间很小。这里设定预测期内复种指数不低于过去的平均水平，即基期为0.99，而远期最高水平设定为1985～2005年平均复种指数(0.99)和最高复种指数(1.11)的平均值，即1.05，留出了复种指数提高的空间。从而2010年、2015年和2020年复种指数分别为1.01、1.03和1.05。

3）耕地需求预测结果

根据上述榆阳区2010年、2015年和2020年的口粮需求、饲用粮需求、粮食单产和复种指数，就可以预测出榆阳区2010年、2015年和2020年的耕地需求(表5-17)。

表5-17 榆阳区粮食、耕地需求(2010年、2015年、2020年)

Tab. 5-17 Demands of grain and arable land in Yuyang County in the year of 2010, 2015 and 2020

年份	口粮需求量/万t	饲用粮需求量/万t	复种指数	粮食单产/(kg/hm^2)	耕地需求/km^2
2010	16.90	14.19	1.01	4876.31	631.58
2015	20.80	19.50	1.03	6027.84	649.42
2020	24.60	24.82	1.05	7451.30	631.97

预测结果表明，尽管榆阳区口粮与饲用粮需求从2010到2020年增长了约1.6倍，但随着农业科技进步带来的农业生产力提高，耕地资源稳定在632 km^2(95万亩)即能满足需求，约占榆阳区总面积的10%。而截至2005年，榆阳区耕地总面积为1332.51 km^2，占19.07%。从减轻土壤风蚀和优化土地结构的角度来看，即使按照唐海萍和张新时给出的毛乌素沙地10%～15%的耕地比例上限(Tang and Zhang，2003)，榆阳区退耕还林(草)仍有很大潜力。有关在北方沙区的研究也证明此点(王秀红等，2004)。因此，按照“大面积搞生态，小面积搞生产”的优化指导原则，逐步缩减耕地，预期2010年缩减至13%，2015年缩减至11%，2020年缩减至10%。

4. 榆阳区建设用地需求预测

随着榆阳区域经济的发展，城市化水平的提高与基础设施的建设，势必增加建设用地面积，主要包括居民点及工矿用地和交通用地。根据榆阳区1996～2010年土地利用总体规划①，居民点及工矿用地比例由1996年的2.17%增长到2010年的2.95%，交通用地相应地由0.46%增长到0.90%，相当于平均每年分别增长0.06%和0.03%。如果榆阳区此二类用地照此速度递增下去，则居民点及工矿用地面积比例2015年为3.22%，2020年为3.51%，相应地交通用地比例2015年为1.05%，2020年为1.20%。

上述居民点及工矿用地中，包括城镇建成区、乡村居民点用地和工矿用地。榆林市在未来一段时间内，为了适应城市人口快速增长的预期，建成区呈快速扩大的趋势。根据规划，榆林市城市总体用地规模2005年为34.1 km^2；2010年为37.3 km^2；2015年为48.5 km^2；2020年59.5 km^2(榆林市城乡建设委员会，2002)。这样，榆阳区2010年、2015年和2020年城镇建设用地、乡村居民点用地和工矿用地、交通用地需求面积及其比例如表5-18所示。

表5-18　榆阳区建设用地需求(2010年、2015年、2020年)

Tab. 5-18　Demands of construction land in Yuyang County in the year of 2010, 2015 and 2020

建设用地类型 \ 面积及比例 \ 年份	2010年		2015年		2020年	
	面积/km^2	比例/%	面积/km^2	比例/%	面积/km^2	比例/%
居民点及工矿用地	206.18	2.95	225.64	3.22	245.11	3.51
城镇建设用地	37.30	0.53	48.50	0.69	59.50	0.85
乡村居民点用地和工矿用地	168.88	2.42	177.14	2.53	185.61	2.66
交通用地	62.90	0.90	73.38	1.05	83.87	1.20
合计	269.08	3.85	299.02	4.27	328.98	4.71

5. 榆阳区生态用地需求预测

1)林地、草地数量

根据减轻土壤风蚀土地利用数量结构优化的指导思想，林地、草地、水域属于具有较高生态服务功能与价值的土地。根据满足生态安全条件的强制性约束要求，这类用地面积只能增加，不能减少。林地、草地、水域与其他土地之间的调整要以增加面积为指导思想，其内部结构的调整要以提高它们的生态服务功能为前提。在数量结构优化概念模型的指导下，基于榆阳区2005年TM影像土地利用解译结果(表5-3)，结合优化原则，对2010年、2015年和2020年的林地、草地和水域数量进行情景假设。

榆阳区2005年林地、草地面积比例分别为26.36%和48.17%，林、草地合计约占75%。在此背景下，榆阳区植被覆盖度为54.21%，榆阳沙区为48.03%。林地中，乔木林(含农田防护林)、灌木林分别占榆阳区面积的6.87%和19.49%，分别占林地面积的26.07%和73.94%。草地中，高(覆盖度>50%)、中(覆盖度为20%～50%)、低

① 榆林市土地利用总体规划修订办公室．榆林市土地利用总体规划(修订方案)(1996～2010年).1998.

(覆盖度为 5%～20%)覆盖度草地分别占榆阳区面积的 24.06%、11.47%和 12.63%，分别占草地面积的 49.95%、23.82 %和 26.23%。综合以上分析，榆阳区乔、灌、草地面积比例分别为 6.87%、19.49%和 48.16%，其中防风蚀效益较低的中、低覆盖度草地面积还很大(24.1%)。

从减轻土壤风蚀的角度来看，在毛乌素沙地要有效减少和防治风蚀，植被覆盖度必须达到 40%～50%的水平，而要保证在最高风速下风蚀输沙得到有效控制，植被覆盖度必须达到 60%～70%的水平(黄富祥等，2001)。榆阳区植被覆盖度处于能够较好减轻土壤风蚀，但又不能很好减轻土壤风蚀的水平上。为了实现减轻土壤风蚀的目标，榆阳区植被覆盖度还需提高，即意味着增加林、草地面积是必要的。从土地利用结构来看，毛乌素沙地合理的土地分配为：耕地占 10%～15%，乔、灌、草约占 40%～50%，灌草约占 30%～40% (Tang and Zhang，2003)。史培军等(2002)从生态安全的角度提出的西北高原区合理土地利用结构为：城镇与农村聚落、基本农田、人工饲草料基地和林灌草地分别为 5%、10%、35%和 50%。从优化土地利用结构的角度，榆阳区保持林、草地面积 85%的比例是合适的，林、草地面积还有上升的空间。总起来看，榆阳区林、草地现状面积还没有达到减轻土壤风蚀的土地利用优化结构，增加林、草地面积不仅必要，而且可能，关键在于如何分配林地和草地以及林地内部乔、灌的比例。

从减轻土壤风蚀的角度看，野外实地观测表明，大多数乔木及一年生草本植物枝条密集程度及对地表土壤的防护效应，都显著低于灌木植物(黄富祥和高琼，2001)。从植被建设的角度看，张新时(1994)提出依据水分平衡原则、灌木优势的原则充分重视毛乌素沙地的沙生灌木建设，并保持 40%的灌木覆盖率，因为像黑沙篙、柠条、杨柴、花棒，沙柳与乌柳，以及半灌木沙蕊均为良好的饲料植物，并具有较好的固沙功能。更多学者从生态建设(程国栋等，2000；郑度，2007)、自然地带与地域分异规律(伍光和和王文瑞，2002)、植被逆转机制(王继和等，2004)和生态-生产范式构建(Tang and Zhang，2003；叶学华和梁士楚，2004)等角度提出干旱、半干旱(沙)区退化土地的治理与植被恢复应充分考虑限制性因子——水分的承载力，主张在 350～550 mm 降水量带(榆阳区 413.9mm)以灌、草植被为主。据我们实地考察，榆阳区因水分限制，近年来乔木林退化严重。因此，无论是从减轻土壤风蚀还是土地利用优化的角度，榆阳区未来都应以增加灌木林地和草地，特别是灌木林地为主，这符合自然地带性的优化指导原则。

基于以上分析，榆阳区减轻土壤风蚀土地利用数量结构优化中，林、草地面积将由 2005 年的 74.53%逐次增至 2010 年的 79.01%，2015 年的 81.08%和 2020 年的 84.65%。林地中，乔木林地以维持现状为主，保持 7%面积比例不变(略高于现状的 6.87%)；大力增加灌木林地面积，从 2005 年的 19.49%逐步增至 2010 年的 27%，2015 年的 33%和 2020 年的 40%。从而使林地总面积比例由 2005 年的 26.36%，增至 2010 年的 34%，2015 年的 40%和 2020 年的 47%。相应地，草地面积由 2005 年的 48.16%逐步降至 2010 年的 45.01%，2015 年的 41.08%，2020 年的 37.65%。这里灌木林地的增加和草地面积减少，主要由低覆盖度(5%～20%)草地向灌木林地和高、中覆盖度草地转移实现。草地面积减少并不违背减轻土壤风蚀的优化目标，也不违背优化原则及满足生态安全条件的强制性约束要求，因为占总面积 12.63%低覆盖度草地从景观上属流动、半流动沙地，属于强烈风蚀土地，它在林、草地之间以及草地内部的转移，恰好符合土地内部结构的调整要以提高它们的生态服务功能为前提的要求。另外，灌木林地面积增加较多，草地转移不足部分，由其他用地转移补齐。

2）水域数量

榆阳区属于半干旱区，水资源十分珍贵，2005 年的水域面积比例为 0.64%。水域面积的减少不仅会阻碍当地经济发展，而且不利于生态平衡与恢复，因此必须保证当前水域面积不再缩减，即 2010～2020 年水域面积要维持在 0.64%的水平。

3）裸沙地、其他未利用地、易蚀土地数量

榆阳区 2005 年有裸沙地 2.85%，主要分布于北部风沙草滩地区。其他未利用地 2.11%，主要是裸土，分布于南部黄土丘陵区。易蚀土地特指为风蚀强度为中度以上的各类土地，根据土壤风蚀危险性评价结果，榆阳区 2005 年中度风蚀土地占 16.00%，强度风蚀土地占 2.03%，极强风蚀土地占 1.68%。易蚀土地中，低覆盖度草地最多，占 64.01%，其次是裸沙地，占 14.45%，还有一些覆盖度较低的中覆盖度草地。

这里把裸沙地从易蚀地里单独拿出来，是因为它的生态服务功能与价值最低，尽管面积不大，但风蚀输沙强度最大，风蚀模数最高。从长远来看，这类土地的存在不利于构建减轻土壤风蚀的生态安全土地利用结构优化格局，更不利于保障城镇人居环境安全。因此，裸沙地要逐步治理，转移方向为灌木林地，形成半固定沙丘，这符合半固定沙丘持续发展原则(张新时，1994)。基于以上分析，按照先治理近城区、小面积，后治理远郊区、大面积的步骤，制定裸沙地治理的情景假设，裸沙地到 2010 年减为 2.00%，2015 年减为 1.00%，到 2020 年全部治理。其他未利用地是黄土丘陵区水土流失的来源，这里从区域生态建设的需求，设定其治理情景。2010 年减少为 1.5%，2015 年减为 1.00%，2020 年全部治理，转移方向为灌木林地。易蚀土地去除裸沙地后，主要是低、中覆盖度草地，其数量转移已经体现在林、草地内部结构的变化中。

5.4.3　榆阳区土地利用格局优化方案

根据第 4 章中论述的沙区土地利用优化的目标、模式和原则，构建了榆阳区“三圈”优化模式，该模式的建立为制定不同阶段的土地调整策略、确定减轻土壤风蚀的重点区域提供了重要依据。

1. 榆阳区“三圈”区划

基于远近不同优化原则和“三圈”划分的科学依据，在 GIS 的支持下，以 2005 年榆林市建成区为几何中心，分别以 5 km，10 km 和 20 km 为半径生成缓冲区(半径总长度为 35 km)，对榆阳区进行了基于“三圈”的区域划分，结果如图 5-46 所示。基于这一区划结果，榆阳区被分为 4 个次区域：毗邻区、近郊区、远郊区和外围区。依据远近不同的优化原则，4 个次区域可以采取不同的土地调整策略，以更好地实现减轻土壤风蚀的土地利用结构优化目标。

2. 榆阳区风玫瑰区划

在“三圈”区划的基础上，应用主风向原则，即参考重要保护对象榆林城与沙源的风向位置关系，制定“三圈”内不同位置土地利用优化的措施，使减轻土壤风蚀的土地利用结构优化在空间布局上更有针对性，更能体现保障榆林市人居环境安全的目标。这一布局是在主风向原则的指导下，通过风玫瑰区划完成的。风玫瑰区划分两步进行：第一，根据榆林市气象站 1951～2003 年气象数据，统计出 16 个风向的风频，制作榆阳区多年平均风向玫瑰图；第二，在 GIS 支持下，以榆林城建成区几何中心为基准点，以风向玫瑰图为底图，以 35 km 为半径，绘制得到榆阳区“三圈”范围内风玫瑰区划(图 5-47)。这样，在“三圈”区划基础上，更加明确了土地利用调整的重点区域。

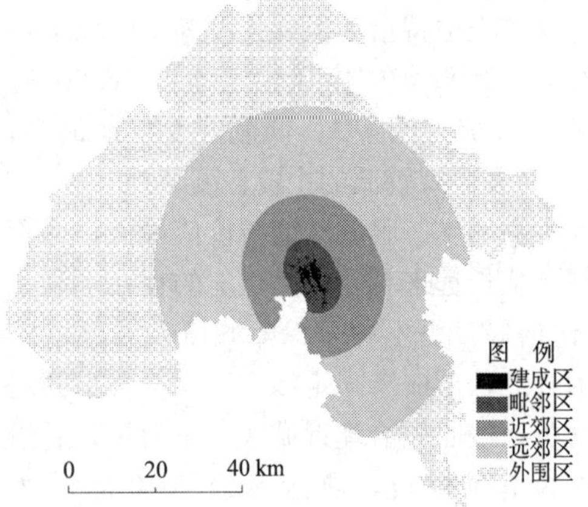

图 5-46　榆阳区“三圈”区划

Fig. 5-46　Three-circle regionalization of Yuyang County

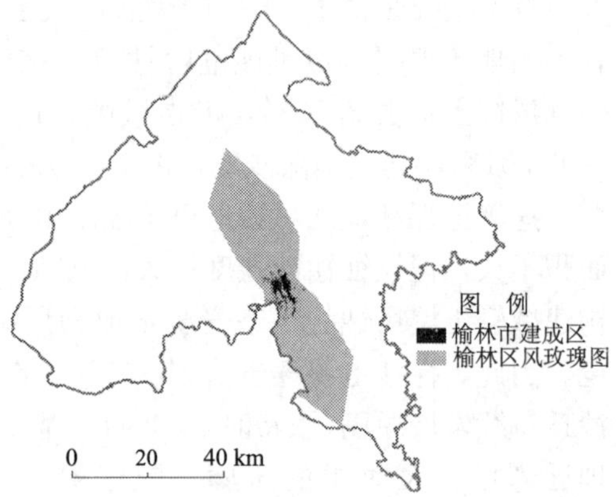

图 5-47　榆阳区“三圈”范围内风玫瑰区划

Fig. 5-47　Wind rose regionalization within three-circle of Yuyang County

据图 5-47 可见，榆阳区以西北风和东南风为主，这两个风向的沙源地应该是调整优化的重点。通过遥感影像判读可知，榆阳区沙地及沙化土地主要分布于榆林市常年主风向的上风向，其东南方向背倚黄土高原，只有少量覆沙黄土。土壤风蚀多发生于春季，分析榆阳区风况资料可知，春季大风几乎全部为西北风，此时地表覆盖度低，土壤干燥，易导致土壤风蚀和沙尘天气；东南风尽管频率较高，但多发生于夏秋季节，植被覆盖度高且降水量大，实际导致的土壤风蚀微乎其微。综上所述，榆林市周边面状沙源减轻土壤风蚀的土地利用结构优化，应该以调整优化其西、西北及北部沙地与沙地土地为主，特别是建成区上风向边缘地带应重点治理。

3. 榆阳区“三圈”模式下的优化策略

在榆阳区土地利用数量结构优化控制方案制约下，4 个次区域在构建榆林城周边面状沙源减轻土壤风蚀的土地利用结构优化中，因距离城镇中的远近不同，调整土地利用结构的轻重缓急各有不同，这符合远近不同的优化原则。并且“三圈”范围内的土地，因与榆林城的位置关系不同，所以在调整优化的重点类型与数量幅度上也有不同，这体现了主风向原则。具体来说：

毗邻区(0～5 km)的裸沙地以规划中的环城生态林带建设为契机，加强治理；低覆盖度草地重点调整；乔木林地维持现状；加大灌木林地建设力度，争取在较短的时间内将全部裸露沙地绿化，流动、半流动沙丘半固定和固定化；经过以上调整，使毗邻区植被覆盖度达到 80%以上，形成一个以灌木林地为主体的环绕榆林城的防护带，彻底治理城郊沙源就地起沙对城市环境卫生与安全的影响。

近郊区(5～15 km)改良中覆盖度草地为高覆盖度草地；调整低覆盖度草地为灌木林地；分步骤治理裸沙地为半固定沙地，其中处于风玫瑰区内的流动、半流动沙地治理为固定沙地，利用类型以灌木林地为主，高覆盖度草地为辅；使全部旱作农田退耕为高覆盖度草地。通过上述调整，使近郊区植被覆盖度达到 70%以上，特别是榆林城常年主风向上风向沙源显著减少，明显降低上风向近郊沙源向城市输送沙尘。

远郊区(15～35 km)调整低覆盖度草地为高覆盖度草地或灌木林地；进一步退耕还林(草)，调整为灌木林地或高覆盖度草地；区域内以治理流动沙地为半固定沙地为主，其中位于风玫瑰区的流动沙地治理为半固定沙地，半固定沙地治理为固定沙地，利用类型以灌木林地为主。通过上述调整，使远郊区植被覆盖度保持在 60%以上，进一步减轻这一区域土壤风蚀强度和向下风向输送沙尘。

外围区(＞35 km)和上述 3 个次区域的土地利用调整策略不同之处在于前三者是以保障榆林市安全为主，兼顾区域生态安全的优化模式，而外围区则是从区域生态建设全局出发，兼顾榆林市安全。具体来说，不再受“三圈”与风玫瑰区划制约，全面实施减轻土壤风蚀的土地利用结构优化原则，重点改造低覆盖度草地为灌木林地，争取转换流动沙地为半固定沙地，进一步退耕还林(草)，在半固定维持基础上提高植被覆盖度到 50%以上，从区域整体水平上有效减轻土壤风蚀。

5.4.4 榆阳区土地利用优化实施方案

1. 榆阳区减轻土壤风蚀的土地利用数量结构优化控制方案

在减轻土壤风蚀的总目标下，依据榆阳区各类土地 2010～2020 年需求预测结果，应用构建的榆阳区“三圈”模式，制定了 2010 年和 2020 年土地利用数量结构优化控制方案。

根据土地利用数量结构优化的指导思想、概念模型和数量结构优化指标与方法体系，预测榆阳区在 2010 年、2015 年和 2020 年对生产(耕地)和生活(建设用地)的需求；根据减轻土壤与生态安全的要求制定高生态功能用地(林地、草地和水域)的合理的数量，明确低生态功能用地(裸沙地和其他未利用地)的治理目标，从而制定榆阳区减轻土壤风蚀的土地利用数量结构优化的方案。

预测结果表明，尽管榆阳区口粮与饲用粮需求在 2010～2020 年间增长了约 1.6 倍，但随着农业科技进步带来的农业生产力提高，耕地资源稳定在 632 km^2(95 万亩)，就能满足需求，约占榆阳区总面积的 10%。而截至 2005 年，榆阳区耕地总面积为 1332.51 km^2，占19.07%。从减轻土壤风蚀和优化土地结构的角度来看，榆阳区退耕还林(草)仍有很大潜力。因此，为了减轻榆阳沙区土壤风蚀和黄土丘陵区的水土流失，未来进一步加大退耕还林(草)的力度，设定近期大幅度减少耕地至13%，远期减至10%的比例。减少的耕地，以旱地为主，其次是散布于沙区的小面积旱地和水浇地，其转移方向为灌木林地和高覆盖度草地。

基于对榆阳区林地、草地现状的分析，从构建生态安全土地利用结构及减轻土壤风蚀保障榆林市人居环境安全的角度，结合前人研究成果，确定榆阳区适宜生态用地为灌木林地和草地。林、草地面积将由2005年的74.52%逐次增至2020年的84.65%。其中，灌木林地面积从2005年的19.49%逐步增至2010年的27%，2015年的33%和2020年的40%；林地总面积比例增加。相应地，草地面积逐步降低。根据减轻土壤与保障人居环境安全的要求，制定裸沙地治理步骤，即先治理榆林城近郊区、小面积流沙，后治理远郊区、大面积流沙，设定裸沙地到2010年减少为2.00%，2015年减少为1.00%，到2020年全部治理。其他未利用地的治理情景假设为：2010年减少为1.5%，2015年减为1.00%，2020年全部治理，转移方向为灌木林地。榆阳区属于半干旱区，水资源十分珍贵，2005年水域面积比例为0.64%。从经济发展和生态恢复的角度，必须保证当前水域面积不再缩减，即2010～2020年水域面积要维持在2005年的0.64%的水平。

榆阳区各年风蚀相对最小的土地利用类型，以草地面积比例最高，林地和耕地次之，这与榆阳区草地、林地和耕地的数量比例是一致的。草地具有相对不稳定性，草地变化能引起土壤风蚀较为显著的变化，所以维护草地生态系统的稳定性是十分重要的。榆阳区土壤风蚀减少的土地利用变化类型中，以草地转为林地所占面积最大，其次是耕地向林地和草地的转移以及裸沙地向草地的转移。这一结果也证明，榆阳区减轻土壤风蚀的土地利用结构优化中，将低覆盖度草地转移为灌木林地，积极退耕还灌(草)和治理裸沙地为灌木林地的土地利用调整方针是有利于减轻土壤风蚀的。通过上述预测与分析结果，制定了榆阳区土地利用数量结构优化控制方案(表5-19)，用以指导优化实施方案的制定。

表5-19 榆阳区土地利用数量结构优化控制方案

Tab. 5-19 Scenarios of quantitative land use structure optimization in Yuyang County

土地利用类型 \ 年份 面积		2005年		2010年		2015年		2020年	
		面积/km^2	比例/%	面积/km^2	比例/%	面积/km^2	比例/%	面积/km^2	比例/%
耕地	合计	1332.51	19.07	908.64	13.00	838.71	12.00	698.93	10.00
	水浇地	511.44	7.32	511.44	7.32	511.44	7.32	511.44	7.32
	旱地	791.17	11.32	367.50	5.25	297.37	4.25	157.59	2.25
	其他	29.90	0.43	29.90	0.43	29.90	0.43	29.90	0.43
林地	合计	1842.62	26.36	2376.35	34.00	2795.90	40.00	3284.95	47.00
	乔木林	480.55	6.87	480.55	7.00	480.55	7.00	480.55	7.00
	灌木林	1362.07	19.49	1895.80	27.00	2315.35	33.00	2804.40	40.00

续表

土地利用类型 \ 面积 \ 年份		2005 年		2010 年		2015 年		2020 年	
		面积/km²	比例/%	面积/km²	比例/%	面积/km²	比例/%	面积/km²	比例/%
草地	合计	3366.59	48.16	3145.85	45.01	2871.17	41.08	2631.44	37.65
	高覆盖度	1681.66	24.06	1887.79	27.01	1892.68	27.08	1932.52	27.65
	中覆盖度	801.91	11.47	698.92	10.00	698.92	10.00	698.92	10.00
	低覆盖度	883.02	12.63	559.14	8.00	279.57	4.00	0	0
水域		44.69	0.64	44.69	0.64	44.69	0.64	44.69	0.64
建设用地		55.93	0.80	269.09	3.85	299.14	4.28	329.19	4.71
裸沙地		199.21	2.85	139.79	2.00	69.89	1.00	0	0
其他未利用地		147.71	2.12	104.84	1.50	69.89	1.00	0	0

注：乔木林地含农田防护林；耕地中的其他包括水田和水滩地；为了达到区域用地面积平衡，各期草地面积与预测方案相比略有调整。

根据这一方案，到 2020 年，榆阳区建设用地、耕地、林地和草地的面积比例将逐步达到 5∶10∶47∶38，相应的生活用地、生产用地和生态用地面积比例为 5∶10∶85，接近 Tang 和 Zhang(2003)及史培军等(2002)提出的土地利用结构。这一方案实施后，榆阳区土地利用将呈现“大面积搞生态，小面积搞生产”的格局，有利于实现区域生态安全和土地可持续利用。

2. 榆阳区 2010 年和 2020 年土地利用优化实施方案

在 ArcGIS 支持下，根据榆阳区减轻土壤风蚀的土地利用数量结构优化控制方案(表 5-19)，以风玫瑰区划、风蚀相对最小土地利用和风蚀趋缓的土地利用变化信息为辅助，构建“三圈”模式制定出榆阳区 2010 年和 2020 年土地利用格局优化实施方案(表 5-20 和表 5-21)，用以指导近期和远景土地利用结构与格局优化的实施。

表 5-20　榆阳区土地利用格局优化实施方案(2010 年)

Tab. 5-20　Implemental program of land use structure optimization in Yuyang County in 2010

圈层位置	现状土地利用类型	风玫瑰区位置	优化后土地利用类型			
			优化前风蚀危险度			
			微度	轻度	中度	强度及以上
毗邻区(0～5 km)	裸沙地	区内	高覆盖度草地			
	中覆盖度草地	区内	高覆盖度草地、灌木林地			
	低覆盖度草地	区内	灌木林地、灌木林地			
	高覆盖度草地	区内	保留			
	水浇地	区内	保留			
	旱地	区内	灌木林地			
	灌木林地	区内	保留			
	乔木林地	区内	保留			

续表

<table>
<tr><th rowspan="3">圈层位置</th><th rowspan="3">现状土地利用类型</th><th rowspan="3">风玫瑰区位置</th><th colspan="4">优化后土地利用类型</th></tr>
<tr><th colspan="4">优化前风蚀危险度</th></tr>
<tr><th>微度</th><th>轻度</th><th>中度</th><th>强度及以上</th></tr>
<tr><td rowspan="5">毗邻区
(0～5 km)</td><td>农田防护林</td><td>区内</td><td colspan="4">保留</td></tr>
<tr><td>城镇用地</td><td>区内</td><td colspan="4">保留</td></tr>
<tr><td>湖泊</td><td>区内</td><td colspan="4">保留</td></tr>
<tr><td>河流</td><td>区内</td><td colspan="4">保留</td></tr>
<tr><td>裸土地</td><td>区内</td><td colspan="2">城镇用地</td><td colspan="2">灌木林地</td></tr>
<tr><td rowspan="19">近郊区
(5～15 km)</td><td rowspan="2">裸沙地</td><td>区内</td><td colspan="4">灌木林地</td></tr>
<tr><td>区外</td><td colspan="4">高覆盖度草地</td></tr>
<tr><td rowspan="2">低覆盖度草地</td><td>区内</td><td colspan="4">灌木林地</td></tr>
<tr><td>区外</td><td colspan="4">中覆盖度草地</td></tr>
<tr><td rowspan="2">中覆盖度草地</td><td>区内</td><td colspan="4">灌木林地</td></tr>
<tr><td>区外</td><td colspan="4">中覆盖度草地</td></tr>
<tr><td rowspan="2">高覆盖度草地</td><td>区内</td><td colspan="4">保留</td></tr>
<tr><td>区外</td><td colspan="4">保留</td></tr>
<tr><td rowspan="2">水浇地</td><td>区内</td><td colspan="4">保留</td></tr>
<tr><td>区外</td><td colspan="4">保留</td></tr>
<tr><td rowspan="2">旱地</td><td>区内</td><td colspan="4">灌木林地</td></tr>
<tr><td>区外</td><td colspan="2">保留</td><td colspan="2">中、高覆盖度草地</td></tr>
<tr><td>城镇用地</td><td>区内</td><td colspan="4">保留</td></tr>
<tr><td>灌木林地</td><td>区内</td><td colspan="4">保留</td></tr>
<tr><td>乔木林地</td><td>区内</td><td colspan="4">保留</td></tr>
<tr><td>农田防护林</td><td>区内</td><td colspan="4">保留</td></tr>
<tr><td>湖泊</td><td>区内</td><td colspan="4">保留</td></tr>
<tr><td>河流</td><td>区内</td><td colspan="4">保留</td></tr>
<tr><td>裸土地</td><td>区内</td><td colspan="2">城镇用地</td><td colspan="2">灌木林地</td></tr>
<tr><td rowspan="12">远郊区
(15～35 km)</td><td rowspan="2">裸沙地</td><td>区内</td><td colspan="2">高覆盖度草地</td><td colspan="2">灌木林地</td></tr>
<tr><td>区外</td><td colspan="4">中覆盖度草地</td></tr>
<tr><td rowspan="2">低覆盖度草地</td><td>区内</td><td colspan="4">中覆盖度草地、灌木林地</td></tr>
<tr><td>区外</td><td colspan="4">保留</td></tr>
<tr><td rowspan="2">中覆盖度草地</td><td>区内</td><td colspan="4">高覆盖度草地、灌木林地</td></tr>
<tr><td>区外</td><td colspan="4">保留</td></tr>
<tr><td rowspan="2">高覆盖度草地</td><td>区内</td><td colspan="4">保留</td></tr>
<tr><td>区外</td><td colspan="4">保留</td></tr>
<tr><td rowspan="2">水浇地</td><td>区内</td><td colspan="2">保留</td><td colspan="2">灌木林地</td></tr>
<tr><td>区外</td><td colspan="2">保留</td><td colspan="2">高覆盖度草地</td></tr>
<tr><td rowspan="2">旱地</td><td>区内</td><td colspan="2">保留</td><td colspan="2">灌木林地</td></tr>
<tr><td>区外</td><td colspan="2">保留</td><td colspan="2">高覆盖度草地</td></tr>
</table>

续表

圈层位置	现状土地利用类型	风玫瑰区位置	优化后土地利用类型 优化前风蚀危险度			
			微度	轻度	中度	强度及以上
远郊区（15～35 km）	盐碱地	区内	高覆盖度草地			
	城镇用地	区内	保留			
	灌木林地	区内	保留			
	乔木林地	区内	保留			
	农田防护林	区内	保留			
	湖泊	区内	保留			
	河流	区内	保留			
	裸土地	区内	中、高覆盖度草地			
	公路	区内	保留			
外围区（>35 km）	裸沙地	区外	中、高覆盖度草地			
	低覆盖度草地	区外	高覆盖度草地			
	中覆盖度草地	区外	保留			
	高覆盖度草地	区外	保留			
	水浇地	区外	保留			
	旱地	区外	中、高覆盖度草地		保留	
	裸土地	区外	高覆盖度草地			

2010 年的实施方案突出一个方针，就是把榆阳区土地利用数量结构优化控制方案中的指标，按照“三圈”区划和风玫瑰区划，重点落实到治理毗邻区、近郊区和远郊区的沙源土地上，特别是加紧治理三圈区和风玫瑰区的重叠区域，因为这一区域土壤风蚀形成的风沙流是榆林市人居环境安全的最大威胁。通过调整上述重点区域的土地利用，一方面使榆阳区土地利用总体格局趋向合理；另一方面迅速降低风沙灾害对榆林市人居环境安全的威胁。

表 5-21　榆阳区土地利用格局优化实施方案(2020 年)

Tab. 5-21　Implemental program of land use structure optimization in Yuyang County in 2020

圈层位置	现状土地利用类型	风玫瑰区位置	优化后土地利用类型 优化前风蚀危险度			
			微度	轻度	中度	强度及以上
毗邻区（0～5 km）	裸沙地	区内	灌木林地		高覆盖度草地	
	中覆盖度草地	区内	灌木林地			
	低覆盖度草地	·区内	灌木林地			
	高覆盖度草地	区内	保留			
	水浇地	区内	保留			

续表

圈层位置	现状土地利用类型	风玫瑰区位置	优化后土地利用类型			
			优化前风蚀危险度			
			微度	轻度	中度	强度及以上
毗邻区（0～5 km）	旱地	区内	灌木林地			
	灌木林地	区内	灌木林地			
	乔木林地	区内	保留			
	农田防护林	区内	保留			
	城镇用地	区内	保留			
	湖泊	区内	保留			
	河流	区内	保留			
	裸土地	区内	灌木林地			
近郊区（5～15 km）	裸沙地	区内	高覆盖度草地		灌木林地	
		区外	灌木林地			
	低覆盖度草地	区内	灌木林地			
		区外	高覆盖度草地			
	中覆盖度草地	区内	高覆盖度草地			
		区外	高覆盖度草地			
	高覆盖度草地	区内	保留			
		区外	保留			
	水浇地	区内	保留			
		区外	保留			
	旱地	区内	灌木林地			
		区外	高覆盖度草地		灌木林地	
	城镇用地	区内	保留			
	灌木林地	区内	保留			
	乔木林地	区内	保留			
	农田防护林	区内	保留			
	湖泊	区内	保留			
	河流	区内	保留			
	裸土地	区内	高覆盖度草地		灌木林地	
远郊区（15～35km）	裸沙地	区内	中覆盖度草地		灌木林地	
		区外	中覆盖度草地			
	低覆盖度草地	区内	中覆盖度草地或灌木林地			
		区外	保留			
	中覆盖度草地	区内	高覆盖度草地			
		区外	保留			
	高覆盖度草地	区内	灌木林地			
		区外	高覆盖度草地			

续表

<table>
<tr><th rowspan="3">圈层位置</th><th rowspan="3">现状土地利用类型</th><th rowspan="3">风玫瑰区位置</th><th colspan="4">优化后土地利用类型</th></tr>
<tr><th colspan="4">优化前风蚀危险度</th></tr>
<tr><th>微度</th><th>轻度</th><th>中度</th><th>强度及以上</th></tr>
<tr><td rowspan="13">远郊区
（15～35km）</td><td rowspan="2">水浇地</td><td>区内</td><td colspan="2">保留</td><td colspan="2">灌木林地</td></tr>
<tr><td>区外</td><td colspan="2">保留</td><td colspan="2">高覆盖度草地</td></tr>
<tr><td rowspan="2">旱地</td><td>区内</td><td colspan="2">保留</td><td colspan="2">灌木林地</td></tr>
<tr><td>区外</td><td colspan="2">保留</td><td colspan="2">灌木林地</td></tr>
<tr><td>盐碱地</td><td>区内</td><td colspan="4">高覆盖度草地</td></tr>
<tr><td>城镇用地</td><td>区内</td><td colspan="4">保留</td></tr>
<tr><td>灌木林地</td><td>区内</td><td colspan="4">保留</td></tr>
<tr><td>乔木林地</td><td>区内</td><td colspan="4">保留</td></tr>
<tr><td>农田防护林</td><td>区内</td><td colspan="4">保留</td></tr>
<tr><td>湖泊</td><td>区内</td><td colspan="4">保留</td></tr>
<tr><td>河流</td><td>区内</td><td colspan="4">保留</td></tr>
<tr><td>裸土地</td><td>区内</td><td colspan="4">灌木林地</td></tr>
<tr><td>公路</td><td>区内</td><td colspan="4">保留</td></tr>
<tr><td rowspan="7">外围区
（>35km）</td><td>裸沙地</td><td>区外</td><td colspan="4">灌木林地</td></tr>
<tr><td>低覆盖度草地</td><td>区外</td><td colspan="4">灌木林地</td></tr>
<tr><td>中覆盖度草地</td><td>区外</td><td colspan="4">高覆盖度草地</td></tr>
<tr><td>高覆盖度草地</td><td>区外</td><td colspan="4">保留</td></tr>
<tr><td>水浇地</td><td>区外</td><td colspan="4">保留</td></tr>
<tr><td>旱地</td><td>区外</td><td colspan="2">灌木林地</td><td colspan="2">保留</td></tr>
<tr><td>裸土地</td><td>区外</td><td colspan="4">高覆盖度草地</td></tr>
</table>

2020 年实施方案的突出特点是把减轻榆林市风沙灾害威胁与增强区域生态安全和土地利用的可持续性结合起来，力求达到近期目标和长远目标的统一，局部目标和整体目标的和谐。因此，2020 年的实施方案中，在对毗邻区、近郊区和远郊区的沙源土地进行重点治理的同时，更多的是从区域生态安全和土地持续利用的角度安排各类用地的调整。通过这样的措施，以求达到以点带面，全面优化的效果，只有在区域水平上实现了减轻土壤风蚀的生态安全土地利用格局，才能更好地保障榆林市的安全。

5.4.5　榆阳区土地利用结构与格局优化结果

按照上述方案，在 ArcGIS 支持下，对榆阳区 2010 年和 2020 年土地利用结构进行了情景模拟(彩图 5-17 和彩图 5-18)。

统计得到 2010 年和 2020 年优化后土地利用结构，并与 2005 年现状结构和优化控制方案作了对比(表 5-22 和表 5-23)。

表 5-22 榆阳区土地利用结构优化前后变化(2005～2010 年)

Tab. 5-22 Land use structure change before and after optimization in Yuyang County from 2005 to 2010

项目		2005 年现状		2010 年控制方案		2010 年优化结果	
		面积/km²	比例/%	面积/km²	比例/%	面积/km²	比例/%
耕地	**合计**	**1332.51**	**19.07**	**908.84**	**13.00**	**1203.12**	**17.22**
	水浇地	511.44	7.32	511.44	7.32	521.72	7.47
	旱地	791.17	11.32	367.50	5.25	655.68	9.38
	其他	29.90	0.43	29.90	0.43	25.72	0.37
林地	**合计**	**1842.62**	**26.36**	**2376.35**	**34.00**	**2405.55**	**34.43**
	乔木林	480.55	6.87	480.55	7.00	386.72	5.54
	灌木林	1362.07	19.49	1895.80	27.00	2018.83	28.90
草地	**合计**	**3366.59**	**48.16**	**3145.85**	**45.01**	**3121.51**	**44.68**
	高覆盖度	1681.66	24.06	1887.79	27.01	1811.27	25.92
	中覆盖度	801.91	11.47	698.92	10.00	648.74	9.29
	低覆盖度	883.02	12.63	559.14	8.00	661.50	9.47
水域		44.69	0.64	44.69	0.64	40.77	0.58
建设用地		**55.93**	**0.80**	**269.09**	**3.85**	**58.25**	**0.83**
裸沙地		199.21	2.85	139.79	2.00	93.04	1.33
其他未利用地		147.71	2.12	104.84	1.50	64.48	0.92

注：乔木林地含农田防护林；耕地中的“其他”为水田和水滩地。

表 5-23 榆阳区土地利用结构优化前后变化(2005～2020 年)

Tab. 5-23 Land use structure change before and after optimization in Yuyang County from 2005 to 2020

项目		2005 年现状		2020 年控制方案		2020 年优化结果	
		面积/km²	比例/%	面积/km²	比例/%	面积/km²	比例/%
耕地	**合计**	**1332.51**	**19.07**	**698.93**	**10.00**	**845.14**	**12.10**
	水浇地	511.44	7.32	511.44	7.32	516.46	7.39
	旱地	791.17	11.32	157.59	2.25	302.96	4.34
	其他	29.90	0.43	29.90	0.43	25.72	0.37
林地	**合计**	**1842.62**	**26.36**	**3284.95**	**47.00**	**3347.36**	**47.92**
	乔木林	480.55	6.87	480.55	7.00	386.04	5.53
	灌木林	1362.07	19.49	2804.40	40.00	2961.32	42.39
草地	**合计**	**3366.59**	**48.16**	**2631.44**	**37.65**	**2594.51**	**37.13**
	高覆盖度	1681.66	24.06	1932.52	27.65	2309.38	33.05
	中覆盖度	801.91	11.47	698.92	10.00	209.83	3.00
	低覆盖度	883.02	12.63	0	0	75.3	1.08

续表

项目	2005年现状		2020年控制方案		2020年优化结果	
	面积/km^2	比例/%	面积/km^2	比例/%	面积/km^2	比例/%
水域	44.69	0.64	44.69	0.64	40.76	0.58
建设用地	**55.93**	**0.80**	**329.19**	**4.71**	**158.92**	**2.27**
裸沙地	199.21	2.85	0	0	0	0
其他未利用地	147.71	2.12	0	0	0	0

注：乔木林地含农田防护林；耕地中的“其他”为水田和水滩地。

为了评价榆阳区减轻土壤风蚀的土地利用结构优化效果，对2010年优化结果进行简要分析。重点是对2020年远景优化结果，从土地利用的宏观结构和微观结构两个层面与2005年现状进行了比较分析，以求对榆阳区减轻土壤风蚀的土地利用结构优化的效果有一个相对长远的认识。

1. 榆阳区2010年土地利用结构优化结果分析

首先，从耕地数量结构来看(表5-22)，旱地退还的目标没有实现。分析其原因有两个方面：一是2010年实施方案对土地利用的调整重点放在了榆林市周边地区，特别是三圈和风玫瑰区的重叠区域，而“三圈”只占榆阳区土地总面积的50%，其与风玫瑰区的重叠区域仅占10%，耕地面积就更微乎其微(图5-20和彩图5-17)，因此尽管这一区域内土地利用调整的强度相对较大，但对榆阳区耕地面积的影响很小。第二是从榆阳区耕地的空间分布来看，旱地不仅数量巨大，而且主要分布于黄土丘陵区(图3-10)，这一区域按照土地利用结构优化的主风向原则，是位于榆林城风沙流来源的下风向，在实施方案中对这一区域土地利用调整的幅度相对较小，所以旱地面积居高不下，导致榆阳区耕地面积没有实现预期的优化目标。

其次，从生态用地数量及其空间格局来看，较好地实现了优化预期目标。林地、草地面积增至79.08%，达到了预期目标(表5-22)。从总体上提高了榆阳区的植被覆盖度，其中灌木林地和高覆盖度草地面积增加迅速，能够有效地减轻土壤风蚀。从空间格局上，上述新增的灌木林地和高覆盖度草地主要分布在三圈及其与风玫瑰区的重叠区域(彩图5-17)。相应地，榆林市近郊区和西北方向的裸沙地与低覆盖度草地大幅度减少，必然减轻就地起沙对榆林城人居环境安全的影响。

总之，2010年优化结果显示，届时榆阳区耕地、林草地和其他用地的比例约为17∶80∶3，初步形成了“大面积搞生态，小面积搞生产”的格局；形成了环绕榆林城减轻土壤风蚀的土地利用结构，有益于保障榆林市人居环境安全。

2. 榆阳区2020年土地利用宏观结构变化分析

从图3-10、彩图5-18和表5-23中可以看出，2020年榆阳区的土地利用结构对比2005年发生了很大的变化。榆林市周边面状沙源减轻土壤风蚀的土地利用结构优化方案实施后，榆阳区耕地总面积减少至12.10%，主要是旱地退耕还灌(草)，水浇地略有增加；林地面积增加显著，共增加21.56%，其中灌木林地大幅增加至42.39%，其分布更加广泛，乔木林地面积略有减少；草地总面积减少 11.03%，主要是低、中覆盖度草地显著减少，但高覆盖度草地明显增加 8.98%至 33.05%；预期裸沙地将全部得到治理，主要转移为灌木林地或高覆盖度草地；其他未利用土地也将得到治理，主要转变为草地和灌木林地；建设用地有较大增长，但没有达到预测的需求面积；水域面积略有减少。

总体来看，优化后土地利用结构基本达到榆阳区减轻土壤风蚀的土地利用结构优化数量控制方案预期目标。优化后，榆阳区生活用地、生产用地和生态用地比例达到 2.27∶12.10∶85.63，形成了“大面积搞生态、小面积搞生产”的土地利用格局，达到相对合理和可持续的土地利用结构，能够实现区域生态安全的目标。从减轻土壤风蚀的角度来看，优化后的土地利用中，灌木林地达到了 42.39%，高覆盖度草地达到 33.05%，基本形成了符合榆阳区水土资源条件的灌木优先和半固定持续发展的地表覆盖格局，林、草地总覆盖度达到 85.05%，达到在强风条件下显著减轻土壤风蚀的要求，即优化后土地利用结构能够实现减轻土壤风蚀的目标。

3. 榆阳区 2020 年土地利用微观结构变化分析

上文已经从榆阳区土地利用宏观结构的角度初步分析了土地利用结构优化减轻土壤风蚀的效果。榆阳区土地利用宏观结构的变化，落实到土地利用的微观空间结构上，表现为土地图斑利用类型的转移。这种转移同样会对土壤风蚀产生巨大影响。本文选择以榆阳区小纪汗乡昌汗界村建立的土壤风蚀实地观测场地为例，进行土地利用微观结构变化的分析。

土壤风蚀实地观测场地位于榆阳区小纪汗乡昌汗界村，经过实地调查，观测场地主要的地表覆盖类型有：耕地、固定沙丘、半固定沙丘、半流动沙丘、流动沙丘及独立的农村居民点。植被类型主要是沙柳灌木、油蒿半灌木，少量小叶锦鸡耳，乔木林以杨树为主。沙丘类型与植被覆盖度有极好的相关性，固定沙丘、半固定沙丘以沙柳灌木和油蒿半灌木为主，植被覆盖度 40%～70%，在 TM 影像(4、3、2 波段合成)上呈暗棕色或黑青色；流动和半流动沙地植被稀疏，覆盖度约为 0～20%，仅生长少量沙柳，油蒿和沙竹，在影像上呈亮白色或亮青色；农业植被呈红色或暗红色；丘间洼地多生长有沙柳和油蒿，间种有杨树，植被一般密度较高，也呈暗棕色或黑青色。

从 2005 年 TM 影像解译获得的土地利用结构来看，土地利用类型与地表覆盖，特别是和沙丘类型有极好的一致性。其基本对应关系为：灌木林地、高覆盖度草地＝固定沙丘；中、高覆盖度草地＝半固定沙丘；低覆盖度草地、裸沙地＝半流动沙丘、流动沙丘[图 5-48(a)]。土壤风蚀观测场地 2005 年的土地利用中，中、低覆盖度草地和裸沙地占据了约 60%的面积，耕地约占 6%，而根据实地观测，它们恰是土壤风蚀最为严重的土地利用类型。到 2020 年，减轻土壤风蚀的土地利用结构优化实施后，这一区域的土地利用结构发生了较大变化。低、中覆盖度草地和裸沙地向灌木林地转移，形成灌木林地、高覆盖草地占绝对优势的格局[图 5-48(b)]。即使这些新增的灌木林地仅能达到半固定沙丘持续发展的植被覆盖度水平(40%以上)，但仍能使这一区域的植被覆盖度大幅度提高，从而显著降低土壤风蚀程度。

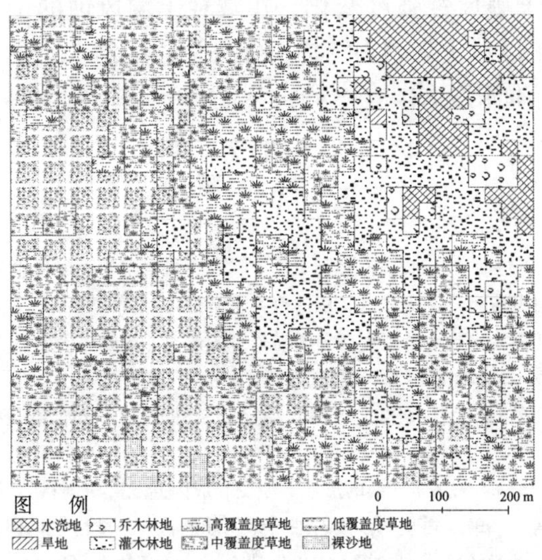

图 5-48　土壤风蚀实地观测场地土地利用微观结构变化

Fig. 5-48　Micro land use structure change after optimization at the spot of soil wind erosion measurement land

榆阳区减轻土壤风蚀的土地利用结构优化实践及其结果，初步证明城镇周边面状沙源减轻土壤风蚀的土地利用结构优化理论、方法与技术，榆阳区优化方案是科学和可行的。

本章小结

基于典型区榆阳区 TM 影像，应用影像分区分类方法和 GIS 检测并分析了土地利用及其变化，在此基础上预测了未来土地利用变化的趋势。结果表明：①榆阳区土地利用变动剧烈，具有鲜明的农牧交错的区域特色；②土地利用变化的空间格局地域差异显著，榆阳区 1986～2005 年土地利用变化主要集中于风沙草滩区向黄土高原区过渡带以及黄土高原区等地貌区，呈现出地貌作用规律；③土地利用结构未来总体保持稳定，生产、生活用地需求旺盛，有可能引起生态用地的破坏。

通过实测，并利用多年风速数据，计算出沙区植被覆盖度，评价得到土壤风蚀强度，结果表明：①榆阳沙区植被覆盖度呈逐渐提高态势，土壤风蚀环境总体改善，局部恶化。区域植被覆盖度的提高没能抑制土壤风蚀的增加；②1986～2005 年，榆阳区发生土壤风蚀的土地总面积逐年递减；土壤风蚀以轻、中度为主；强和极强度土壤风蚀土地尽管总量不大，但呈增加趋势。

本章在城镇周边面状沙源减轻土壤风蚀的土地利用结构优化理论、方法与技术指导下，对榆阳区土地利用结构实施优化。预测了 2010 年和 2020 年，榆阳区耕地、林草地和其他用地的比例、土地利用格局以及在减轻土壤风蚀中发挥的作用。

通过以上案例研究，可以摸清研究区土地资源的家底以及变化的规律；可以得到近

20年的地表覆盖以及土壤风蚀强度变化。在减轻土壤风蚀的土地利用结构优化理论、方法与技术指导下，可以对土地利用结构实施科学的优化。上述方法可应用于其他类似区域的土地利用检测与优化实践。

参考文献

曹甲伟. 2003. 小康阶段我国安全人均粮食占有量研究. 中国农业科学院硕士学位论文.

陈婧，史培军. 2005. 土地利用功能分类探讨. 北京师范大学学报(自然科学版)，41(5)：536-540.

陈仲新，张新时. 1996. 毛乌素沙化草地景观生态分类与排序的研究. 植物生态学报，20(5)：423-437.

程国栋，张志强，李锐. 2000. 西部地区生态环境建设的若干问题与政策建议. 地理科学，20(6)：503-510.

慈龙骏，杨晓晖，张新时. 2007. 防治荒漠化的“三圈”生态——生产范式机理及其功能. 生态学报，27(4)：1450-1460.

董光荣，高尚玉，金炯，等. 1978. 毛乌素沙漠的形成、演变和成因问题. 中国科学(B辑)，(6)：633-642.

董治宝，陈广庭，韩致文，等. 1997. 塔里木沙漠石油公路风沙危害. 环境科学，18(1)：4-10.

董治宝. 1998. 建立小流域风蚀量统计模型初探. 水土保持通报，18(5)：55-62.

高国雄. 2005. 毛乌素沙地能源开发对植被与环境的影响. 水土保持通报，25(2)：106-109.

郜若素，马国男. 1993. 中国粮食研究报告. 蔡肪，李周 译. 北京：北京农业大学出版社.

顾琳. 2003. 明清时期榆林城遭受流沙侵袭的历史记录及其原因的初步分析. 中国历史地理论丛，18(4)：52-56.

韩致文，王涛，董治宝，等. 2004. 风沙危害防治的主要工程措施及其机理. 地理科学进展，23(1)：13-21.

韩致文，王涛，孙庆伟，等. 2003. 塔克拉玛沙漠公路风沙危害与防治. 地理学报，58(2)：201-208.

郝成元，吴绍洪，杨勤业. 2005. 毛乌素地区沙漠化与土地利用研究. 中国沙漠，25(1)：33-39.

侯仁之. 1973. 从红柳河上的古城废墟看毛乌素沙漠的变迁. 文物，(1)：35-41.

侯仁之，袁樾方. 1976. 风沙威胁不可怕“榆林三迁”是谣传——从考古发现论证陕北榆林城的起源和地区开发. 文物，2：66-72.

黄富祥，高琼. 2001. 毛乌素沙地不同防风材料降低风速效应的比较. 水土保持学报，15(1)：27-30.

黄富祥，牛海山，王明星，等. 2001. 毛乌素沙地植被覆盖率与风蚀输沙率定量关系. 地理学报，56(6)：700-710.

黄季琨，Rozelle S. 1996. 迈向二十一世纪的中国粮食：回顾和展望. 农业经济问题，(1)：17-24.

姜风，孙瑾. 2007. 对我国粮食需求的中长期预测方法研究. 经济与管理研究，(9)：46-50.

黎东升. 2005. 城乡居民食物消费需求的实证研究. 浙江大学博士学位论文.

李博. 1990. 内蒙古鄂尔多斯高原自然资源与环境研究. 北京：科学出版社.

李永浮，鲁奇，周成虎. 2006. 2010年北京市流动人口预测. 地理研究，25(1)：131-140.

刘昌明，王礼先，夏军. 2004. 西北地区水资源配置生态环境建设和可持续发展战略研究：生态环境卷. 北京：科学出版社.

刘连友. 1999. 区域风沙蚀积量和蚀积强度初步研究——以晋陕蒙接壤区为例. 地理学报，54(1)：59-68.

刘彦随. 1999. 山地土地结构格局与土地利用优化配置. 地理科学，19(6)：504-509.

刘彦随，Gao J. 2002. 陕北长城沿线地区土地退化态势分析. 地理学报，57(4)：443-450.

刘彦随，倪绍祥，查勇. 1997. 陕北风沙滩地区土地退化机理及治理对策. 自然资源学报，12(4)：357-362.

刘子林，刘晓丽，毕旭. 2002. 榆林沙尘暴天气的气候特征及其对策. 陕西气象，(5)：7-9.

隆国强. 1999. 大国开放中的粮食流通. 北京：中国发展出版社.

卢布. 2005. 我国区域农业结构与布局预测研究. 中国农业科学院博士后研究工作报告.

孟庆香，刘国彬，常庆瑞，等. 2007. 陕北黄土高原农牧交错带粮食供需测算. 干旱地区农业研究，25(1)：48-57.

孟庆香. 2003. 陕北农牧交错带土地生产潜力及人口承载力研究. 杨陵：西北农林科技大学硕士学位论文.

任继周，侯扶江. 1999. 改变传统粮食观，试行食物当量. 草业科学，8(专辑)：55-75.

任继周，林惠龙，侯向阳. 2007. 发展草地农业确保中国食物安全. 中国农业科学，40(3)：614-621.

史培军. 1991. 地理环境演变规律研究的理论与实践——鄂尔多斯地区第四纪以来古地理环境演变研究. 北京：科学出版社.

史培军. 2006. 协调土地利用与生态环境建设研究——全国土地利用总体规划修编重大专题研究之七. 北京：国土资源部.

史培军，宋长青，景贵飞. 2002. 加强我国土地利用/覆盖变化及其对生态环境安全影响的研究——从荷兰"全球变化开放科学会议"看人地系统动力学研究的发展趋势. 地球科学进展，17(2)：161-168.

史培军，杨明川，陈世敏. 1999. 中国粮食自给率水平与安全性研究. 北京师范大学学报(社会科学版)，(6)：74-80.

史培军，严平，高尚玉，等. 2000. 我国沙尘暴灾害及其研究进展与展望. 自然灾害学报，9(3)：71-77.

孙同兴，王宇飞，侯甬坚，等. 2004. 陕北统万城地区历史自然景观及毛乌素沙漠迁移速率. 古地理学报，6(3)：363-371.

汤江龙，赵小敏. 2005. 土地利用规划中人口预测模型的比较研究. 中国土地科学，19(2)：14-20.

王继和，全林，自辉. 2004. 干旱区沙漠化土地逆转植被的时空格局及其机制研究. 中国沙漠，24(6)：729-733.

王秀红，申元村，张镱锂，等. 2004. 我国北方沙漠化地区的土地利用结构优化研究. 自然资源学报，2004，19(4)：447-454.

王秀莲，张家林. 1998. 陕西大风规律分析及防御对策. 陕西气象，(4)：16-18.

魏收. 1975. 魏书(卷三十八). 北京：中华书局.

吴波，慈龙骏. 1998. 50 年代以来毛乌素沙地荒漠化扩展及其原因. 第四纪研究，(2)：165-172.

吴薇. 2001. 近 50 年来毛乌素沙地的沙漠化过程研究. 中国沙漠，21(2)：164-169.

伍光和，王文瑞. 2002. 地域分异规律与北方农牧交错带的退耕还林还草. 中国沙漠，22(5)：439-442.

徐秋实. 2006. 榆林市产业发展与城镇空间演化关系研究. 西安建筑科技大学硕士学位论文.

徐翔. 1997. 我国人均食物热值构成特点、发展趋势及其对粮食需求的影响. 农业经济问题，(8)：26- 29.

叶学华，梁士楚. 2004. 中国北方农牧交错带优化生态-生产范式. 生态学报，24(12)：2878-2886.

榆林热线 2009-4-28. 第四版榆林城市总体规划示意图. http：//www. yu-lin. cn/news/news/20090428/8701. html.

榆林市城乡建设委员会. 2002. 关于榆林市城市人口规模和用地规模专题报告.

榆林市榆阳区发展计划委员会. 2006. 榆林市榆阳区国民经济和社会发展第十一个五年规划纲要.

榆林市志编纂委员会. 1996. 榆林市志. 西安：三秦出版社.

榆阳区人民政府. 2009. 改革开放兴榆阳 科学发展铸辉煌——改革开放 30 年榆阳区经济社会发展综述.

榆阳区统计局. 2002. 榆阳区统计年鉴(2001).

榆阳区统计局. 2005. 榆阳"十五"时期统计资料.

榆阳区统计局. 2009. 2008 国民经济和社会发展统计公报.

岳耀杰，周洪建，王静爱，等. 2006. 生态安全条件下亚洲沙区土地利用结构研究. 地球科学进展，21(2)：131-137.

岳耀杰. 2005. 生态安全条件下的沙区土地利用结构优化研究——以奈曼旗为例. 北京师范大学硕士学位论文.

张春来，邹学勇，靳鹤龄，等. 2001. 狮泉河盆地第二期风沙危害整治研究. 中国沙漠，21(2)：157-163.

张春来，邹学勇，刘玉璋，等. 2006. 狮泉河盆地风沙灾害成因及其防治. 自然灾害学报，15(2)：1-9.

张新时. 1994. 毛乌素沙地的生态背景及其草地建设的原则与优化模式. 植物生态学报，18(1)：1-16.

张新时. 2001. 天山北部山地-绿洲-过渡带-荒漠系统的生态建设与可持续农业范式. 植物学报，43(12)：1294-1299.

张新时，史培军. 2003. 边际生态系统管理的理论与实践——我国北方草原与农牧交错带"优化生态-生产范式"构建. 植物学报，45(10)：1135-1138.

张新时，李博，史培军. 1998. 南方草地资源开发利用对策研究. 自然资源学报，13(1)：1-7.

赵延治. 2006. 基于土壤风蚀控制的背景是土地利用优化模式. 北京师范大学博士学位论文.

赵云龙，唐海萍，李新宇，等. 2006. 怀来山盆系统优化生态-生产范式. 生态学报，26(12)：4234-4243.

郑度. 2007. 中国西北干旱区土地退化与生态建设问题. 自然杂志，29(1)：7-11.

中国城市规划设计研究院. 2007. 榆林市城市总体规划.（第四版）(内容摘要). 榆林人大网. 2009-4-26. http：//www.ylrdw.gov.cn/ylrdhtml/cwhgb/2008-1/17/17_22_10_806_2.html.

朱震达. 1984. 关于沙漠化地图编制的原则与方法. 中国沙漠，4(1)：3-15.

庄国顺，郭敬华，袁蕙，等. 2001. 2000年我国沙尘暴的组成、来源、粒径分布及其对全球环境的影响. 科学通报，46 (3)：191-197.

邹学勇，刘玉璋，张春来，等. 2004. 西藏八一镇—邛多江公路沙害成因与治理. 自然灾害学报，13(6)：15-24.

Meng Z Q，Zhang Q X. 2006. Oxidative damage of dust storm fine particles instillation on lungs，hearts and livers of rats. Environmental Toxicology and Pharmacology，22：277-282.

Tang H P，Zhang X. S. 2003. Establishment of optimized eco-productive paradigm in the farming-pastoral zone of northern China. Acta Botanica Sinica，45(10)：1166-1173.

Tsoar H，Pye K. 1987. Dust transport and the question of desert loess formation. Sedimentology，34(1)：139-153.

Wang S G，Yuan W，Shang K Z. 2006. The impacts of different kinds of dust events on PM10 pollution in northern China. Atmospheric Environment，40：7975-7982.

Yang C Y，Chen Y S，Chui H F，et al. 2005. Effects of Asian dust storm events on daily stroke admissions in Taipei，Taiwan. Environmental Research，99：79-84.

Yue Yaojie，Wang Jing'ai，Lü Hongfeng，et al. 2005. Land use optimization at ecological security level in desert regions—A case study of Horqin Sandy Land. *In*：Li Shengcai，Wang Yajun，Huang Ping. Progress in Safety Science and Technology Vol. V(Part B). Beijing：Science Press：2111-2116.

附录　沙区土地利用结构与格局优化技术规程

1. TM 影像土地利用分类技术规程

1.1　土地利用分类技术

遥感技术是土地覆盖和土地变化研究的重要手段；遥感数据是土地覆盖与土地利用变化研究的重要数据源。应用 TM 影像解译土地利用数据是沙区土地利用结构优化的重要基础工作。

第一条　准备 TM 影像

确定影像位置：登陆中国科学院遥感卫星地面站网站，可以根据研究区的四至范围(经纬度坐标)查找对应的陆地卫星影像的条带号，提供此条带号即可购买研究区全景(或 1/2 景、1/4 景)影像。

确定影像时相：TM 数据的最佳时相为当地作物生长季影像，根据不同地区农作物生长期的变化和当年气候状况，适当调整 TM 数据的时相。

选择影像波段：TM 数据的波段应至少包括 2、3、4、5 波段。

第二条　准备解译条件

软件：①遥感图像处理软件(Ermapper、ERDAS Imagine 或 PCI)；②地理信息系统软件(Arc/INFO)；③数据库软件等。

硬件：①高档微机或工作站；②图形输入设备(大幅面数字化仪或扫描仪)；③图形输出设备；④GPS；⑤数据存储设备(CD 刻录机或 8mm 磁带机)。

第三条　准备辅助资料

辅助资料包括研究区最新 1∶5 万或 1∶10 万地形图；有关土地利用的基本情况，包括各时期土地利用现状图、土地利用统计表等。

第四条　校正 TM 影像

影像校正可采用地形图和 GPS 定位点两种控制点信息。

1）利用地形图校正

(1) 投影采用横轴墨卡托投影，克拉索夫斯基椭球[①]。

(2) 控制点的选择：以最新 1∶10 万地形图为底图，在每景 TM 图像中选取 20～40 个控制点，并保持控制点的均匀分布，控制配准精度在 0.5 个像元之内。

(3) 校正模型宜选用最小二乘法的二次或三次多项式方程。

(4) 像元重采样采用最临近法或双线性插值法，校正后的像元分辨率设定为 30 m×30 m。

注：进行几何校正时，考虑到地形图成图和 TM 数据成像有时间差，采集控制点时一定要选取那些比较固定的点位，保证几何校正的精度。

2）利用 GPS 定位点校正

(1) GPS 水平定位误差≤1 m。

(2) 将 GPS 点位数据用 GPS 附带软件导出为通用交换格式(如 dxf、txt 等)。

(3) 将导出的 GPS 点位数据通用交换格式导入为矢量格式。

(4) 对导入的矢量格式数据定义投影，使其具有和影像一样的投影参数。矢量数据采用横轴墨卡托投影，克拉索夫斯基椭球体。

(5) 以 GPS 点位数据为基准，对影像再次几何校正。

第五条　制定土地利用分类系统

基于研究目标，根据中华人民共和国质量监督检验检疫总局和中国国家标准化管理委员会日前联合发布《土地利用现状分类》(2007)，结合地方土地管理部门制定的土地利用分类系统，制定沙区土地利用分类系统。

第六条　创建分类模板

1）建立分类标志

根据 TM 图像的色彩、色调、纹理、形状、位置、大小、阴影等因素，结合相应的背景资料和作业人员经验，按照确定的分类系统对图像进行初判，然后进行野外调查，核对、修正和补充判读结果，建立可靠和完整的分类标志，并将分类标志填入“土地利用分类标志表”(附表 1)。此分类标志即为选择监督分类训练样区的依据。

① 如无特别说明，本规程中所用到的所有栅格数据、矢量格式数据库均采用统一的投影类型即横轴墨卡托投影，克拉索夫斯基椭球。用户可自行决定采用投影参数等。

附表 1　土地利用分类标志表

Additional list 1　Land use classification signature table

记录号	土地利用类型	经纬度		分类标志描述	标志影像、景观照片
1					
2					
…					

2）选取训练样区

监督分类是基于分类模板来进行的，分类模板由训练样区组成。

选取训练样区通过 AOI①(感兴趣区域)操作实现，AOI 有两种生成方式：手动数字化法和种子像元扩散法，两种方法各有利弊，应结合起来用。

一般按照目视判读先易后难的原则和顺序依次选取各土地利用类型的训练样区，并分别保存成一个文件，AOI 的分布区域应涵盖该土地利用类型在影像上的空间分布和光谱分布。

一个土地利用类型的训练样区通常由数量巨大的 AOI 构成，因此训练样区的选取工作是枯燥而繁重的，但却是极其重要的，这是控制分类精度的重要源头。

3）整合训练样区生成分类模板

将各种土地利用类型的训练样区整合为一个综合的分类模板文件，作为研究区影像分类的模板。

第七条　进行监督分类

1）评价土地利用分类模板

分类模板的评价主要有以下几种方法：报警评价、可能性矩阵和类别的分离性。

本规程使用可能性矩阵(contingency matrix)评价分类模板的优劣。如果误差矩阵值小于 85%，则模板需要重新建立。

2）执行监督分类

利用遥感影像处理软件系统监督分类功能，根据分类模板采用最大似然法(maximum likelihood)进行土地利用分类。

3）分类结果重编码

如前所述，一个土地利用类型的训练样区由数量巨大的 AOI 构成，但遥感影像处理软件通常把每一个 AOI 作为一个土地类型，因此分类结果影像各土地类型界线还不

① Erdas Imagine 对感兴趣区的叫法，在 ENVI 中称之为 ROI，因软件不同而叫法不同。

清晰。分类结果重编码就是把分散的，但实质上是相同土地利用类型的各个类别合并为一个土地利用类型的过程。

第八条　评价分类精度

1）精度评价标准

（1）地类定性判对率不低于 90％。

（2）对于人机交互目视分类。判读时提取目标地物的最小单元为 6×6 个像元，对于狭长地物的短边宽最小为 3 个像元。长度大于 12 个像元。

2）精度评价方法

采用野外调查精度检验法。野外调查是 TM 影像土地利用分类精度控制的必要手段。

A. 准备工作

工作区域内 1∶10 万地形图的购置与准备；工作区域内 TM 影像、分类结果图的准备；调查方案的制订，包括调查路线的选取和调查样地的布设方案等；GPS、车辆等调查工具的准备。

B. 调查方法

（1）实地验证调查采用路线调查与图斑抽样相结合的方法：

（2）地面实地调查所抽取图斑的面积应占研究区面积的 5％以上；

（3）选取的地面实地调查样地，应尽量均匀地分布于研究区域内；

（4）调查对象应重点突出，重点调查在室内遥感分类时不清晰的图斑和区域。

C. 调查内容

土地利用分类地面验证的内容包括：调查点的位置(用 GPS 定位)、调查地点的照片、实地土地利用类型是什么。填写土地利用分类精度评价地面验证调查表(附表 2)，并编写实地调查报告。

附表 2　土地利用分类精度评价地面验证调查表

Additional list 2　Ground verification survey table for accuracy assessment of land use classification

记录编号	调查点 GPS 点位		土地利用类型	景观照片
	经度	纬度		

D. 内业检验

调查结束后即转入内业工作，将外业 GPS 记录叠加在分类专题图上，逐点检查分类结果与外业调查类型相符与否。

3）调整分类模板

找出分类错误的区域，选取新的样区，添加到土地利用分类模板中，找到错误样区，从模板中删除，调整完成后进行再次监督分类，精度评估，如果结果仍达不到要求则再次修改分类模板，直至达到要求。

第九条　量算面积

1）图斑融合

按照制图比例尺，确定最小绘图图斑面积，在图斑融合后进行面积量算。

2）量算面积

可直接对图斑融合后的分类结果影像利用栅格属性操作进行土地利用面积统计，或将分类结果影像转换为矢量格式，再进行面积量算。

3）面积统计

将面积量算结果导入 Excel 计算各土地利用类型的面积比例(单位:%)。

第十条　建立土地利用数据库

TM 影像土地利用分类结果的栅格数据属性管理功能很差，而矢量格式数据采用了关系型数据库进行属性管理，为了便于数据管理和分析，需将分类图像转换为矢量格式，并根据 GRID-CODE 数值给土地利用斑块赋予属性构建土地利用数据库。一个基本的土地利用数据库的字段见附表 3。

附表 3　土地利用数据库字段表

Additional list 3　Land use database fields table

字段名	字段类型	长度/字节	说明
FID	OID	4	ARC/INFO 系统自动生成
SHAPE	G	4	ARC/INFO 系统自动生成
AREA	F	4	ARC/INFO 系统自动生成，该字段表示某图斑的面积，单位为 m^2
PERIMETER	F	4	ARC/INFO 系统自动生成，该字段表示某图斑的周长，单位为 m
[FILENAME] #	B	4	ARC/INFO 系统自动生成
[FILENAME] －ID	B	4	ARC/INFO 系统自动生成，该字段表示某图斑的 ID 号
GRID－CODE	B	4	栅格编码。这个字段是从栅格数据继承而来，是栅格数据表示土地利用类型的编码，也是在矢量数据库给 LANDUSECLASS 赋值的依据
LANDUSECLASS [YY]	C	25	该字段用字符来表示土地利用类型，YY 表示年份。如 LANDUSECALSS87＝“水浇地”表示某图斑 1987 年的土地利用类型为水浇地
LANDUSECODE [YY]	F	4	该字段用数值来表示土地利用类型，YY 表示年份。如 LANDUSECODE87＝3 表示某图斑 1987 年的土地利用类型代码为 3

1.2 土地利用变化分析技术

土地利用变化分析的核心内容是土地利用数量变化、土地利用空间结构变化。前者是土地利用变化的统计特征；后者是土地利用变化的拓扑特征。

第十一条 空间叠加

空间叠加的目的是将空间上相互重叠的两期土地利用数据叠加存放于一个数据库中，通过考察一个图斑两个时相属性信息的变化来分析土地利用的变化。空间叠加时，选择 Join 模式。

第十二条 属性建库

由空间叠加得到的土地利用变化数据库，尽管具备了两期数据库的所有属性，但还不能表达土地利用变化信息。为便于分析，本规程规定按照土地利用数据库字段表(附表 4)进行属性建库。

附表 4 土地利用变化数据库字段表

Additional list 4 Land use change database fields table

字段名	字段类型	长度/字节	说明
FID	OID	4	ARC/INFO 系统自动生成
SHAPE	G	4	ARC/INFO 系统自动生成
AREA	F	4	ARC/INFO 系统自动生成，该字段表示某图斑的面积，单位为 m^2
PERIMETER	F	4	ARC/INFO 系统自动生成，该字段表示某图斑的周长，单位为 m
[FILENAME] #	B	4	ARC/INFO 系统自动生成
[FILENAME] -ID	B	4	ARC/INFO 系统自动生成，该字段表示某图斑的 ID 号
LANDUSECLASS [YY1]	C	25	该字段用字符来表示土地利用类型，YY1 表示时相 1 年份。如 LANDUSECALSS87＝“水浇地”表示某图斑 1987 年的土地利用类型为水浇地
LANDUSECODE [YY1]	F	4	该字段用数值来表示土地利用类型，YY1 表示时相 1 年份。如 LANDUSECODE87＝3 表示某图斑 1987 年的土地利用类型代码为 3
LANDUSECLASS [YY2]	C	25	该字段用字符来表示土地利用类型，YY2 表示时相 2 年份。如 LANDUSECALSS96＝“水浇地”表示某图斑 1996 年的土地利用类型仍为水浇地
LANDUSECODE [YY2]	F	4	该字段用数值来表示土地利用类型，YY2 表示时相 2 年份。如 LANDUSECODE96＝3 表示某图斑 1996 年的土地利用类型代码仍为 3
LAND [YY1] T [YY2]	I	4	该字段用两位编码表示土地利用类型变化。YY1 表示时相 1，YY2 表示时相 2。如 LAND87T96＝33 表示某图斑 1987 年的土地利用类型为水浇地，1996 年仍为水浇地

注：假定水浇地的类型编码为 3。

第十三条　变化分析模型

土地利用变化分析主要关注土地利用变化的数量、空间结构，其实质是土地利用类型的变化。为此本规程建立如下模型分析土地利用类型的变化：

土地利用类型变化编码＝时相 1 土地利用类型编码×10＋时相 2 土地利用类型编码

第十四条　变化分析

将模型 1 代入土地利用变化数据库，得到土地利用类型变化编码计算公式为

LAND[YY1]T[YY2] = LANDUSECODE[YY1] × 10 + LANDUSECODE[YY2]

照此公式计算得到土地利用类型变化编码，并将其值赋给 LAND[YY1]T[YY2]，即得到已经具备变化信息的土地利用变化数据库。在此基础上，可以制作土地利用变化图及相关数据统计。

2. 生态安全评价技术

2.1　生态不安全因素提取技术

第一条　确定生态不安全因素类型

1）资料收集

资料收集主要是研究区基础自然地理数据、相关文献和野外考察资料，特别是要注意收集影响土地生产力、群众生活等不利因素资料。详见附表 5。

附表 5　资 料 清 单

Additional list 5　Data checklist

类别	资料、数据	基本作用
基本图件	1∶50 000 或 1∶100 000 地形图	土地利用分类的检验； 生态不安全因素野外调查基础资料
	TM 影像	
	历史土地利用现状图、植被图、土壤图、地貌图等	
野外调查	实地调查土地利用类型及其存在的生态不安全因素，并用 GPS 记录其地理坐标	生态不安全因素类型分析
气像水文数据	逐年、逐月降水资料	生态不安全因素类型分析
	暴雨资料	
	主要河流水文记录	
	防洪(潮)规划	
	气温、蒸发量资料	
	水域面积数据	
相关文献	土地利用、土地利用优化、土地调整、沙化、盐碱化、洪水、沼泽化、水土流失等方面的文献和研究成果	生态不安全因素类型分析

2）确定生态不安全因素类型

全面分析研究区资料，结合野外调查，确定影响土地利用生态安全的生态不安全因素类型。

第二条　分级生态不安全因素

1）分级目的

评定土地利用中存在的生态不安全因素的强度等级，为生态安全评价、土地利用结构优化提供基本数据。

2）分级方法

采用数量化评分标准对生态不安全因素强度进行简化和数量化，据此，研究区每一个生态不安全因素均分为三级：轻度不安全、中度不安全和重度不安全，分别用数值1、2、3表示。

第三条　提取生态不安全因素

1）生态不安全因素的提取

在生态不安全因素类型和分级标准均已确定的基础上，基于地学分析和影像灰度分级，应用人机交互分类方法，逐个提取生态不安全因素。其过程如附图1所示。

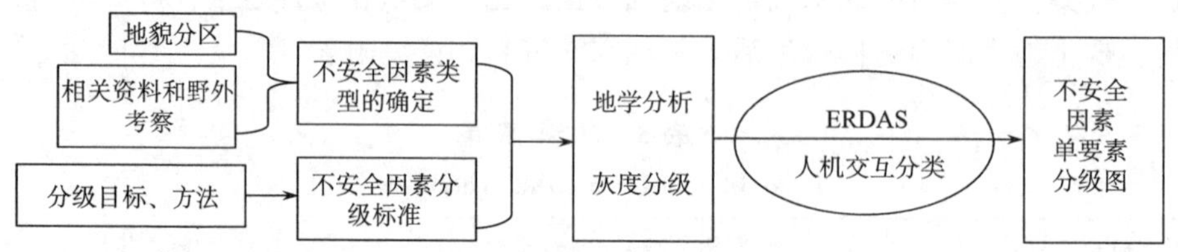

附图1　基于地学分析的灰度分级提取不安全因素法

Additional fig. 1　Gray classification method for extracting ecological insecurity factors based on geology analysis

人机交互分类的实质就是利用遥感影像处理软件系统的矢量功能，以影像为底图，在屏幕上利用绘图工具提取生态不安全因素外边界的过程，其操作实质是屏幕数字化。

2）建立生态不安全因素单要素数据库

前面提取的生态不安全因素数据，还只具备图形信息，不具备属性信息，作为生态安全评价的基础数据，必须对其进行规范化建库，赋予图斑属性信息。数据库字段见附表6。

附表 6　生态不安全因素单要素数据库

Additional list 6　Single ecological insecurity factor database fields table

字段名	字段类型	长度/字节	说明
FID	OID	4	ARC/INFO 系统自动生成
AREA	F	8	ARC/INFO 系统自动生成，该字段表示某图斑的面积，单位为 m^2
PERIMETER	F	8	ARC/INFO 系统自动生成，该字段表示某图斑的周长，单位为 m
[FILENAME] #	B	4	ARC/INFO 系统自动生成
[FILENAME] －ID	B	4	ARC/INFO 系统自动生成，该字段表示某图斑的 ID 号
[RISK][YY]	I	4	该字段表示生态不安全因素类型及其级别，字段名表示生态不安全因素类型，YY 表示年份，字段值表示因素的级别。如 river87＝1 表示某图斑在 1987 年受 1 级洪水威胁

第四条　建立生态不安全因素数据库

当所有的生态不安全因素都提取并建库完毕，就可以利用 GIS 空间叠加功能将这些单要素数据库叠加为一个多要素的数据库了。这个数据库是计算因素多度和生态不安全因素综合强度级别的基础数据库。数据库字段见附表 7。

附表 7　生态不安全因素数据库字段表

Additional list 7　Ecological insecurity factors database fields table

字段名	字段类型	长度/字节	说明
FID	OID	4	ARC/INFO 系统自动生成
AREA	F	8	ARC/INFO 系统自动生成，该字段表示某图斑的面积，单位为 m^2
PERIMETER	F	8	ARC/INFO 系统自动生成，该字段表示某图斑的周长，单位为 m
[FILENAME] #	B	4	ARC/INFO 系统自动生成
[FILENAME] －ID	B	4	ARC/INFO 系统自动生成，该字段表示某图斑的 ID 号
[RISK][YY]	I	4	该字段表示生态不安全因素类型及其级别，字段名表示生态不安全因素类型，YY 表示年份，字段值表示因素的级别。如 river87＝1 表示某图斑在 1987 年受 1 级洪水威胁 注：有多少个生态不安全因素，就有多少个该字段
DUODU[YY]	I	4	该字段用数值来表示生态不安全因素多度，YY 表示年份。如 DUODU87＝3 表示某图斑 1987 年受 3 种生态不安全因素影响

2.2　土壤风蚀遥感定量反演技术

第五条　土壤风蚀野外观测

1）观测项目

观测项目包括风蚀强度、土壤含水量、土壤坚实度、土壤可蚀性、植被覆盖度、残茬等地面覆盖、土地利用与风蚀防治措施等。

2）风蚀观测站布设

风蚀观测站应选择能代表土壤侵蚀区划二级类型区的典型地区，有条件时应利用国家治理小流域或依托已有的野外生态观测站点。自设观测点应注意观测与管理的方便性。

3）观测样地选择与处理

第一是要求不同土地利用类型间的距离不易过大，利于比较观测与设备安装移动；第二是不同土地利用分布的地貌能反映当地特点；第三是避免高大建筑与显著目标的影响；第四是观测场地要开阔；第五是土地利用类型应该尽量区分不同处理方式(如耕地是否留茬、翻耕；草地与灌木林地要选择当地建群种等)，尽可能反应当地土地利用与植被类型实际情况。

4）观测设备

开展风蚀观测需满足的最低设备要求，包括(梯度或便携式)风速仪、(直立或旋转式)集沙仪和电子天台(1%或更高)，有条件的可以配备GPS。

5）观测方法

观测一般遵循如下方法与步骤：

实施观测前需做好观测准备，包括设备检查、记录手簿准备、样品袋称重等工作。

将1个或多个集沙仪平行或前后埋设于观测样地中，集沙仪第1个进沙口贴地面水平放置，进沙口正对主风向。

将(梯度或便携式)风速仪架设于观测样地中，架设高度一般2 m，一般置于集沙仪后2 m以外，以避免其干扰集沙仪附近气流。风速仪入风口需正对主风向。

做好对观测样地特征的描述记录，如土地利用类型、植被覆盖度等。如有条件，最好利用GPS测定观测样地坐标位置。

当风沙流稳定时，打开风速仪记录风速并同时开启集沙仪进沙口。集沙时间视风沙流强度决定。记录集沙起始时间。

观测结束，关闭风速仪，同时封闭集沙仪进沙口。将集沙仪带到室内或风力较小处将样品取出。

6）数据整理

每次观测结束应及时对数据进行整理，主要包括样品称重和建立记录簿，以备分析之用。

第六条　植被覆盖度野外数码观测

本技术规程适用于利用遥感数据资料进行区域植被覆盖度反演，也可满足其他目的的植被覆盖度调查。本规程适用于植株高度小于 3 m 的草地或其他植被覆盖度的观测。

1）适用观测项目

植被覆盖度、植被调查、土地利用与风蚀防治措施调查。

2）观测样方规格

观测样方大小应和遥感数据空间分辨率匹配。观测样方应涉及观测区域的所有植被覆盖类型，设定的样方应能够代表当地主要的土地利用/覆盖类型和植被物种，样方内的植被覆盖类型与覆盖度应具有稳定性，保证在观测期内不发生大的变化。

3）观测时间要求

观测一般选择在植被生长的旺盛期进行，并与遥感数据资料的获取时相一致或相近。

4）观测设备仪器

观测必需的设备条件包括：数码成像设备、支架和全球定位接收系统。有条件的可以适当配备存储设备、供电设备等。

数码成像设备的拍摄精度需能满足分辨植被与非植被的要求，需配备遥控装置。有条件的可选择具有防抖功能的数码成像设备。

支架应能为数码成像设备提供垂直距地面 3 m 高度稳定的拍摄环境。

全球定位系统需满足差分计算的要求。

5）观测实施过程

观测采用 5 点 4 方位法，即每个样方设置 5 个观测点，含 4 个角点和 1 个对角线交点。每个观测点在相互正交的 4 个方位上分别拍照测量。可适当增加观测点密度，以提高实测精度。

观测路线可采用“Z”字形或其他，以节约行走路程并能够到达各观测点为目的。

在观测点架设支架，将数码成像系统送至垂直距地 3 m 高度。

待数码成像系统稳定后，利用遥控装置控制对地面进行拍摄，登记照片编号，以备计算该点植被覆盖度。

同时，利用 GPS 测定观测点地理坐标，顺序编号登记，存储在 GPS 内存空间。内业阶段将上述包含地理坐标的数据导入地理信息系统，以备分析与建立观测样方点阵矢量图。

实测完毕，将数码成像系统卸下，携带支架移至下一观测点实施观测。

6）观测数据处理

观测数据(数码照片)的处理包括裁剪、二值化处理与植被识别。

鉴于数码成像是中心投影，造成照片边缘变形较大，在进行植被识别前应进行照片裁剪。一般保留 2/3 的照片中央部分。

二值化处理是将裁减完毕的真彩色照片转变为黑白图像，以利于区分植被与非植被部分。

植被识别可人工判读，也可利用遥感影像处理软件进行非监督分类或监督分类完成。

完成识别的照片，即可进行植被覆盖度的计算。植被覆盖度(VC)可以用如下简单公式计算

$$VC = (植被面积 / 像片面积) \times 100\%$$

7）建立实测样方点阵矢量图

将 GPS 存储的实测点位数据导入地理信息系统，构建矢量点阵图。

将每个观测点 4 张照片分析得到的植被覆盖度算术平均值赋予观测点。

以样方对角线交点为中心，以 $L/2$(L 为样方边长)为半径，建立缓冲区，以该缓冲区代表样方覆盖的单元。

将每个样方 5 个观测点实测植被覆盖度算术平均赋予缓冲区，代表该样方实测植被覆盖度。

第七条　植被覆盖度遥感定量估算

1）适用项目

适用于利用植被覆盖度实测数据和遥感植被指数，构建经验模型反演区域植被覆盖度。

2）反演方法

通过遥感影像植被指数与同区域植被覆盖度实测数据的相关分析，建立实测植被覆盖度与植被指数之间的线性或非线性回归模型，进而利用该模型反演区域植被覆盖度。

3）遥感影像预处理

采用地面控制点(GPS 测量、高精度地形图、已经进行几何校正的遥感影像)和多项式模型进行几何校正。误差不大于 0.5 个像元。

利用行政区划图或其他界线图提取监测区范围的影像，供生成植被指数图之用。

4）生成植被指数图

在遥感影像处理系统中，利用系统提供的植被指数生成功能或根据植被指数模型自行编程，选择遥感影像合适波段参与运算，生成植被指数图。

以 TM 影像生成 NDVI 为例

$$NDVI = \frac{TM_{NIR} - TM_R}{TM_{NIR} + TM_R}$$

式中，TM_{NIR}为 TM 影像近红外波段(TM4)；TM_R 为 TM 影像红波段(TM3)。

5）提取样方植被指数

将实测样方点阵矢量图中的样方转为感兴趣区并保存。

利用生成的感兴趣区切割植被指数图，提取与实测样方相对应的植被指数图像元。

将提取的植被指数图转变为矢量格式，并在地理信息系统支持下与实测样方点阵图叠加，生成包含植被指数和实测植被覆盖度的数据库。

对于落在像元边缘或角落的样方，按最近邻原则，以距离样方最近的 2 个或以上像元的植被指数算术平均值赋予样方。

6）建立相关模型

基于植被指数与实测植被覆盖度数据库，对两者进行相关分析、线性和非线性回归分析，从中筛选植被覆盖度与植被指数最优相关模型，用于区域植被覆盖度反演。建议选择非线性模型。

7）模型应用

在遥感影像处理系统中，利用系统提供的建模功能或根据模型自行编程，应用建立的植被覆盖度与植被指数相关模型，利用植被指数图反演区域植被覆盖度，得到区域植被覆盖度图。

8）精度检验

精度检验可采用实地调查法和实测样方点阵矢量图叠加随要检验法。

通过计算绝对平均误差 ε、相对误差 ε_1 和总体精度 A 来评价模型反演的精度。

$$\varepsilon = |V_{C0} - V_{C1}|$$

$$\varepsilon_1 = \frac{\varepsilon}{V_{C1}} \times 100$$

$$A = 1 - \frac{\sum_{1}^{n} \varepsilon_{1i}}{n} \qquad n \in (1, \infty)$$

式中，V_{C0}为反演植被覆盖度；V_{C1}为实测植被覆盖度；总体精度不应低于 80%。

第八条 土壤风蚀遥感定量反演

1）适用项目

适用于基于区域植被覆盖度和不同土地利用类型(下垫面)多年平均输沙量，构建回归模型反演区域土壤风蚀量。

2）反演方法

通过不同土地利用(下垫面)植被覆盖度及多年平均输沙量的回归分析，建立植被覆盖度与输沙量之间的线性或非线性回归模型，进而利用该模型反演区域土壤风蚀强度。

3）确定易蚀土地

基于风蚀实测和植被覆盖度确定易蚀土地利用类型，一般流动沙地、半流动沙地、半固定沙地、固定沙地；中、低覆盖度草地；农田为易蚀土地。具体指标也可参考附表 8。

附表 8 风蚀沙漠化程度分级指标*

Additional list 8 Indicators of wind erosion desertification degree classification

程度	风积地表形态占该地面积百分比	风蚀地表形态占该地面积百分比	植被覆盖度/%	地表景观综合特征	土地生物生产量较沙漠化前下降百分比
轻度	<10	<10	50～30	斑点状流沙或风蚀地。2m 以下低矮沙丘或吹扬的灌丛沙堆。固定沙丘群中有零星分布的流沙(风蚀窝)。旱作农地表面有风蚀痕迹和粗化地表，局部地段有积沙	10～30
中度	10～30	10～30	50～30	2～5m 高流动沙丘成片状分布。固定沙丘群中沙丘活化显著。旱作农地有明显风蚀洼地和风蚀残丘。广泛分布的粗化砂砾地表	30～50
强度	≥30	≥30	≤30	5m 高以上密集的流动沙丘或风蚀地	≥50

* 在判别侵蚀程度时，根据风险最小原则，应将该评价单元判别为较高级别的侵蚀程度。

4）处理农业利用植被

植被覆盖度反演的遥感资料取自植被旺盛期，农业利用植被覆盖度高，这与风蚀多发季节(春季)的地表覆盖(此时农业植被多已被收割)不符。沙区农田是易蚀土地利用。利用不同土地利用/下垫面植被覆盖度及多年平均输沙量反演土壤风蚀量时，需要剔除农业植被的影响，并还原它们的真实风蚀情况。

农业植被覆盖的剔除，要考虑农业植被覆盖的具体类型与分布特征。如风沙草滩区的旱耕地和水浇地是易蚀土地，而川水地(分布于沟道河川中的水浇地和水田)就不存在风蚀现象。

对不存在风蚀现象，或为堆积区的土地利用，采用等效植被覆盖度的方法代替其真实植被覆盖度，即认为堆积区土地利用的植被覆盖度为100％。

5）处理水域、城镇等非风蚀区

水域(河流、湖泊、坑塘)和城镇建成区属于风蚀物堆(沉)积区，但基于植被覆盖度的土壤风蚀反演中此两类地表为无植被覆盖，根据植被覆盖度反演它们为风蚀区。因此，必须剔除水域、城镇等风蚀物堆积区对区域土壤风蚀反演的影响。

采用等效植被覆盖度的方法来表达它们的堆积效应，即认为此两类土地利用的植被覆盖度为100％。

6）植被覆盖度数据准备

基于遥感资料反演得到的区域植被覆盖度，剔除农业植被及水域、城镇等非风蚀区域，并用等效植被覆盖度代替之。从而生成用于区域土壤风蚀反演需要的植被覆盖度数据。

7）反演模型的建立

通过不同土地利用类型、植被覆盖度及多年平均输沙量之间的回归分析建立基于植被覆盖度的区域土壤风蚀反演模型。

不同沙化土地对应的植被覆盖度跨度较大，采用等效植被覆盖度，即取某沙化土地类型植被覆盖度区间的中值作为该土地类型的等效植被盖度，来建立植被覆盖度与输沙量的定量关系。已知在20～25 m/s的极端强风下显著减少风蚀输沙量，植被覆盖率必须达到60％～70％的水平。而野外风蚀实测也表明，当植被覆盖度大于70％时，基本不产生风蚀，甚至转为沉积区。设定当植被覆盖度为75％时，多年平均输沙量为0，视为风蚀与风积的分界点。设Q_1、Q_2、Q_3为根据风蚀实测与起沙风特征计算得到的多年平均输沙量(附表9)。对V_C与Q进行回归分析，可建立植被覆盖度与多年平均输沙量的相关模型。

附表9　沙地类型、植被覆盖度与输沙量

Additional list 9　Sandy land type，vegetation coverage and sediment discharge

沙地类型	植被覆盖度	等效植被覆盖度/％	输沙量
固定沙地	覆盖度＞50％，土壤为风沙土	75	0
半固定沙地	50％＞覆盖度＞21％，土壤为风沙土	35	Q_1
半流动沙地	20％＞覆盖度＞5％，土壤为风沙土	12.5	Q_2
流动沙地	覆盖度＜5％，土壤为风沙土	2.5	Q_3

8）反演农业植被(农田)风蚀

易蚀农田风蚀根据其实测输沙率与风况资料计算出多年平均输沙量，即为易蚀农田风蚀强度。农业植被中为非易蚀地或沉积区，利用等效植被覆盖度代入步骤 4 模型计算得到。

9）反演水域、城镇等非风蚀用地风蚀

水域、城镇等非风蚀用地风蚀反演利用等效植被覆盖度代入步骤 5 模型计算得到。

10）区域土壤风蚀反演

基于步骤 6 植被覆盖度和步骤 7 模型进行区域土壤风蚀反演。将该结果与步骤 8、9 得到的农田与水域、城镇土壤风蚀相叠加，得到区域土壤风蚀强度。

2.3　生态安全评价技术

生态安全评价是基于生态安全评价数据库，构建评价模型，运用 GIS 技术进行的。

第九条　生态安全评价数据库建库

生态安全评价数据库是进行生态安全评价的基础，因此，在生态不安全因素已经提取并建立数据库的基础上，由生态不安全因素数据库按照生态安全评价的要求规范建库得到。数据库字段见附表 10。

附表 10　生态安全评价数据库字段表

Additional list 10　Ecological security assessment database fields table

字段名	字段类型	长度/字节	说明
FID	OID	4	ARC/INFO 系统自动生成
AREA	F	8	ARC/INFO 系统自动生成，该字段表示某图斑的面积，单位为 m^2
PERIMETER	F	8	ARC/INFO 系统自动生成，该字段表示某图斑的周长，单位为 m
[FILENAME] #	B	4	ARC/INFO 系统自动生成
[FILENAME] －ID	B	4	ARC/INFO 系统自动生成，该字段表示某图斑的 ID 号
[RISK][YY]	I	4	该字段表示生态不安全因素类型及其级别，字段名表示生态不安全因素类型，YY 表示年份，字段值表示因素的级别。如 river87＝1 表示某图斑在 1987 年受 1 级洪水威胁 注：有多少个生态不安全因素，就有多少个该字段
DUODU[YY]	I	4	该字段用数值来表示生态不安全因素多度，YY 表示年份。如 DUODU87＝3 表示某图斑 1987 年受 3 种生态不安全因素影响
INSCURITY[YY]	I	4	该字段表示生态不安全因素综合强度，YY 表示年份。如 INSCURITY＝9.02 表示某图斑 1987 年生态不安全因素综合强度为 9.02
SCURITYLE[YY]	I	4	该字段表示生态安全评价级别。其值越大表示某图斑不安全级别越高

第十条　生态安全评价

以生态不安全因素数据库为基础进行生态安全评价。评价内容包括三项：一是评价影响生态安全的生态不安全因素的多度；二是评价影响生态安全的生态不安全因素的综合强度；三是生态安全分级。

1）生态不安全因素多度计算模型

生态不安全因素多度是生态不安全因素在空间上的群聚程度，用 L 表示，其计算模型为模型 1：

$$L = \sum_{i=1}^{n} L_i$$

式中，i 为图斑中的生态不安全因素；L_i 为第 i 种生态不安全因素，且 $L_i = 1$；n 为种类数。

2）生态不安全因素综合强度计算模型

生态不安全因素综合强度是生态不安全因素可能造成的相对威胁或破坏的程度，用 D 表示，其计算模型为模型 2：

$$D = \frac{1}{n}\sum_{i=1}^{n} D_i$$

式中，i 为图斑中生态不安全因素；D_i 为第 i 种生态不安全因素的强度等级；n 为种类数。

把模型 1 和模型 2 代入生态安全评价数据库，分别计算生态不安全因素多度和综合强度，并赋值给相应属性字段。

3）生态安全分级

根据模型 2 计算得到的生态不安全因素综合强度表达了土地利用的生态安全水平，但是其值域是分散的，不能反映相同或相近生态安全特性的土地利用的空间聚散状况，也不能表达其区域分异特点。为此要通过一定方法对其进行分级，从而将一个分散的系数序列按值域划分为若干级别，使每个级别能够表达土地利用的生态安全相似性，同时，不同级别也能展现土地利用生态安全的区域差异性。

生态安全级别分为 6 个级别，采用标准偏差法与地学分析相结合的划分方法，并将新的级别值作为一个字段追加到生态安全评价数据库中。

2.4　生态安全变化分析技术

生态安全变化分析的目的是揭示其时空变化规律，为土地利用优化提供依据。变化的核心内容是各生态级别土地数量变化和各生态级别间空间结构变化。变化分析技术流程见附图 2。

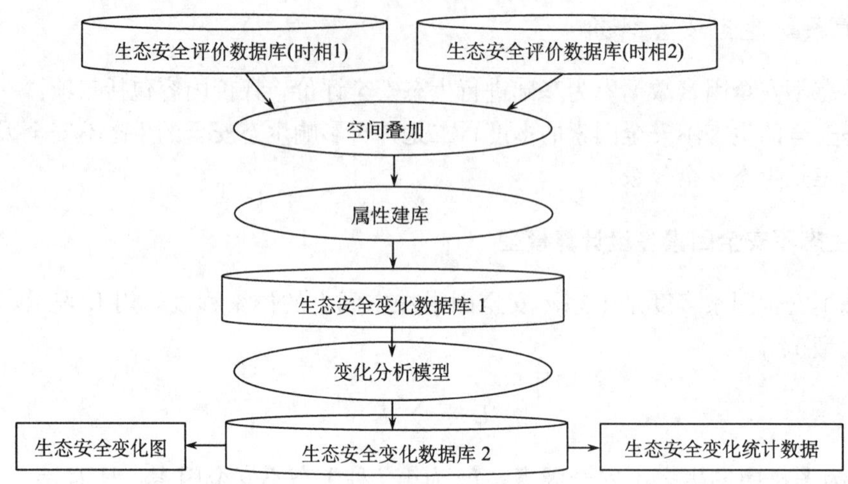

附图 2　生态安全变化分析技术流程图

Additional fig. 2　Ecological security change analysis framework

第十一条　空间叠加

空间叠加是为了进行生态安全变化分析，其操作对象是时相不同的两期生态安全评价数据库，结果是具有两期生态安全评价数据库共同属性的生态安全变化数据库。

第十二条　属性建库

空间叠加得到的生态安全变化数据库实际上还不能表现生态安全的变化信息，要对其进行规范化建库。生态安全变化数据库字段见附表 11。

附表 11　生态安全变化数据库

Additional list 11　Ecological security change database fields table

字段名	字段类型	长度/字节	说明
FID	OID	4	ARC/INFO 系统自动生成
AREA	F	8	ARC/INFO 系统自动生成，该字段表示某图斑的面积，单位为 m^2
PERIMETER	F	8	ARC/INFO 系统自动生成，该字段表示某图斑的周长，单位为 m
[FILENAME] #	B	4	ARC/INFO 系统自动生成
[FILENAME] —ID	B	4	ARC/INFO 系统自动生成，该字段表示某图斑的 ID 号
DUODU[YY1]	I	4	该字段用数值来表示时相 1 生态不安全因素多度
DUODU[YY2]	I	4	该字段用数值来表示时相 2 生态不安全因素多度
DUODUCHANGE	I	4	该字段表示生态不安全因素多度变化
SCURITYLE[YY1]	I	4	该字段表示时相 1 生态安全评价级别

续表

字段名	字段类型	长度/字节	说明
SCURITYLE[YY2]	I	4	该字段表示时相 2 生态安全评价级别
SCURITYCHANGE	I	4	该字段在生态不安全因素变化数据库中用来表示变化类型。如 SCURITYCHANGE＝11 表示某图斑不安全级别未发生变化

第十三条 变化分析

生态安全变化分析主要关注各生态安全级别土地数量和空间结构变化，其实质是生态安全级别的变化。然后是分析多度变化。为此本规程建立如下模型分析生态安全级别和多度变化。

模型 3：生态安全级别变化编码 ＝ 时相 1 生态安全评价等级×10＋时相 2 生态安全评价等级

如某图斑在时相 1 生态安全级别为 1 级，而在时相 2 为 2 级，运用模型 3 计算得到生态安全级别变化编码为 12，则表示该图斑从生态安全级别从时相 1 的 1 级转为时相 2 的 2 级。

将模型 3 代入生态安全变化数据库即得到生态安全级别变化计算公式

SCURITYCHANGE ＝ SCURITYLE[YY1]×10 ＋ SCURITYLE[YY1]

模型 4：多度变化编码 ＝ 时相 1 多度×10 ＋ 时相 2 多度

如某图斑在时相 1 生态不安全因素多度为 1，而在时相 2 为 3，运用模型 4 计算得到多度变化编码为 13，则表示该图斑生态不安全因素从时相 1 的 1 个变为时相 2 的 3 个。

将模型 3 代入生态安全变化数据库即得到多度变化计算公式

DUODUCHANG ＝ DUODU[YY1]×10 ＋ DUODU[YY2]

3. 减轻土壤风蚀的土地利用结构优化规程

3.1 土地利用结构优化过程

第一条 确定优化类型

优化类型指优化中被调整的那些土地利用类型。确定优化类型的依据是风蚀危险性原则，根据这一原则，被调整的类型是土地利用风蚀危险度评价结果中风蚀危险程度高的土地利用类型。依据这条规定，减轻土壤风蚀的土地利用结构优化类型包括：生态功能差的裸沙地，裸土地，低、中覆盖度草地，盐碱地；生产效益低的旱地；生活风险高的独立居民点、道路、城镇郊区临近沙源的民居等。

第二条　预测优化数量

优化数量指优化中被调整的各土地利用类型的数量。确定优化数量的依据是生态-生产-社会效益兼顾原则和“大面积搞生态、小面积搞生产”原则。在上述原则的指导下，被调整的各土地利用类型的数量可以通过对研究区域未来某个时间耕地需求、建设用地需求和生态用地需求的预测来确定，预测方法包括趋势预测法和推算法，结合区域土地利用规划和减轻土壤风蚀的需求来确定各土地利用类型的数量，以及各类型间转移的方向与数量。

第三条　确定优化布局

优化布局指在优化中被调整的各土地利用类型的空间分布。确定优化布局的依据包括风蚀趋缓原则、远近不同的原则和主风向原则。上述原则集中体现为优化布局的图斑优化模式和“三圈”模式。应用图斑优化模式的方法是将两期(或多期)风蚀数据叠加找出风蚀强度相对最小或减轻时所对应的土地利用类型图斑，则这些图斑分布的区域为应被保留的空间范围，反之则是应被调整的空间范围。应用“三圈”模式的方法以重点保护对象[城镇、湖(库)等]为中心分别以 5 km、10 km、20 km 为半径构建 3 个圈层并叠加常年主风向影响区域，以上为重点被调整的空间范围。

3.2　土地利用结构优化方案

第四条　设定情景

情景指未来某个时间区域土地利用的类型、数量和空间布局状况。设定情景包括两个方面的内容：一是情景时长：指以现状为基期，情景所反映的未来一段时间的长度。一般可用近期(5 年)、中期(10 年)、远期(15 年)3 个时长来设定未来土地利用的情景。二是情景内容：包括优化什么土地利用类型、优化多少数量、在哪里优化、优化成什么土地利用类型。情景设定的基本步骤如下。

1）对情景设定年的耕地需求、建设用地需求和生态用地需求进行预测

耕地需求预测基于情景设定年的人口消费和肉类生产消费的粮食数量与当年复种指数来确定。以上各指标分别基于人口增长预测、畜牧生产粮食需求预测与复种指数预测来获得。

建设用地需求预测基于区域社会经济发展中长期规划、城市发展建设规划和交通建设规划等来进行。

生态用地需求预测在以上两项预测的基础上，重点根据不同土地利用类型的风蚀强度、区域自然条件可以支持的各土地利用类型的数量、不同区位土地利用对重点保护对象受风沙灾害的影响程度等，在减轻土壤风蚀的总目标下对生态用地内部各类型的数量结构进行调整，从而得到预测年各生态用地类型的数量。

基于以上预测得到的耕地需求、建设用地需求和生态用地需求数量是一种情景。这

种情景是假设区域生产、生活和生态用地的需求遵循以往土地利用变化、人口增长速度、畜牧发展规律和农业技术发展水平下的特定情景。但区域社会经济和生态建设可能会脱离已有的发展规律，在这种情况下，就需要基于预测设定情景。

2）基于预测设定情景

基于情景设定年生产、生活和生态用地需求预测结果，假设一区域的人口增长、畜牧业发展速度、复种指数、经济发展速度和减轻土壤风蚀程度(或低于预测水平，或高于预测水平)，并设定偏离预测结果的程度，就可以得到不同情景下的土地利用类型的数量。将该数量结构在空间上再进行配置，就得到新的土地利用结构优化情景。

3）编制情景表

基于前述两步工作成果，编制情景表，用表格的形式将设定的情景用简明直观的方式呈现出来，从而为制订方案提供最基本的依据。

情景表通常可采用行表示设定的不同情景，列表示情景设定年，表格内容表示不同设定情景下各土地利用类型的数量结构。

第五条　制订方案

方案指某一设定情景下土地利用调整的类型、数量、分布以及为了实现上述调整指标所使用的具体措施。

1）方案的内容

一个土地利用结构优化方案应该包括：优化目标；优化原则；土地利用数量优化方案，主要是各土地利用类型的数量和各类型间互相转移的数量等；土地利用空间优化方案，主要是各土地利用类型在优化前后的类型变化及其在空间上的分布；土地利用优化技术措施方案，主要是实现数量与空间优化所采取的技术手段，包括 GIS 支持下的土地利用斑块操作等。

2）方案的制订

编制方案的核心工作是将设定情景应用具体措施和技术方法落实到区域上去，具有承上启下的作用，是实施优化的最基本依据，因此特别强调可操作性。

编制方案的基本过程是：

(1) 编制方案大纲。

(2) 确定优化目标、优化原则和优化类型。

(3) 预测情景设定年各土地利用类型的数量，设定情景，制定土地利用数量优化方案。

(4) 基于情景设定年数量结构优化方案制订空间布局优化情景，制定土地利用空间优化方案。

(5) 基于以上两方案，选择 GIS 软件，设计斑块操作技术方案。

(6) 制定优化操作完成后统计分析的内容与成果表达方式。

第六条 斑块操作

斑块操作指在GIS的支持下对不同土地利用图斑进行属性编辑，从而实现优化方案中设定的土地利用类型变更、数量转移和空间布局变化的技术手段。图斑操作要严格按照优化方案进行，既可以针对单个土地利用斑块，又可以针对一批属性相同的土地利用斑块，这取决于操作者的需求。另外，在进行图斑操作时，必须将原始数据进行备份，以备出现误操作时进行数据恢复。其基本操作步骤如下：

(1) 修改属性表，增加优化后土地利用类型属性字段。在GIS软件中导入要进行斑块操作的土地利用数据，修改属性表结构，增加优化后的土地利用类型属性字段，并定义字段类型、长度。

(2) 根据优化方案和土地利用斑块现状属性对创建的属性字段赋予优化后的土地利用类型属性值，从而完成该斑块优化前后类型属性变更；赋值可采用单斑块操作，也可以采用批量处理。

(3) 完成斑块操作，数据存盘。

第七条 统计分析

统计分析是指在运用斑块操作技术实现优化方案后，对优化后的土地利用类型及其数量进行统计并分析优化前后变化情况的操作。统计分析既可以在GIS系统中利用属性统计分析功能进行，也可以由GIS将属性数据导出到其他软件中进行。

建议将属性数据导出到如Excel等软件中进行数据统计。基本步骤如下：

(1) 导出数据。利用GIS软件将优化后的土地利用数据导出为Excel等软件可兼容的数据格式。

(2) 数据整理。将GIS导出数据输入Excel等软件，对数据库结构、字段和数据进行整理，以利于进行统计分析。

(3) 设计统计内容。主要包括优化前后各土地利用类型的数量及其变化量、变化比例；不同土地利用类型数量转移占全部优化土地利用面积的比例等。

(4) 设计成果呈现形式。统计成果包括数量表、分析结果柱状图、曲线图等。

(5) 进行统计。编制统计图表，并对结果进行分析。

4. 减轻土壤风蚀的土地利用结构优化系统平台

集成遥感影像分类技术、风蚀观测与多年平均输沙量测算技术、植被覆盖实测与植被覆盖度分析测量技术、土地利用风蚀危险度评价技术和减轻土壤风蚀的土地利用结构优化技术，构建如附图3所示的减轻土壤风蚀的土地利用结构优化技术系统平台。

支撑这一技术系统平台的是实地观测(survey)、遥感(RS)、地理信息系统(GIS)、预测(prediction)、情景模拟(scenario simulation)和建模(modeling)方法、技术及相应计算机硬件和软件系统，这里简称为SRGPSsM系统。

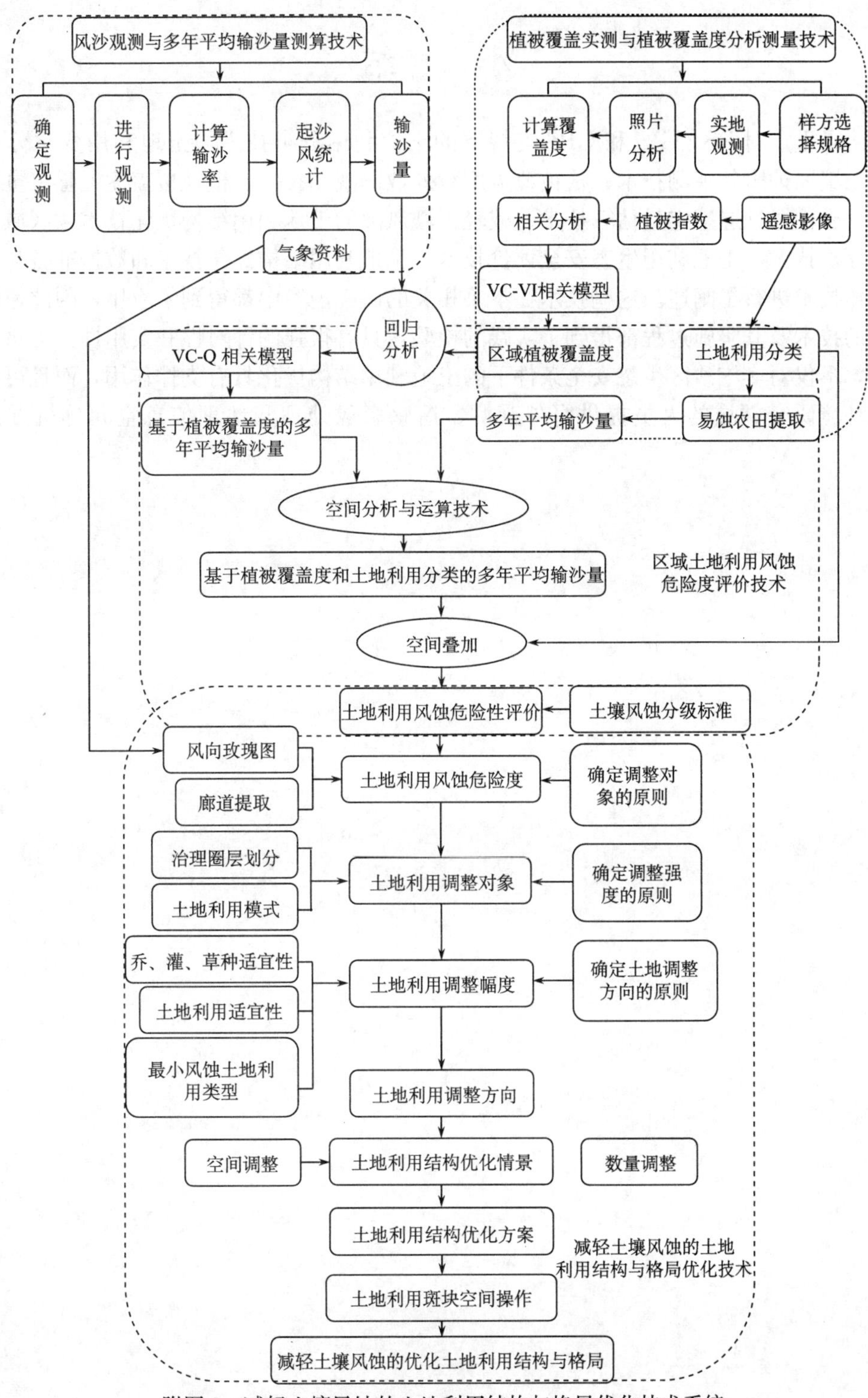

附图 3　减轻土壤风蚀的土地利用结构与格局优化技术系统

Additional fig. 3　Technology system of land use structure optimization for combating soil wind erosion

小　结

附录重点对RS、GIS和GPS支持下的土地利用分类技术、土地利用变化分析技术、土壤风蚀野外观测技术、植被覆盖度野外数码观测技术、植被覆盖度遥感定量估算技术、土壤风蚀遥感定量估算技术、减轻土壤风蚀的土地利用结构优化技术、区域生态安全评价技术、土地利用生态安全评价技术、土地利用结构优化技术和数据准备与数据库操作技术进行了阐述。这些技术在本书相关的研究内容中都得到了应用，因此，附录涉及的技术及其实施过程都得到了实践的检验，具有很强的针对性和实用性。附录相关内容，不仅对实施沙区生态安全条件下的土地利用结构优化具有支撑作用，而且可以为资源环境研究领域的人员提供野外观测、遥感影像处理和地理信息空间分析方面的指导。

彩图

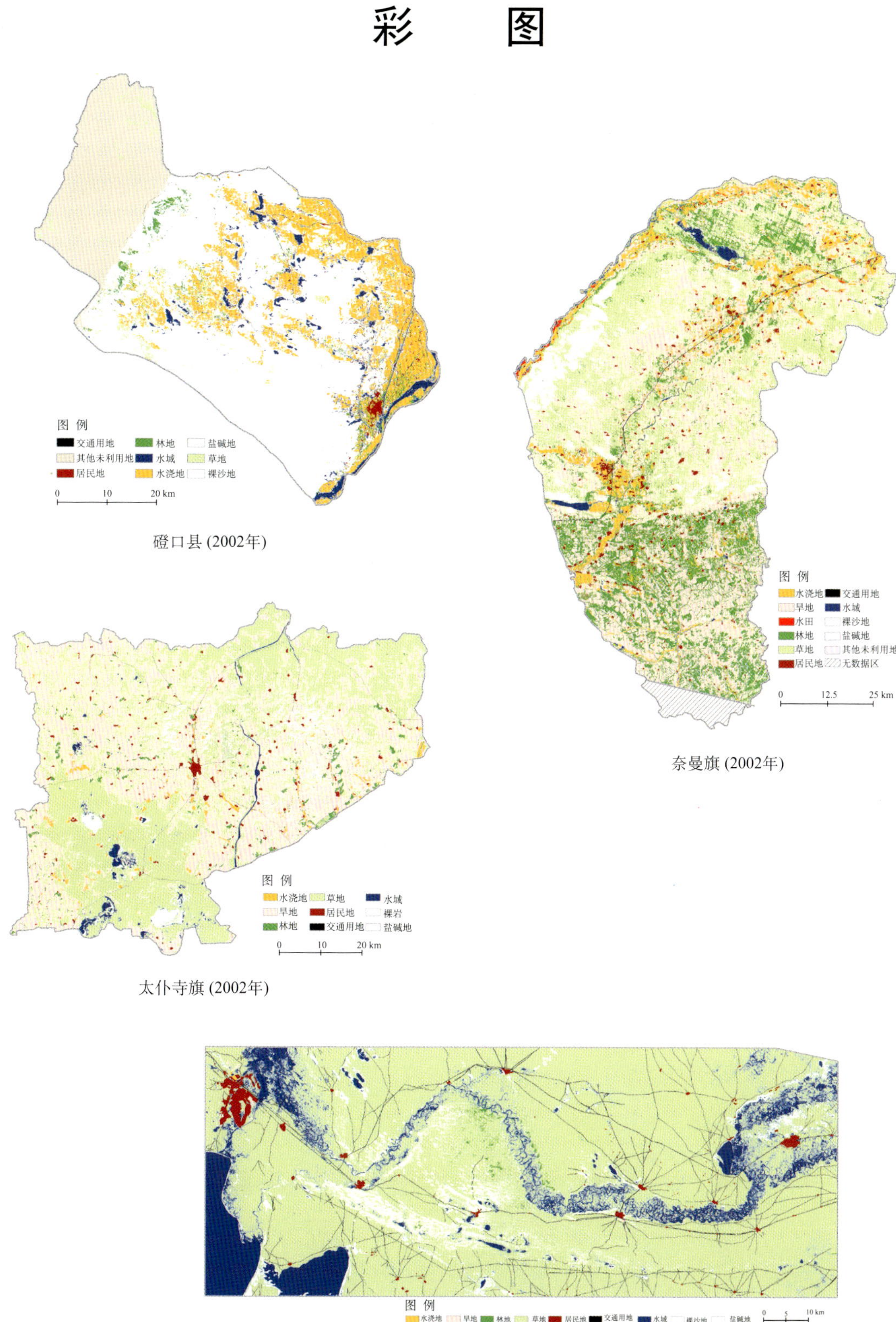

彩图 1-1 内蒙古沙区典型区土地利用现状图

Fig.1-1 Land use maps of typical sandy area in Inner Mongolia

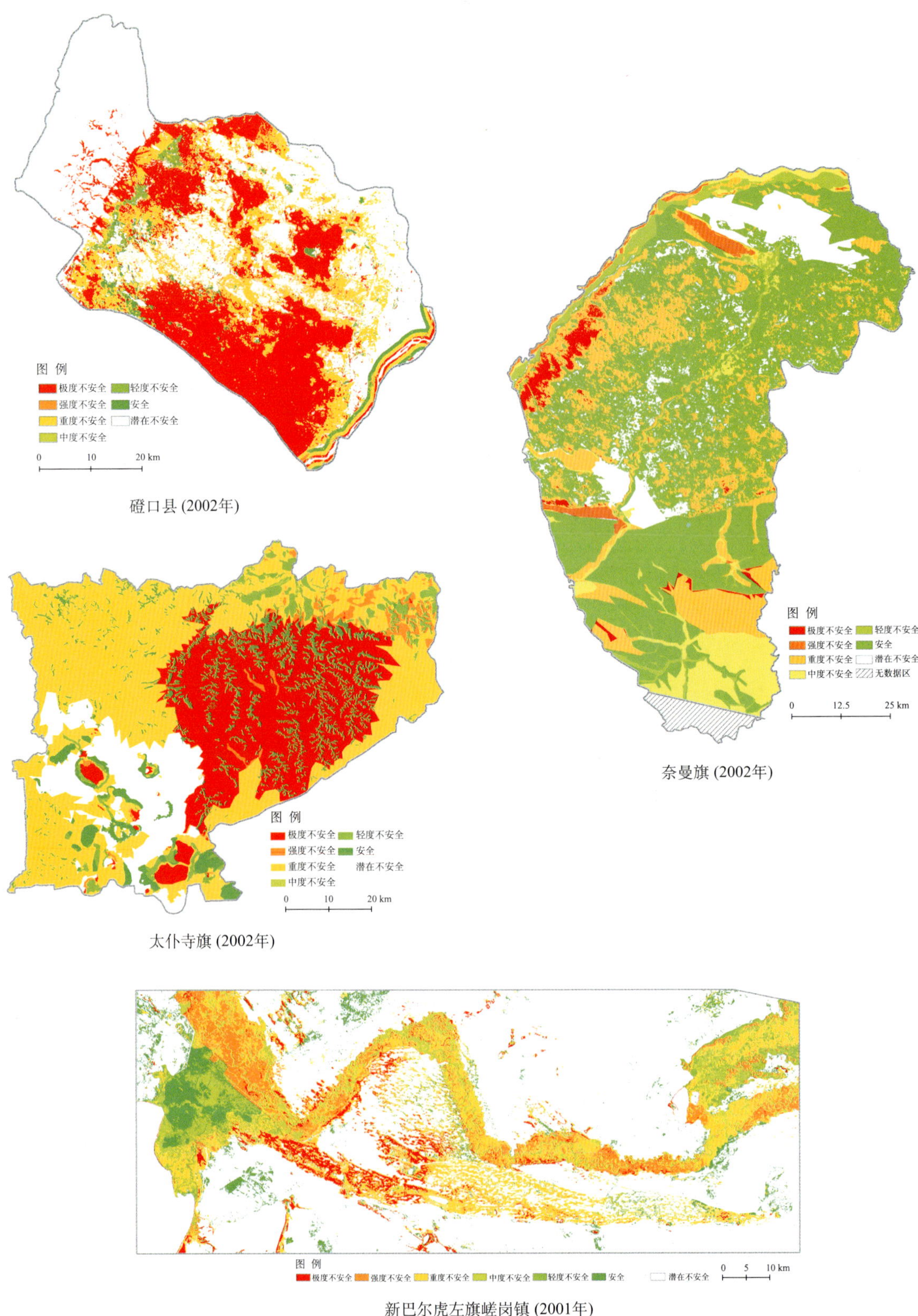

彩图 1-2　内蒙古沙区典型区生态安全评价图

Fig.1-2　Ecological security evaluation maps of typical sandy area in Inner Mongolia

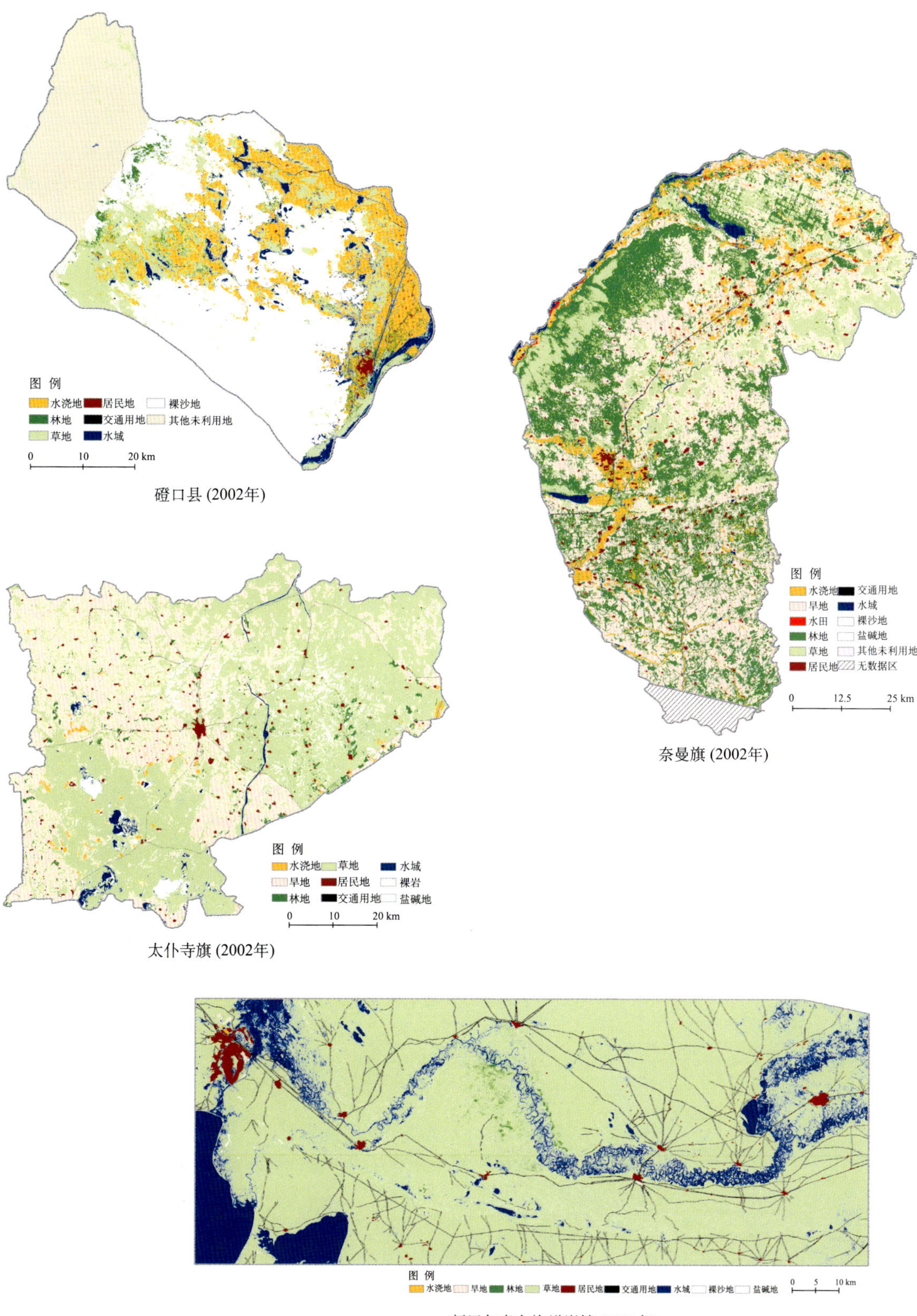

彩图 1-3　内蒙古沙区典型区土地利用结构优化图

Fig.1-3　Land use structure optimization map of typical sandy region in Inner Mongolia

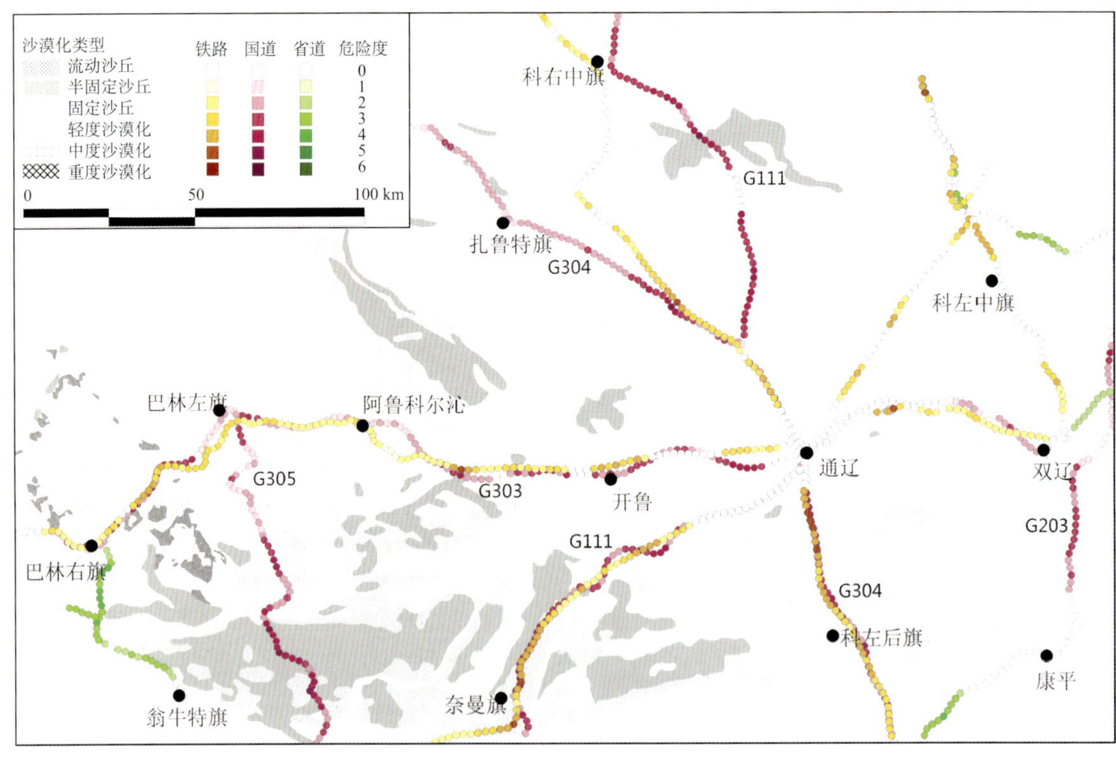

彩图 1-4　中国北方沙区道路风沙灾害危险性评价图(科尔沁沙地部分)
Fig.1-4　Hazard assessment map of aeolian sand disaster of roads in northern China (Part of the Horqin sandy land)

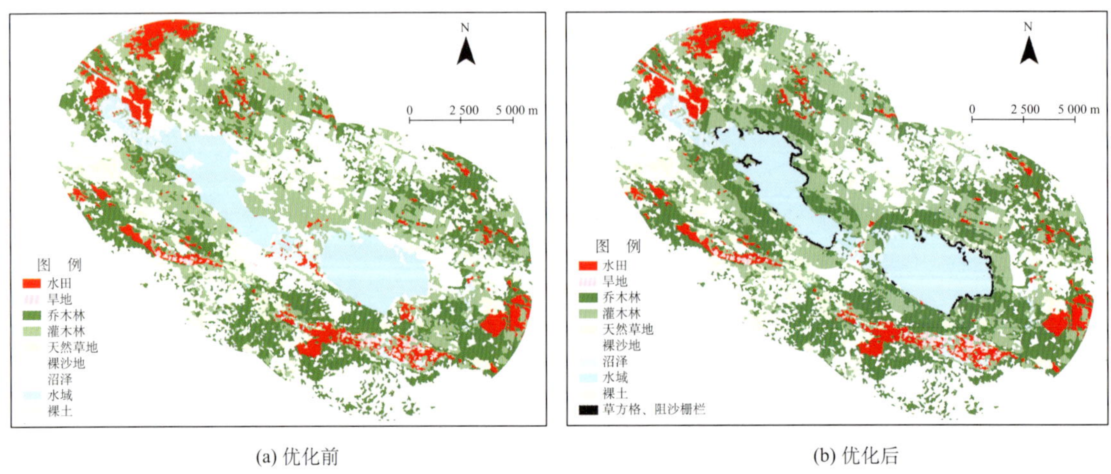

彩图 1-5　科尔沁沙地孟家段水库“三圈”模式
Fig.1-5　The “tri-circles” model around Mengjiaduan Reservoir in the Horqin sandy land

(a) 垄高15 cm、垄顶距0.9 m

(b) 垄高25 cm、垄顶距1.5 m

(c) 垄高15 cm、垄顶距1.8 m

(d) 垄高25 cm、垄顶距6.0 m

彩图 1-6　四种不同垄作处理方式田块

Fig.1-6　Four different ridge terraces for treatment

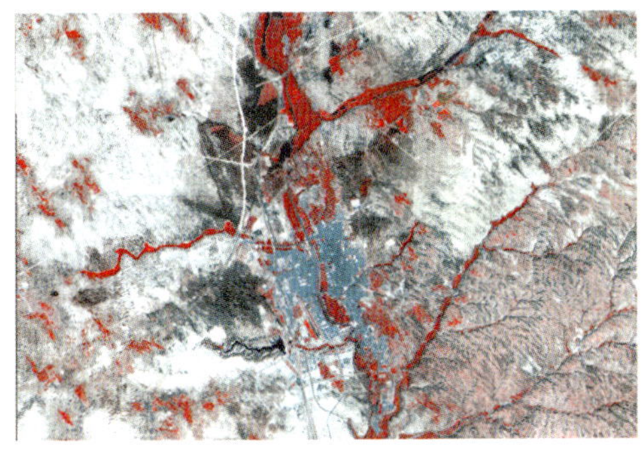

彩图 2-1　TM 4、3、2合成影像

Fig.2-1　Synthesized image by TM 4、3、2 bands

耕地（水田、水浇地、旱地）呈深浅不同的红色，有规则的边界；乔木林地呈暗红色，无规则边界；灌木林地呈深墨绿色；草地呈浅墨绿色；水域呈蓝或深蓝色；城镇用地呈青色或青灰色；裸沙地呈白色或灰白色

彩图 2-2　TM 5、4、3合成影像

Fig.2-2　Synthesized image by TM 5、4、3 bands

耕地（水田、水浇地、旱地）呈深浅不同的绿色，有规则的边界；乔木林地呈暗紫至紫红色，无规则边界；灌木林地呈深绿至墨绿色；草地呈浅紫色；水域呈深蓝或黑蓝色；城镇用地呈蓝紫色；裸沙地呈粉白色或灰白色

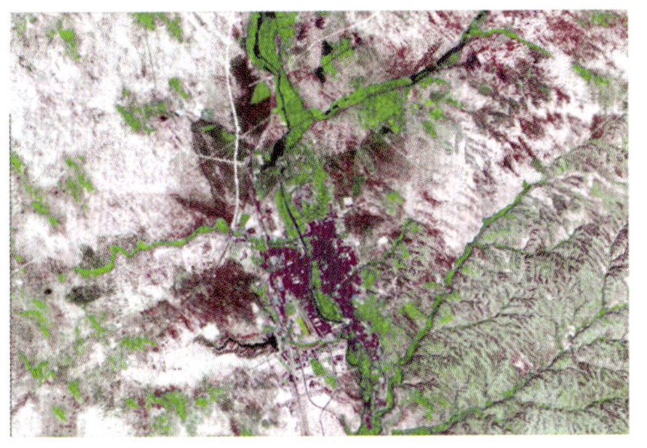

彩图 2-3　TM 7、4、3合成影像

Fig.2-3　Synthesized image by TM 7、4、3 bands

耕地（水田、水浇地、旱地）呈深浅不同的绿色，有规则的边界；乔木林地呈暗紫至紫红色，无规则边界；灌木林地呈深绿至墨绿色；草地呈浅紫色；水域呈深蓝或黑蓝色；城镇用地呈紫色；裸沙地呈粉白色或灰白色

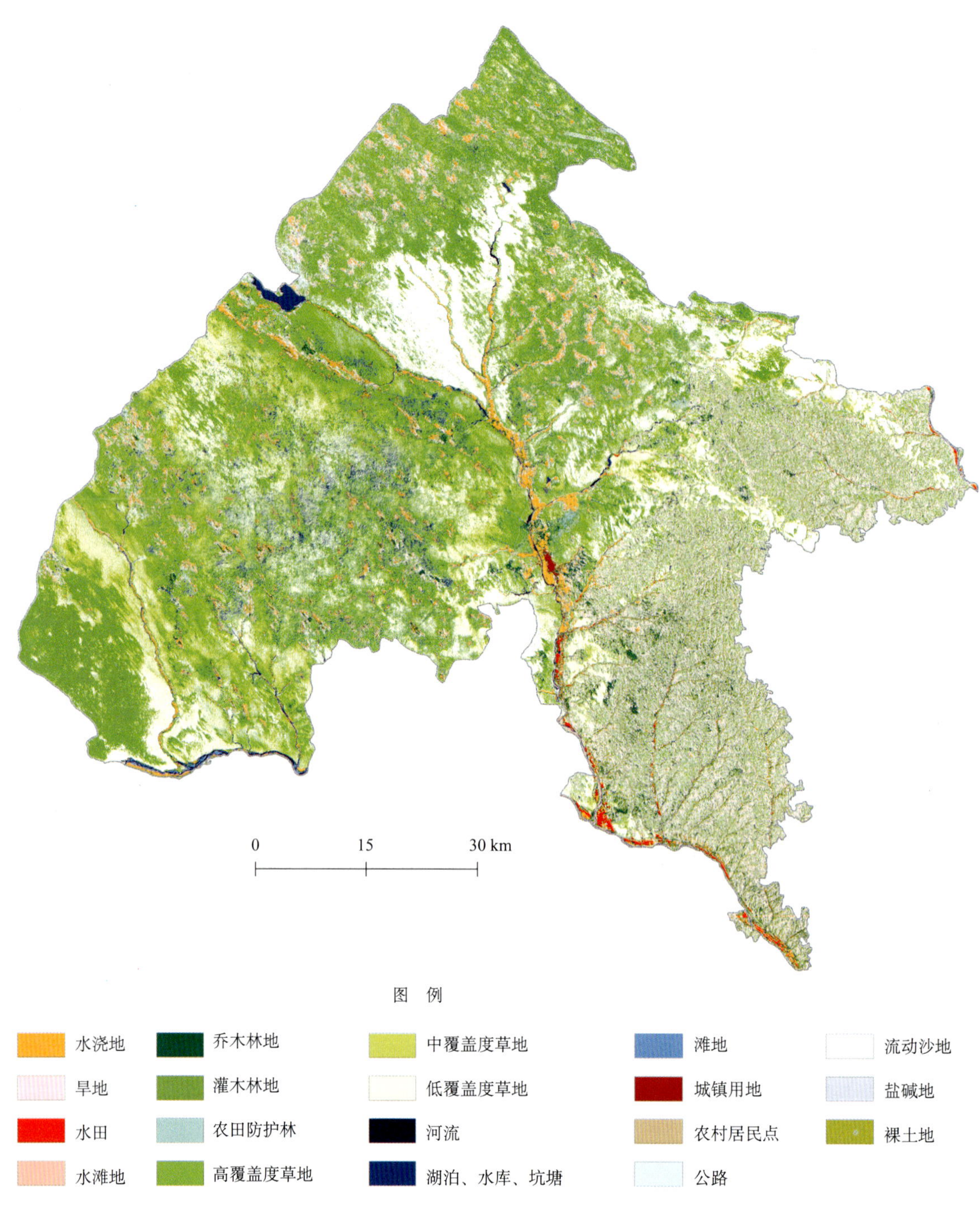

彩图 5-1 榆阳区土地利用图(1986年)

Fig.5-1 Land use map of Yuyang County in 1986

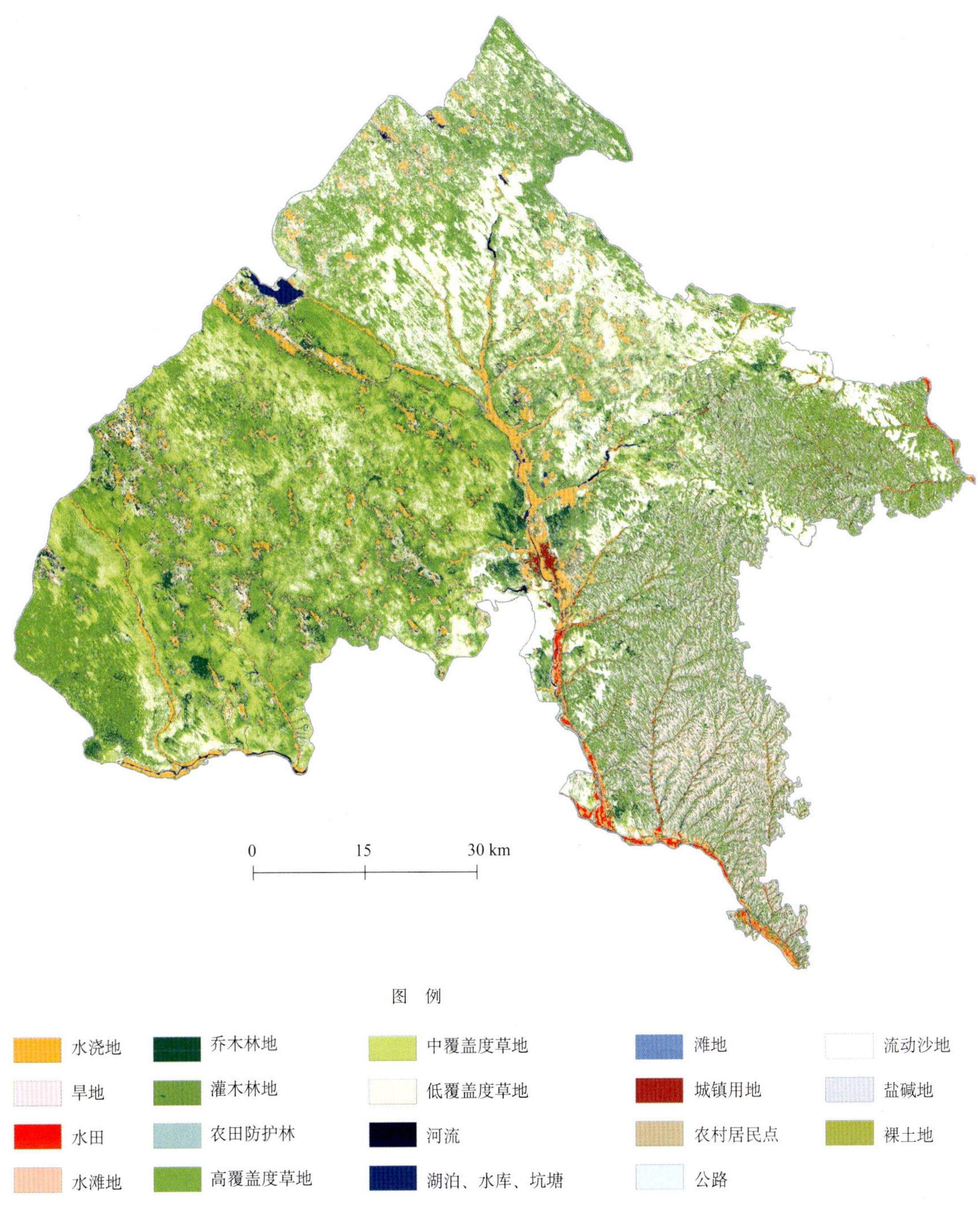

彩图 5-2 榆阳区土地利用图(1996年)

Fig.5-2 Land use map of Yuyang County in 1996

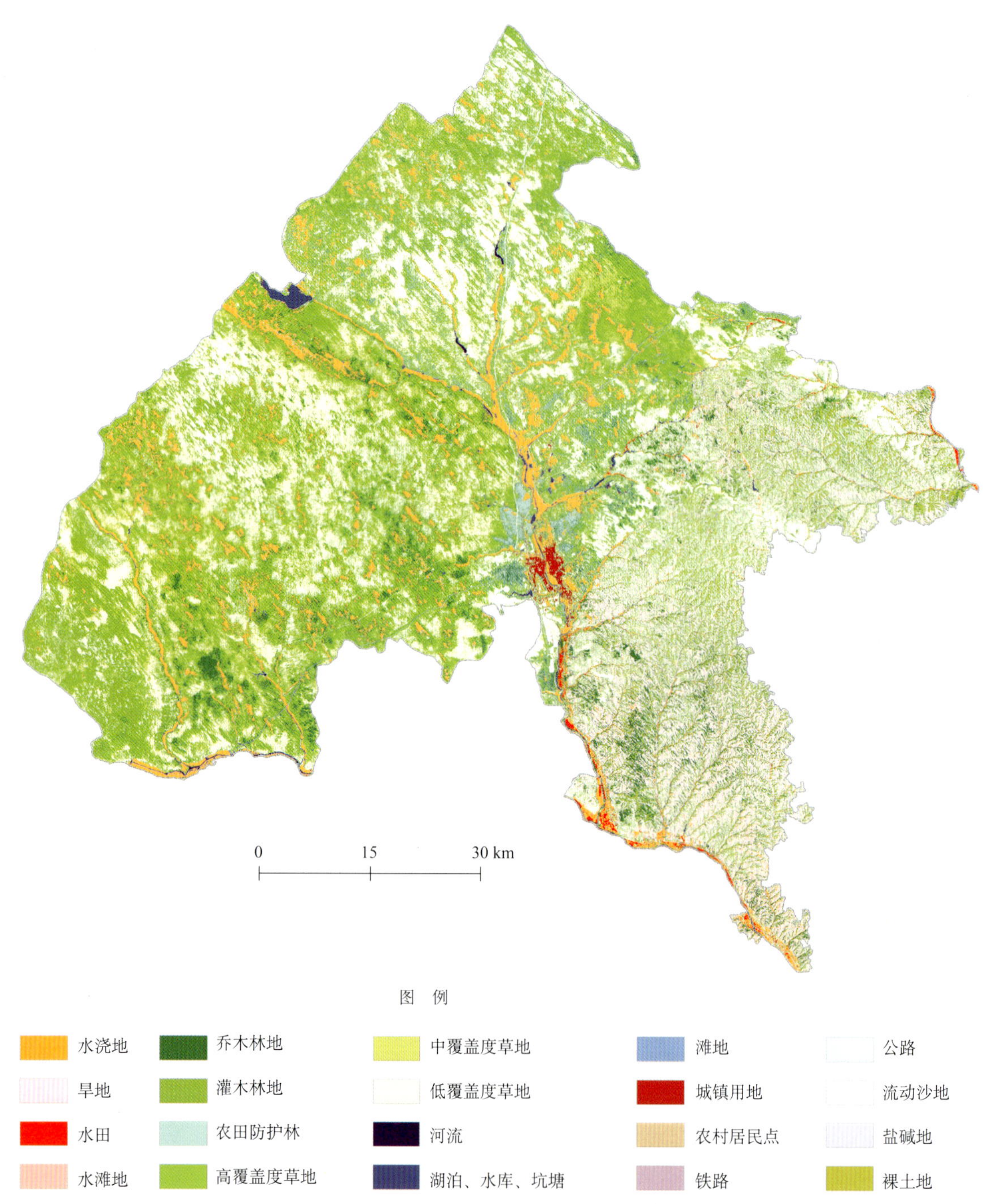

彩图 5-3 榆阳区土地利用图(2005年)

Fig.5-3 Land use map of Yuyang County in 2005

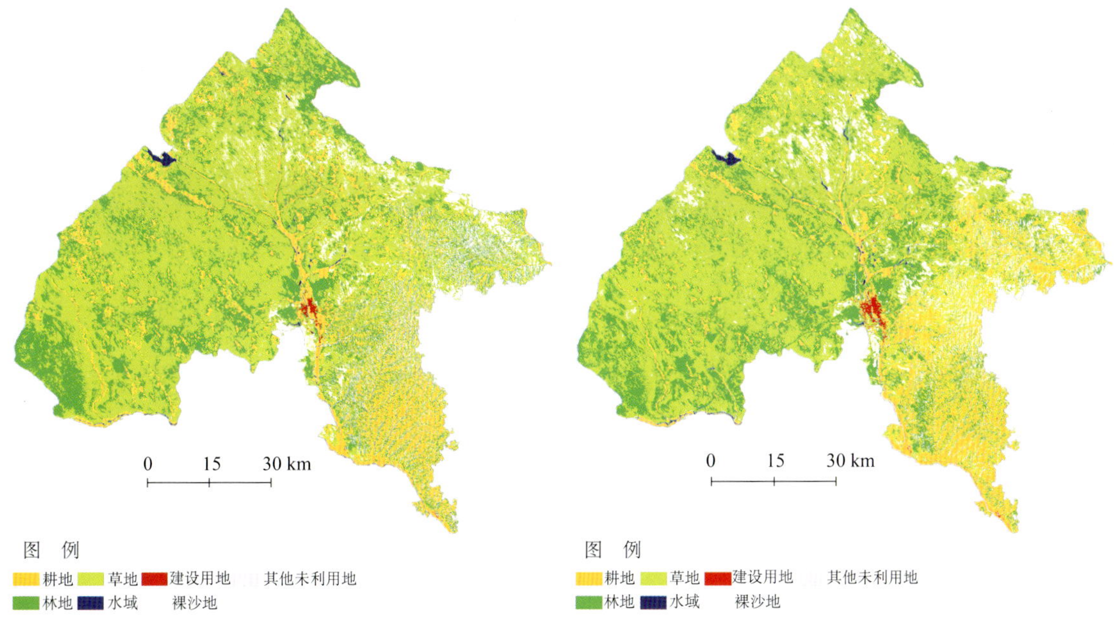

彩图 5-4 2005年榆阳区基于CA-Markov模型的土地利用预测情景

Fig.5-4 Land use forecast scenario based on CA-Markov model of Yuyang County in 2005

彩图 5-5 榆阳区基于CA-Markov模型预测的2010年土地利用

Fig.5-5 Land use forecast scenario based on CA-Markov model of Yuyang County in 2010

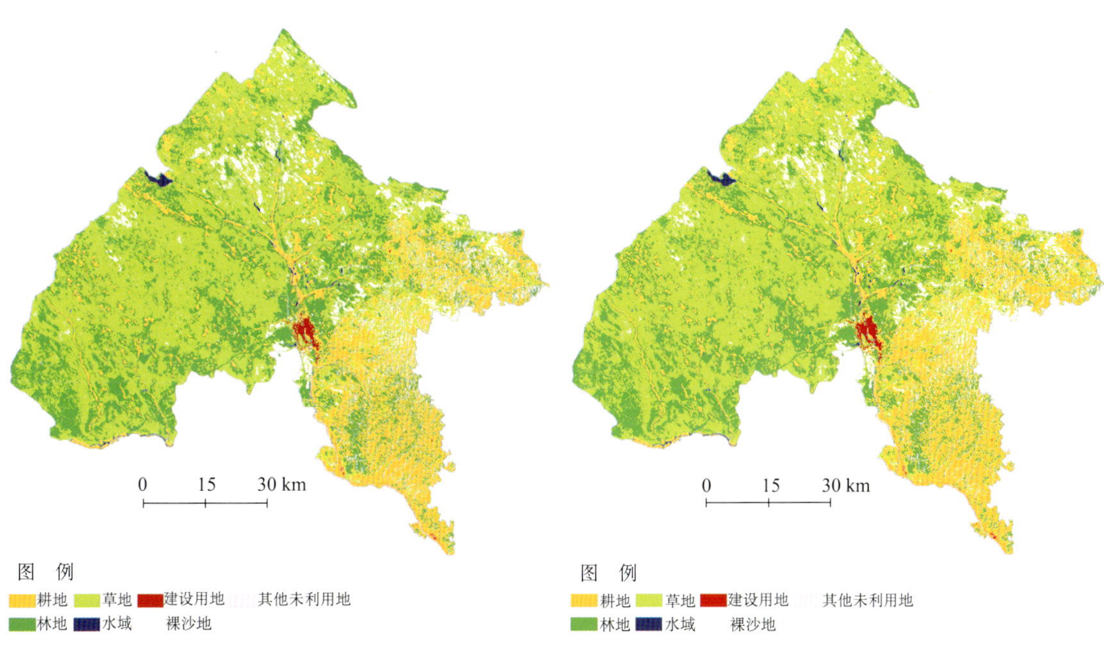

彩图 5-6 榆阳区基于CA-Markov模型预测的2015年土地利用

Fig.5-6 Land use forecast scenario based on CA-Markov model of Yuyang County in 2015

彩图 5-7 榆阳区基于CA-Markov模型预测的2020年土地利用

Fig.5-7 Land use forecast scenario based on CA-Markov model of Yuyang County in 2020

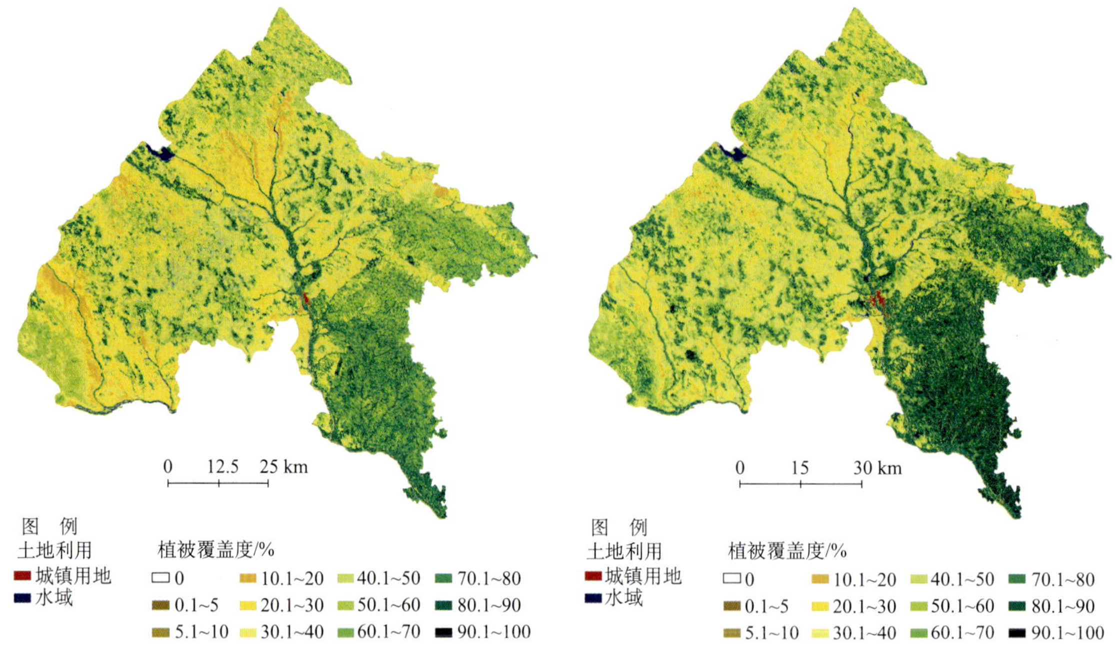

彩图 5-8 榆阳区植被覆盖度(1986年)
Fig.5-8 Vegetation coverage in Yuyang County in 1986

彩图 5-9 榆阳区植被覆盖度(1996年)
Fig.5-9 Vegetation coverage in Yuyang County in 1996

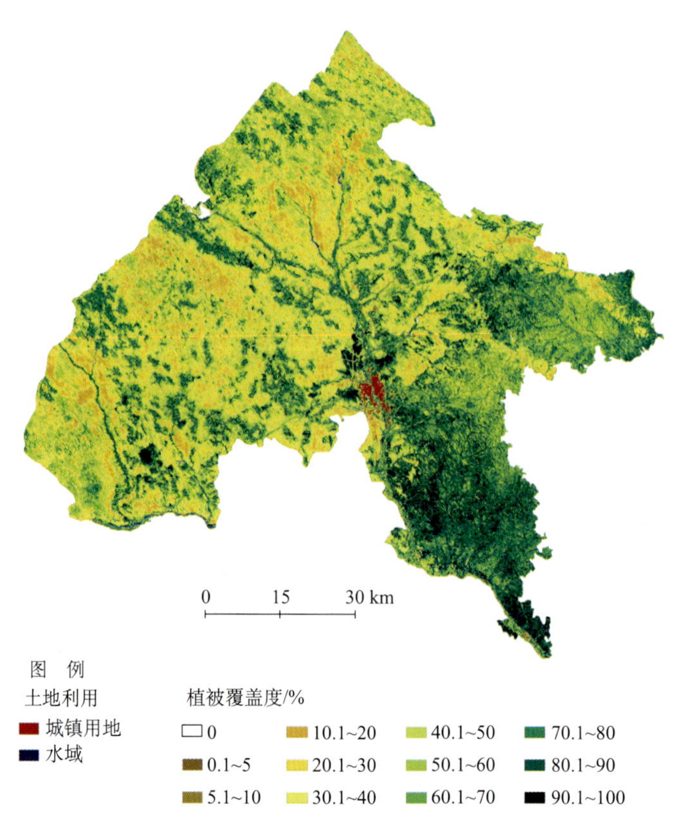

彩图 5-10 榆阳区植被覆盖度(2005年)
Fig.5-10 Vegetation coverage in Yuyang County in 2005

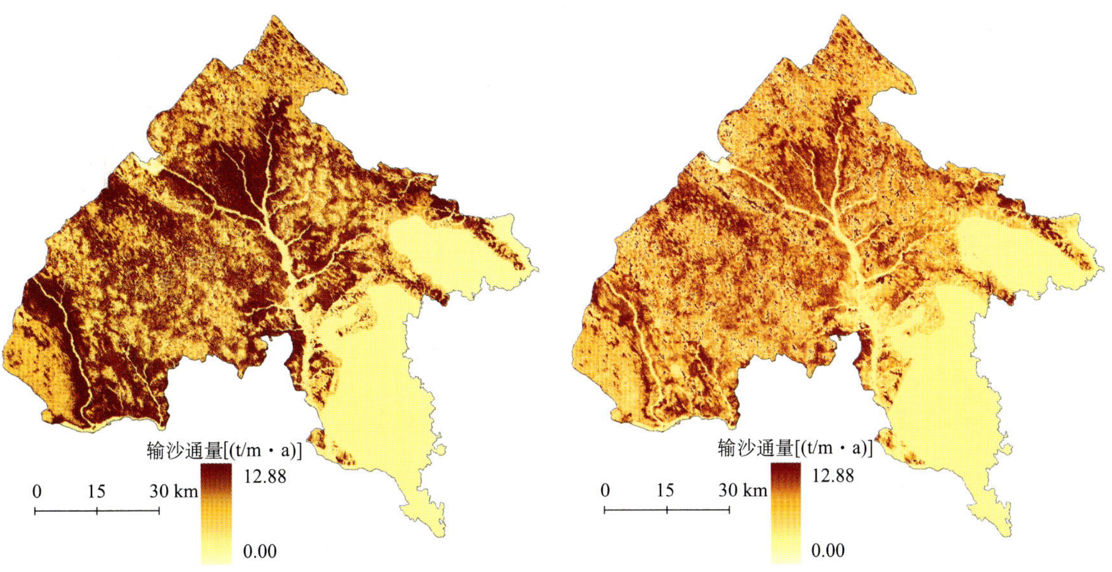

彩图 5-11　榆阳区土壤风蚀输沙通量(1986年)
Fig.5-11　Sand flux of soil wind erosion in Yuyang County in 1986

彩图 5-12　榆阳区土壤风蚀输沙通量(1996年)
Fig.5-12　Sand flux of soil wind erosion in Yuyang County in 1996

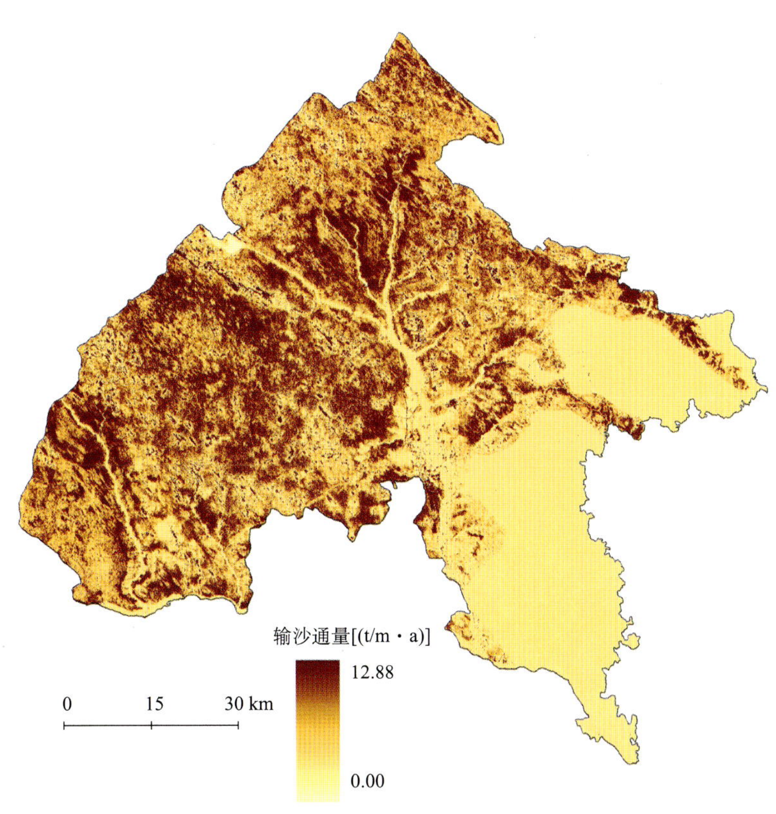

彩图 5-13　榆阳区土壤风蚀输沙通量(2005年)
Fig.5-13　Sand flux of soil wind erosion in Yuyang County in 2005

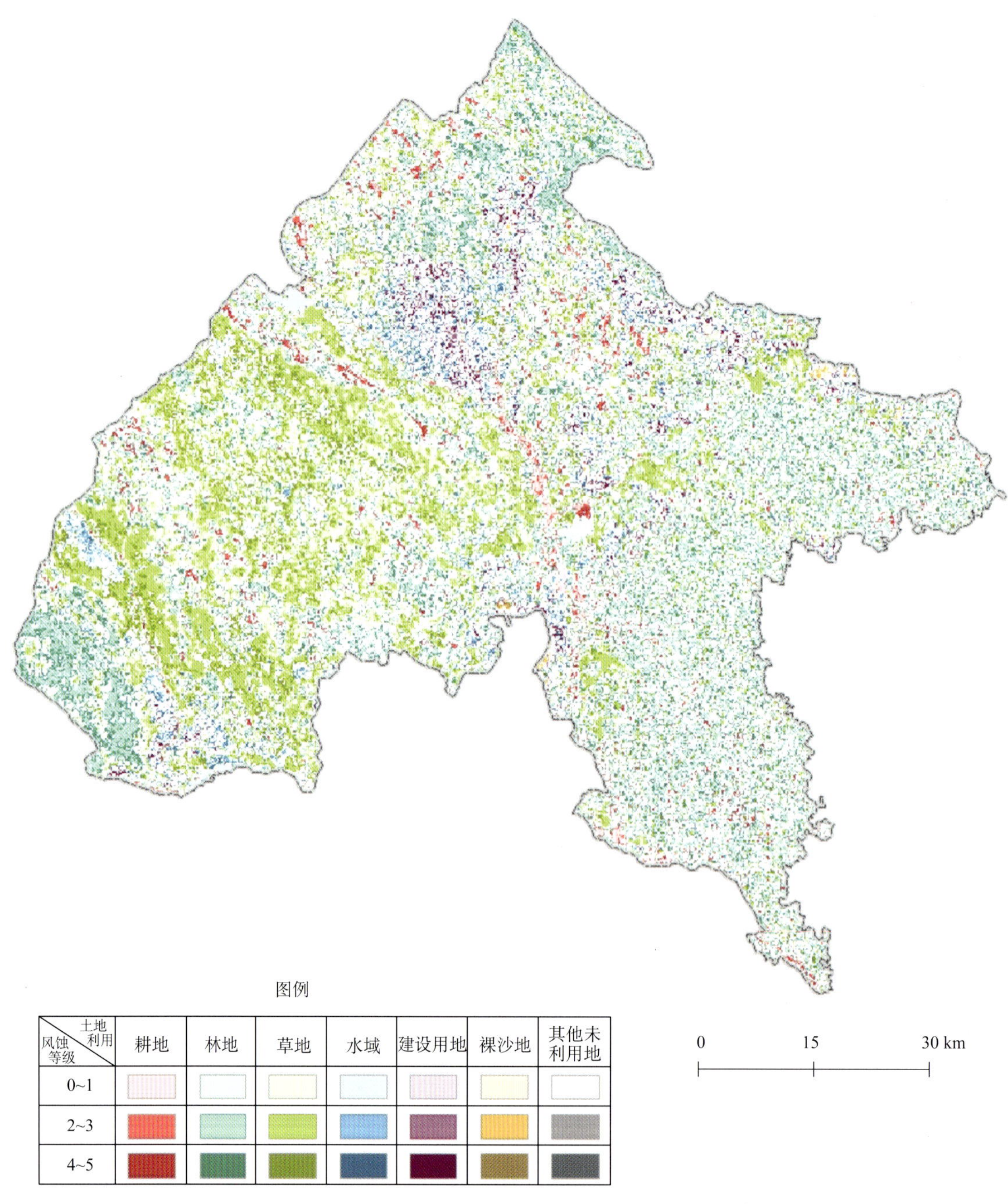

彩图 5-14　榆阳区土地利用风蚀评价(1986年)

Fig.5-14　Land use erosion evaluation in Yuyang County in 1986

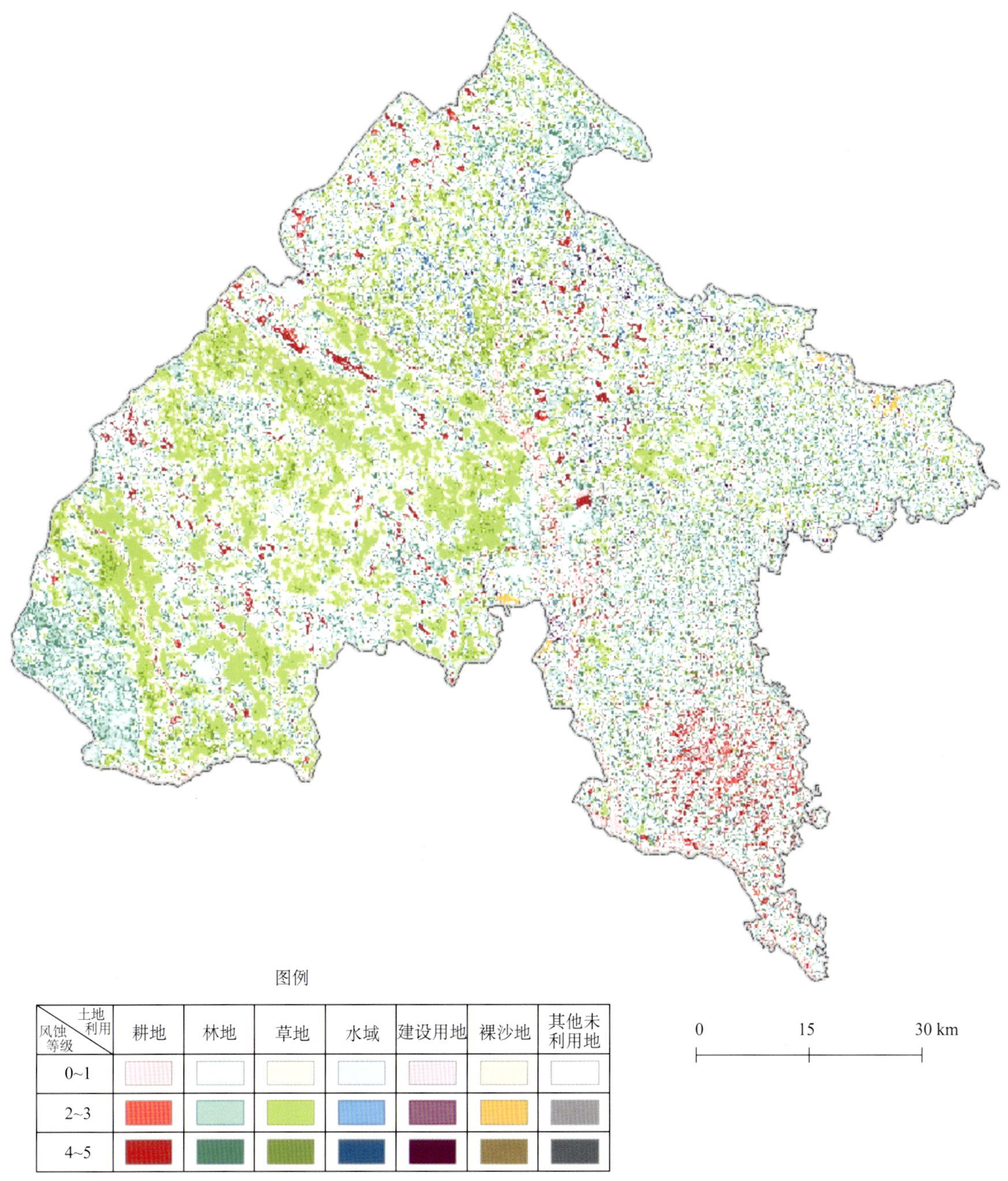

彩图 5-15　榆阳区土地利用风蚀评价(1996年)

Fig.5-15　Land use erosion evaluation in Yuyang County in 1996

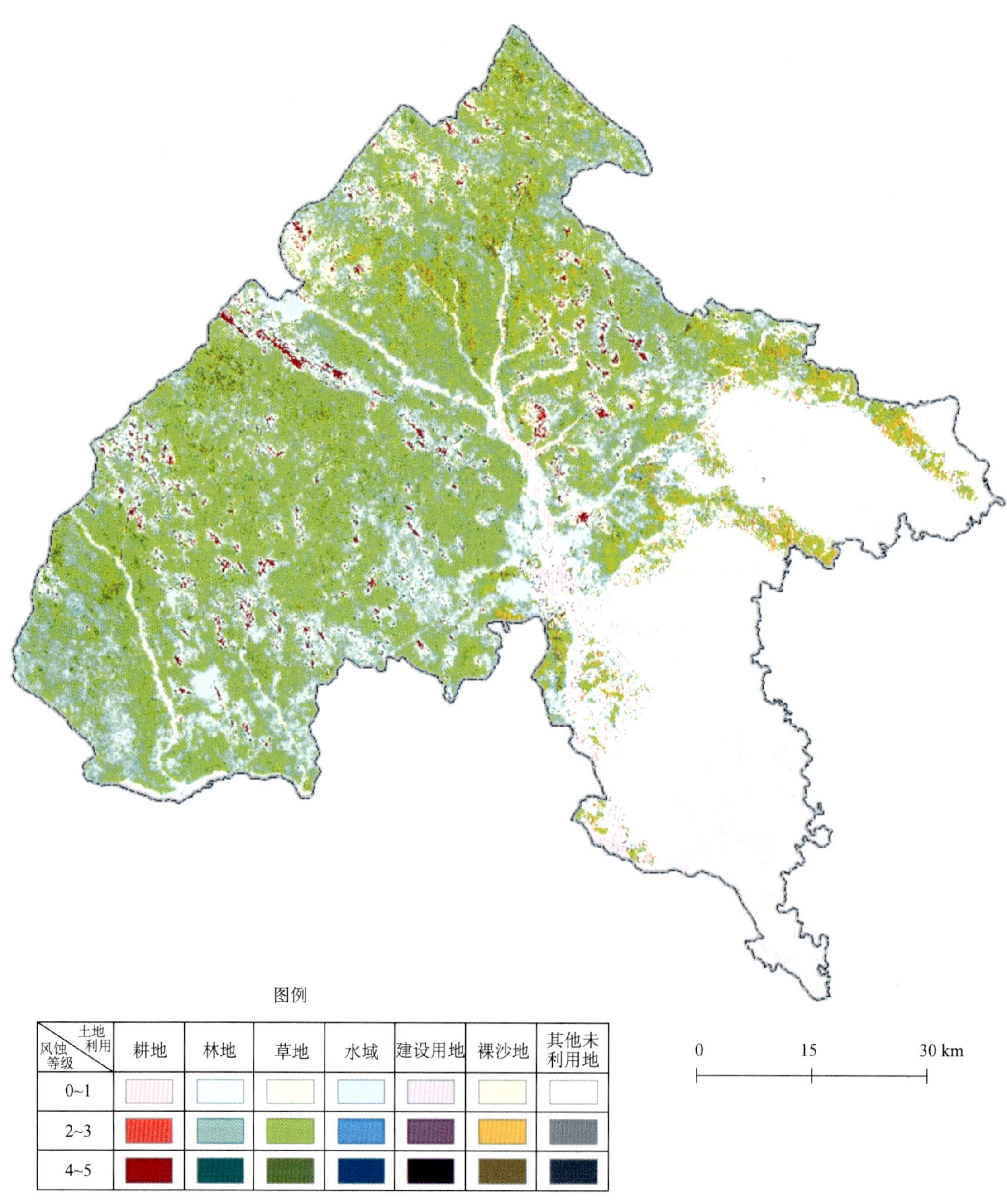

彩图 5-16 榆阳区土地利用风蚀评价(2005年)

Fig.5-16 Land use erosion evaluation in Yuyang County in 2005

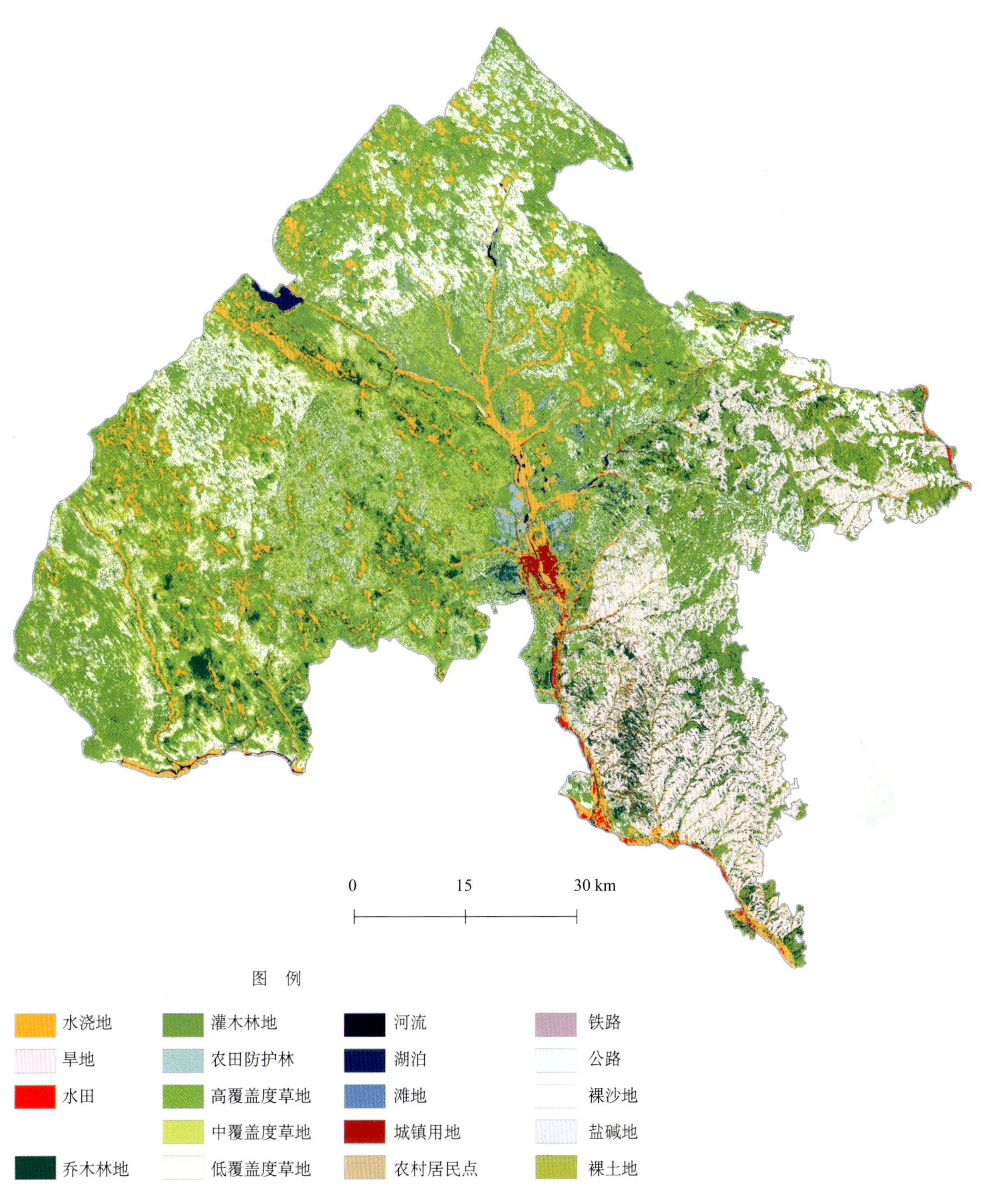

彩图 5-17 榆阳区土地利用结构优化图(2010年)

Fig.5-17 Land use map after optimization in Yuyang County in 2010

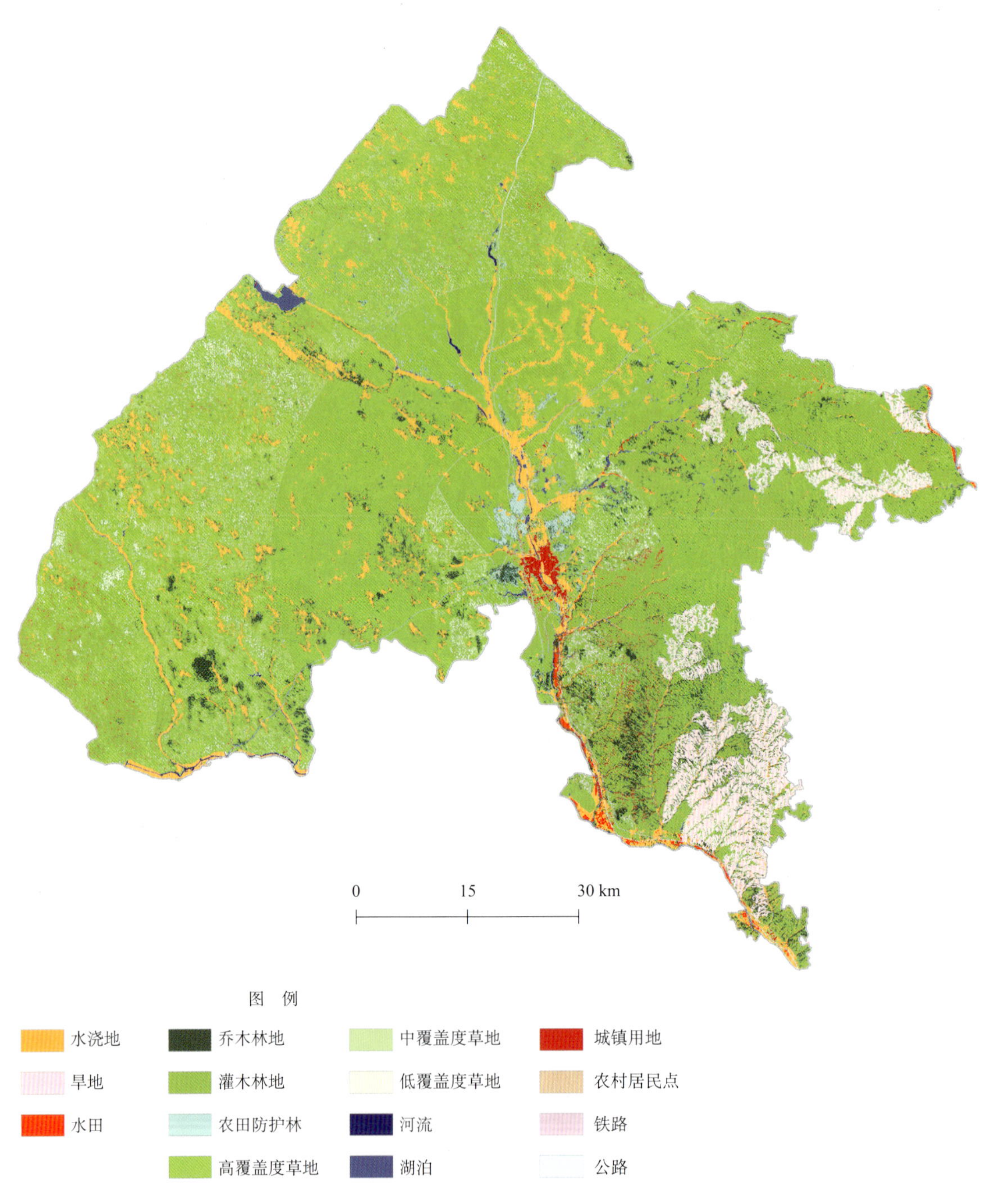

彩图 5-18　榆阳区土地利用结构优化图(2020年)

Fig.5-18　Land use map after optimization in Yuyang County in 2020